盲目心理学

［美］玛格丽特·赫夫南 著 黄延峰 译
（Margaret Heffernan）

Wilful
Blindness

湖南文艺出版社
HUNAN LITERATURE AND ART PUBLISHING HOUSE

博集天卷
CS·BOOKY

著作权合同登记号：图字 18-2022-029

图书在版编目（CIP）数据

盲目心理学 / （美）玛格丽特·赫夫南
（Margaret Heffernan）著；黄延峰译 . -- 长沙：湖南
文艺出版社，2023.8
　书名原文：Wilful Blindness
　ISBN 978-7-5726-1183-4

　Ⅰ.①盲… Ⅱ.①玛… ②黄… Ⅲ.①心理学—通俗
读物 Ⅳ.① B84-49

中国国家版本馆 CIP 数据核字（2023）第 086475 号

上架建议：畅销·心理励志

MANGMU XINLIXUE
盲目心理学

著　　　者：［美］玛格丽特·赫夫南（Margaret Heffernan）
译　　　者：黄延峰
出 版 人：陈新文
责任编辑：吕苗莉
监　　制：于向勇
策划编辑：刘洁丽
文字编辑：王成成　张文龄
营销编辑：时宇飞　黄璐璐　邱　天
版权支持：王媛媛
封面设计：末末美书
版式设计：李　洁
内文排版：麦莫瑞
出　　版：湖南文艺出版社
　　　　　（长沙市雨花区东二环一段 508 号　邮编：410014）
网　　址：www.hnwy.net
印　　刷：北京天宇万达印刷有限公司
经　　销：新华书店
开　　本：680 mm × 955 mm　1/16
字　　数：343 千字
印　　张：25
版　　次：2023 年 8 月第 1 版
印　　次：2023 年 8 月第 1 次印刷
书　　号：ISBN 978-7-5726-1183-4
定　　价：59.80 元

若有质量问题，请致电质量监督电话：010-59096394
团购电话：010-59320018

献给我在前进领导力机构^①
的同事们

---

①前进领导力机构（Forward Institute）是
英国一家专注组织和系统变革的非营利
机构。——译者注

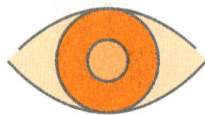

Wilful
盲 目 心 理 学
blindness

目 录

引 言 001

第五章

都知道有问题，却没人说出来

他们可能对现状不满，但利用沉默的方式，他们忍耐着，相信（也确信）现状不可能被改变。

第六章

服从命令最容易，也最危险

服从是另一种捷径，因为我们相信他人的水平比我们的高。这样做既容易又简单。

看见心目盲

[美] 玛格丽特·赫弗南 著

杨志华 梁本彬 译

（Margaret Heffernan）

WILFUL BLINDNESS

第十一章

真相只有少数人能看到

我们知道任何情况中都可能包含着真相，我们可能看不到它，但它就在我们眼前。

第十二章

做一个掌握真相的"少数派"

每个人都有责任睁大眼睛，告诉别人我们看到了什么。

引 言

本书的诞生纯粹是巧合使然，就在我为英国广播公司撰写两部有关安然公司破产的剧本时，银行开始倒闭，受此启发，我产生了要写一本书的想法。讲到这两场灾难时，舆论似乎出奇地一致：没有人能预见灾难的来临。但这种说法是错误的。在这两种情况下，专家、经济学家和普通民众都发现了危险，并想方设法敲响警钟。问题不是没人知道发生了什么，真正的失败在于拒不关注。我称之为"有意视而不见"。

本书刚一出版，美国国会就用有意视而不见来解释新闻集团的电话窃听行为；怎么可能有这么多电话被黑，而管理层却毫不知情呢？有意视而不见解释了福岛核泄漏事故，解释了中斯塔福德郡国民医疗服务体系信托基金会事件中有关吉米·萨维尔（Jimmy Savile）的调查，解释了在温特本风景医院、罗瑟勒姆镇、国际足联、乐购、通用汽车、大众汽车、BHS百货集团、希尔斯伯勒、两姐妹、富国银行、格伦费尔塔公寓楼、卡瑞林建筑外包公司、哈维·温斯坦（Harvey Weinstein）、拉里·纳萨尔（Larry Nassar）、巴里·本内尔（Barry Bennell）、乐施会、脸书、"疾风一代"等丑闻中令人惊恐的发现。很多甚至是绝大多数最严重的罪行不是在黑暗中发生的，不是隐藏在没有人能看到的地方，而是在成百上千人的眼皮子底下发生的，他们只是选择不看。当对英国脱欧公投和唐纳德·特朗普（Donald Trump）当选的结果感到震惊时，我们开始直面一直设法不去看的东西。与此同时，过去30年来，人们一直忽视已知的气候变化带来的威胁，以至于即使是姗姗来迟的《巴黎协议》中最温和的目标，我们也无法实现。

在阅读安然公司前首席执行官杰弗里·斯基林（Jeffrey Skilling）和前董事长肯尼思·莱（Kenneth Lay）的庭审记录时，我第一次想到了"有意视而不见"这个概念。在对陪审团发表指导意见时，法官西米恩·莱克（Simeon Lake）解释说：

> 如果你发觉被告对原本对他来说显而易见的事情故意紧闭双眼的话，你就会发现被告早就知道真相。如果被告对既存事实装瞎的话，就可以推定他是知情的。

莱克运用了一个基本的法律原则：如果你可以知道，也应该知道，却设法不去看，那你就有责任。斯基林和莱被判有罪，因为他们本可以知道，也有机会知道，这说明他们公司的管理烂到了什么程度。不知道并不能成为他们免责的借口。

读到这里，我的脊背一阵阵发凉。我经营过企业，知道有时我并不了解所有的事情，而它们中有些事我能够知道，也应该知道。几个月过去了，我陆续看到周围很多的有意视而不见。在银行接受救助之后，谈论银行业危机比承认它会迅速演变为经济危机容易得多，后来证明，讨论银行业危机比讨论我们正走向一场全面民主危机容易得多。

不只是企业和机构中存在这种现象。在家庭生活中，有意视而不见也很明显。在失败的婚姻中：为什么她从来不过问所有这些商务旅行？在医院里：他为什么不做检查？她为什么开始吸烟？在家里：怎么会有这么多人深陷债务？为什么虐待儿童的案件大多发生在家中，施恶者不是陌生人，而是每天都能见到的家人？

当我跟朋友和同事提及有意视而不见这一现象时，他们的眼睛为之一亮，对于我所谈论的，他们也深有同感。医生称他们会应患者的要求进行治疗，然而，患者得到的这些治疗却是不必要的。律师会详细讲述他们如何费劲地忘记委托人不应与他们分享的信息。监狱管理者谈论自杀事件，会计师都知道要在企业倒闭前进行一次确认财务报表没有问题的审计。情报官员告诉我他们没有把导致9·11事件或阿拉伯之春的线索关联起来，企业高管们则透露其工作中最困难的事是了解发生了什么，即使在一家小公司，他们也难以了解它的经营状况。几乎每个人都在谈论伊拉克战争和全球变暖，而造成它们的原因或者说使其恶化的原因是没有人愿意面对令人不安的现实，这使其对公众构成了巨大的威胁。

有创造力的人还发现，不仅糟糕的选择缘于有意视而不见，富有创造力的机会被忽视也是因为有意视而不见。微软没有看到互联网的到来，谷歌被社交网站打了个措手不及，技术专家们对此惊讶不已。为什么那些在家里很有创造力的人到了工作上思维却受到了束缚？经验丰富的招待行业专业人士怎么会看不清楚爱彼迎的承诺意味着什么呢？有意视而不见并不必然涉及犯罪，只是错在浪费了机会。

有意视而不见始于19世纪，当时是作为一个法律概念被提出来的。在雷吉娜诉斯利普（Regina vs Sleep）一案中，一位法官做出了如下裁决：除非陪审团发现，被告要么知道财物来自政府库存，要么"对事实装作看不见"，否则，他就不能被宣判犯下了侵占政府财物罪。从此之后，英国的司法机关就将"故意闭眼"的人所具有的心理状态称为"默许"或"推定知情"。从那以后，又出现了多个其他说法，如"蓄意""装作不知""有意逃避"和"故意漠视"等。这些称谓有一个共同的理念：有机会获知，也有责任知情，但这两种责任都被逃避了。现在，这一法则最常用于洗钱和贩毒的案例：如果有人给你一大笔钱，托你捎带一个手提箱，那么，如果不查验箱子里是什么，你就属于有意视而不见。

法律不关心你为什么无知，只关心你的无知。但让我感兴趣的是，为什么我们选择把自己蒙在鼓里。是什么力量在起作用，即使公开的秘密就摆在我们眼前，我们仍然否认它的存在？不承认知情只会让无知威力更大，让我们更容易受到伤害，那么是什么阻止我们认识到这一点呢？为什么在严重故障或灾难之后，总有声音说他们看到了危险，并就风险提出了警告，但他们的警告无人理会呢？不论是个人、公司还是国家，为什么我们总是对着镜子中的自己大叫：我们怎么会如此盲目？

我对有意视而不见产生的原因及其模式进行了调查，从我们的日常生活一直观察到跨国公司的董事会会议室，随着调查的进行，我本可以将自己的考察范围限定在企业，因为企业方面的资料比较多见。但让我震惊的是，我们在工作中视而不见的一个原因竟然是生活和工作的人为分隔。企业常常运行在真空之中，但事实上，真空是不存在的。企业员工是个体的集合体，在被雇用之前，这些人的行为和习惯都显得良好。无论是作为一个个体，还是处于团队之中，个人都有可能染上视而不见的毛病。让一个企业与众不同的纯粹就是员工的视而不见造成损害程度的大小。把家庭生活和工作分开的规则和固定程序只会让人更容易视而不见。

个人也好，集体也罢，有意视而不见并非受单一因素的驱使，而是受多重因素的影响。我们无法注意和获知所有的事情，因为大脑的认知能力有限，根本不允许我们这么做。这意味着我们必须要对接收的内容进行过滤或编辑。因此，是让其通过，还是忽略它的存在，我们的选择就成了关键。我们多半接受的是那些让我们自己感觉良好的信息，而动摇我们脆弱的自尊心和最重要信仰的信息，便会很随便地被过滤掉。众所周知，爱情是盲目的，至于人们忽视了多少让人看清爱情的证据，就没有那么显而易见了。意识形态和正统观念非常强势地掩藏了那些对未被迷惑者来说明显的、危险的或荒谬的东西，以及大量关于我们如何生活，甚至我们在哪里生活的信息，从而让我们受到蒙蔽。对冲突和变革的恐惧让我们闭目塞听：几乎所有的员工都认为他们的老板不想听到真相。对服从和顺应的无意识（且被否定）的冲动使我们免于正面冲突，而从众心理又给我们的懒惰提供了一个令人舒适的借口。金钱有能力让我们睁一只眼闭一只眼，甚至（或尤其是）看不见更好的自己。

从2016年脱欧公投和美国总统大选出人意料的结果看，有意视而不见的所有特征暴露无遗：很多志同道合者将偏见放大，形成舆论，公民便被裹挟其中；崇尚唯唯诺诺而非好奇心和复杂的思想意识；缺乏建设性的冲突；来自同伴保持沉默的压力；奖励盲目服从和从众的权力等级制度；支持绝对偏好简而化之而非注重真实情况的衡量指标。当世界醒来时，我们惊讶得目瞪口呆，几乎认不出自己了：自始至终我们错过了什么吗？从那以后，在娱乐界、体育界、教育界和政界，性骚扰的公开秘密揭示了我们宁愿忽视的事实：性是权势者使用的武器，战争中如此，工作中亦是如此。

当然，有意视而不见并非总是带来灾难性的后果。如果对人类社会的进化没有什么好处，此种行为不太可能持续下去。当我们看不到真丝领带上的污渍、女友脸上的痤疮或邻居的肮脏时，这种视而不见会对我们的社会交往起到润滑剂的作用。忽视政治分歧有助于营造平静的工作氛围。在国家处于紧急状态时，视而不见反倒给人以积极的帮助。在伦敦大轰炸期间，相比承认有可能被敌人打败，参加舞会和宴会更能鼓舞人们的士气。正因为我们忽视了自己必死的命运，所以才比较容易保持乐观的心态和生活下去的劲头。

或许正是纯粹的实用性让我们首先养成视而不见这种习惯。它似乎无伤大雅，而且感觉还很有效率。但是，让我们对世界的真实面目视而不见的机制也会置我们于险地。忍受父母的虐待长大的孩子在成人之后会感到疯狂、困惑和焦虑，因为他们的现实世界一直在被人否定。由于拒绝观察那些对他们的理论构成挑战的数据和事件，理论家们注定要被边缘化。如果公司到处是唯唯诺诺的员工，这等于提升了公司的风险级别，以至于发展到非人力所能挽救的地步。如果这些危险始终不被人承认，它们就会变得越来越强大，也越来越危险。

假新闻很容易被人当成替罪羊。它使人们更难区分事实与虚构，并为人们的冷漠提供了借口。有意视而不见虽然十分普遍，但并不意味着它是不可避免的。自本书首次出版以来，很多组织认真对待我的观点，举办有关有意视而不见的研讨会，并努力思考如何减轻它带来的最大风险，这让我深受鼓舞。目前，大多数公司都在尝试变革，以削弱等级制度、官僚主义和不平等；它们让有意视而不见的现象泛滥成灾。本书中最鼓舞人心的人都有勇气去关注问题，有强烈的决心去观察事物，这正是他们能够做出非凡成绩的原因所在。他们并不是特别知识渊博，也并非位高权重，更没有天赋异禀；他们不是英雄豪杰，而是普通人。但是，他们有勇气直面现实的行为揭示了有意视而不见的一个核心事实：当视而不见实际上让我们变得行动不便、易受伤害和软弱无力时，我们却在想当然地认为这会让我们平安无事。但是，只要敢于面对现实和恐惧，我们就会获得真正的力量，释放出寻求变革的能量。

第一章

我们喜欢和自己相似的人

我们终其一生都在寻找让我们感觉舒服的人，因为他们与我们非常相似。我们可能会被差异吸引，但最终还是不会接受它。

被差异吸引，却渴望相似

遇见丽贝卡（Rebecca）。

你首先会注意到她的个子很高，略低于6英尺[1]。35岁左右，健康，朝气蓬勃，即便今天她不得不带着两个孩子去上班，也仍然精力充沛。

碰到罗伯特（Robert）。

他也很高，略高于6英尺，35岁左右，漂亮，轮廓分明。即使有些事情的最后期限日益临近，他也不当回事，总是彬彬有礼。

如果你同时遇到丽贝卡和罗伯特，你会注意到他们所有朋友的评论：他们看起来太像了。当然，不是完全一致，毕竟不是双胞胎，他们是夫妻，而且没整过容。

"惊人地相似，"罗伯特承认道，"我没注意到我们的背景也相似，不过我越来越喜欢这一点。我们不穷，但也不富，读的是同一所大学，都做广播节目，也都是基督徒。不过也有不少细微的差别，比如我们看待家庭和朋友的方式，以及对待努力工作的态度。当然，我们在同一个行业工作，而

1.英尺，英制中的长度单位。1英尺约合0.30米。——编者注

且，"他看了一眼丽贝卡，面露微笑，"穿着非正式的制服：整洁的牛仔裤，挺括的衬衫。"他们都笑了起来。

丽贝卡和罗伯特对他们相似这一事实感到很愉快，因为这让他们感到舒服和安全，彼此相通。

"我们喜欢的东西并不全都一样，"在她单独一个人的时候，丽贝卡说，"我喜欢散步，罗伯特就得学着喜欢！但我们生活的最基本构成是我们的共同点。例如非常稳定的家庭生活，父母仍然生活在一起，而且总是鼓励他们的孩子。当我们开始外出约会时，我们没有故意思考过这些事情，只是当你回头看时，才会看到这些，看到这些方式。"

然而，丽贝卡和罗伯特几乎没有意识到，他们的相似性对他们构成了限制，使得他们对生活的看法变得狭隘，或者对更广泛的意见、经验以及不同的思维和存在方式视而不见，只是他们很少感觉到这种状况的存在。人类有一些基本的偏好，比如喜欢熟人而不是生人，喜欢已知的而不是未知的，喜欢让人舒服的而不是不和谐的。这些偏好在这对夫妻身上都有所表现，它们正在暗中为害，并且有着重大的影响。这种偏好在我们的自我界定中根深蒂固，我们建立了关系、制度、城市、系统和文化，而在重申我们的价值观时，它们却让我们对可替代方案熟视无睹。**我们的有意视而不见恰恰源于此：在天性之中，人们总是期望得到熟悉的或相似的东西，这正是我们的大脑发挥作用的基本方式。**

确切地说，因为相似之处非常明显，丽贝卡和罗伯特成为很典型的例子。大部分人会跟与自己非常相似的人结婚，即相似的身高、体重、年龄、背景、智商、国籍和种族。我们也许觉得与自己相反的人很有吸引力，却不会与他们结婚。社会学家和心理学家研究这种现象几十年了，他们称之为

"正选型交配"，这实际上只不过表示我们会跟和我们相似的人结婚。当爱情降临时，我们的视野便不再那么宽广。

在离职加入在线约会网站宜合（eHarmony）之前，吉安·贡扎加（Gian Gonzaga）是一位高级研究员。该网站坚称它不是一个在线约会网站，而是一个在线"关系网站"。它依赖的是"匹配度技术"，可以从"32个维度预测出令人满意的关系"。但这并非为了浪漫，而是为了生意。所以，宜合的成败取决于用户能否找到真正相互喜欢的人。自1997年宜合成立以来，在线婚介的世界有了长足的发展，现在已经成为情侣约会的常见方式之一。此外，越来越多的证据表明，始于网上约会的婚姻破裂率略低。

"我们知道用户会以貌选人，这也是你要上传照片的原因。我们的调查问卷会提出很多深层次的问题，实际上这基于我们知道什么样的信息会起作用。因此，我们会问很多有关性格的问题：你喜欢整洁的程度如何？有多守时？还有一些是关于价值观的：你如何评价宗教信仰、利他主义和志愿活动？价值观是一个人所坚持的信念，即使在艰苦困顿时也不会改变，它们也是你最希望得到他人认可的东西。当然，兴趣爱好也值得重视，但是它们会改变。你可以学着喜欢散步，但价值观一旦确立就难以改变。"

谈及婚姻，当然存在文化上的差异。在已婚人士中，英国人一向比美国人表现得对婚姻更满足，这与他们在婚姻中的体验是一致的。他们对自己的家庭关系、做决定的方式和处理家务琐事的方式较为满意。这种惊人的一致性甚至影响到他们的性生活：与美国人和澳大利亚人相比，英国夫妇最不可能报告说"对性生活的厌倦已经成为婚姻的一个问题"。根据宜合所述，所有的配偶在有关职业选择、友谊、休闲活动和交友问题上都希望彼此同意，但英国的夫妇特别在乎家庭、平等地分担家务和对礼貌行为的界定。

贡扎加和他的妻子希瑟·塞特拉基安（Heather Setrakian）并非只是在践行自己的说教，而是就是他们所提倡的那种人。两个人是在加州大学洛杉矶分校婚姻研究所担任研究员时相识的，当时都是30多岁，黑头发，在朋友眼里都是才华横溢、幽默风趣而又机智聪明的人。贡扎加说，宜合系统本可以撮合他们俩成对的，只可惜他妻子在填写调查表时，说她想找一个比自己小两岁的人。

那份调查问卷要用半个小时才能答完，确实考验耐心和耐力，如果你真的想寻找一位伴侣的话，花的时间还会更长。这些问题都是用来确认你的价值观和态度的，涉及32个维度的内容，它们会让在这些维度上与你尽可能接近的某个人与你匹配。它可能是个软件，但毫不夸张地说，这是在做媒，它不会乱点鸳鸯谱，出现对立的组合或奇异的配对。

"人们可能会对与自己有差异的人感兴趣，但不会跟那些人结婚。他们寻找的是认可，是舒服。"

贡扎加的结论建立在2 500万份调查问卷所获数据的基础上。这些数据告诉他，无论你是利用自己的大脑进行思考，还是使用宜合的软件做比对，**我们终其一生都在寻找让我们感觉舒服的人，因为他们与我们非常相似。我们可能会被差异吸引，但最终还是不会接受它。**

"有一段时间，我和看起来跟我不同的女士交往，"罗伯特告诉我说，"她们几乎没有共同点，有时真的是差别很大。经历过这些纷繁的关系之后，我反而回归了平静。你可能认为这样会扩大社交圈，其实根本不行。我试过了，可我发现我真的不喜欢阿尔巴尼亚女人！确实，有些阿尔巴尼亚女人相当不错，我可一点也没有冒犯阿尔巴尼亚人的意思！但是，我想我认识到了，老天给你的引力中心是不可改变的。有一套规则加诸你的身上，让你几乎不假思索就会回到原来的老路上。"

罗伯特并不是对其他类型的女人和另外的文化不感到好奇，其实挺好奇的。他比很多人更想探索在他的直觉知识和直接经验之外的世界。不过，最终他还是做了大多数人在大多数时候做的事：拒绝了让他感觉很棒但跟他差异很大的人。这让他感到迷惑，已经到了让他对自己的选择左思右想的程度了，但还不足以改变他的想法。

"看着丽贝卡，感觉仿佛在看我自己，我觉得不可思议。"罗伯特说，"我选择了我自己吗？"

罗伯特和丽贝卡都受过良好的教育，都是怀疑论者，他们不太倾向于以表面价值来决定取舍。与众不同的是，他们准备分析和讨论他们的相似性对他们关系的强有力的影响。他俩都承认，彼此相似是愉悦和舒适的源泉，但也担心只与同类人缠在一起会让他们的生活经验变得狭隘。选择在那些与自己相似的人群中生活和工作是否会限制人们的视野呢？

我们大多与跟自己非常相似的人结婚，并生活在一起，这些发现总是让人感到恼火。面对这些数据，最常见的反应是质疑：我不是这样的人，我的丈夫也不是这样的人。为什么我们会如此愤愤不平呢？因为我们都觉得做出了自己的选择，它们是不可预测的，我们不会徒劳地选择自己，我们有更自由的精神，拥有更宽泛、更兼收并蓄的审美，这远不是数据所能体现的。我们不愿意感到自己对那些与我们不相似之人的吸引视而不见，也不喜欢看到自己陷进与我们的个性相一致的泥潭而难以自拔。

熟悉的东西给人安全感、舒适感

在某种程度上，我们的大脑跟宜合的软件一样运行：一生之中，我们都在寻找好的伴侣，若是找到一位，就会很开心。而且跟我们相似的地方越多，我们就会越倾向于喜欢对方。**这种思维习惯不仅适用于真正举足轻重的事情（比如选择妻子），也同样适用于毫无意义的事情**。因此，当某个实验的受试者受到诱导，相信了他们和拉斯普京[1]（Rasputin）是同一天出生的时，若再对这个罪恶的修道士做评判，相比那些与他们没有丝毫共同点的人，他们对他表现出了较大的宽容。仅仅是想到与自己分享了同一个生日，人们就会喜欢拉斯普京更多一些。

即便是在姓名中的大写首字母这样的琐事上，我们仍然信守我们最熟悉的东西。在对1998年至2005年期间发生的最狂暴的飓风进行的一项整合分析中，研究人员发现：如果飓风的名称和自己姓名的首字母相同，人们向这个飓风的救助基金捐款的可能性就更大，因此，凯特（Kate）或凯瑟琳

1.拉斯普京，俄国人，18岁时皈依宗教，自称具有神秘力量，可以预测未来，后来在俄国宫廷中位高权重，连沙皇都受他控制。——译者注

（Katherine）更有可能向卡特里娜飓风（Hurricane Katrina）救助基金捐款，而不是把钱捐给佐伊飓风（Hurricane Zoe）救助基金。我常常被毛巾和衬衫上的花押字母搞得迷惑不解（在我们自己的家里，难道我们真的不知道哪条毛巾是谁的吗？），但是再清楚不过了，这些熟悉的字母对我们来说含义很多。

在其他实验中，当被要求从几对字母中挑选一个自己喜欢的字母时，实验对象倾向于选择自己姓名中的字母，而且非常肯定。这些发现的有趣之处在于，字母本身毫无意义，做出选择之后也不会有什么结果发生。然而，参与者还是被他们每天都会看到和签写的字母吸引。

若将这一发现带出实验室，放进现实生活中，你会发现同样的事例屡见不鲜。卡罗尔（Carol）似乎更喜欢喝可口可乐（Coke），皮特（Pete）则选择百事可乐（Pepsi）。利奥（Leo）爱用李施德林（Listerine）漱口水，向凯瑟琳（Catherine）则偏好高露洁（Colgate）牙膏。这些选择可能无关紧要，可是它们表明了我们生活中的选择也可能会被我们非常喜欢的首字母所左右。牙医（dentist）中名字以D开头的人占了绝大多数，你也会发现住在佐治亚州（Georgia）的人中有很多人叫乔治（George），其数量之多超出了你的想象。

事实证明，熟悉不会导致轻视，而是给人以舒适的感觉。20世纪80年代，密歇根大学做了一系列实验，其中一组有64名学生，每周向他们展示一位男大学生的照片，连续展示4周；另外一组学生也有64名，他们每周会看到不同面容的照片。4周以后，两组学生被要求对以下问题做出回答：如果将来遇到他们已经看过其脸部照片的那些人，他们认为自己会有多么喜欢那些人？他们也被问到他们认为照片中的那些人与他们的相似度有多大。

那些在4周内看到相同面孔的学生更坚信这是他们在现实生活中会喜欢的人。他们还认为这些面庞属于与他们自己相似的人，但除了照片，没有其他证据。换句话说，熟悉的面孔令人感觉更亲切，只是这种说法没有任何支持它的证据。女性对于该实验的反应与男性完全一致。有一个类似的实验，使用了不规则的八角形，也产生了同样的反应模式。熟悉让我们感觉安全和舒适。

即使我们在寻找情感体验时，比如当我们听音乐时，这种反应模式也适用。第一次听一首新曲子，你很难完全欣赏它，只有反复听几次之后，它才会成为你的最爱。部分原因在于，如果你试着听音乐，比如第一次听马勒（Mahler）的《第八交响曲》，就有太多的东西需要接受：2支管弦乐队、2个合唱队和8名独奏者，他们在超过80分钟的时间里演奏，这不会即刻留下什么印象。听音乐是一个高度复杂的认知活动。即使是摇滚乐队白色条纹（White Stripes）的单曲《七国联军》（Seven Nation Army），听众也需要一些时间才会适应它。但是，一旦听上几遍，我们就会习惯，并且喜欢上它。此后，我们就不会再想听其他风格的音乐了，只想听更多同类的乐曲。

"我们会对每首歌的数百种属性进行打分，然后就会发现这些歌曲的相互匹配之处。之后便是我们对你的建议了。因为我们知道，如果你喜欢一首音乐，就很有可能喜欢另外一首具有相同特点的乐曲。"

蒂姆·韦斯特格伦（Tim Westergren）不是在谈论约会，而是在说自己的公司潘多拉电台（Pandora Radio），这是一家网络电台，它会像宜合处理约会那样对待音乐。每首歌曲都由音乐人对其400项属性进行人工打分，仅声音一项就有30种属性，从声音的音色到分层，再到颤音，无所不包。然后，利用这种"分数"与其他得分极其相似的歌曲匹配。潘多拉电台的软件处理音乐的做法和我们碰到人时的做法是一样的：寻找匹配者。匹配者找到后，人们就会感觉非常高兴。

"天哪，我爱潘多拉！"波士顿的歌迷乔·克莱顿（Joe Clayton）说，"我喜欢它。我总是在找新的乐队和新的素材，只是我无论如何都找不到，在音乐商店肯定找不到。这是一种怪异的方式，却很有效，因为他们几乎从来不让我听我不喜欢的东西。几乎从来都不。"

从本质上讲，潘多拉所做的正是声田（Spotify）、亚马逊、网飞以及所有个性化软件试图做的事情：将它对你的了解与它对其他像你一样的人的了解相匹配。但这些都无法向听众提供偶遇式的建议，介绍一些你以前从来没有听过的、完全不同的曲目。我喜欢布鲁斯·斯普林斯廷（Bruce Springsteen）、弗兰克·扎帕（Frank Zappa）和白色条纹乐队，但我也喜欢亨德尔（Handel）。而且，考虑到我的前三个偏好，声田、亚马逊或潘多拉不会向我提议听听亨德尔的音乐。

韦斯特格伦承认存在这种局限性。"它拓宽了你的选择范围，却限制了你对音乐的喜好。如果你喜欢爵士乐，那你就想听更多的爵士乐。如果你喜欢嘻哈音乐，那你就想听更多的嘻哈音乐。但是，潘多拉不会让你从斯普林斯廷的歌迷变成爱听亨德尔乐曲的乐迷。"

所有用于个性化选择的软件都在做着同样的事情：通过减少铺天盖地的选择，让我们的生活简单化。它们的做法跟我们大脑的做法是一样的：建立一个档案，然后搜索匹配者。不管是线上还是线下，我们的生活好比一个"捉对儿"的大型纸牌游戏！它的效率极高，是成功解决负载平衡问题的一个方法。熟悉的东西不需要仔细检查，如果你的大脑不能区分熟悉的和不熟悉的东西，并设定它们的优先次序，反而需要很多时间用于密切关注，那么，它就无法正常工作。 这种区分会让你的大脑选择捷径，很容易跳过熟悉的东西，而把注意力集中于新的、不同的、要求高的甚至有潜在危险的东西上。当我们找到自己喜欢的、熟悉的东西时，部分乐趣来自成功识别的愉悦。

正如韦斯特格伦所说，我们正在缩小自己的欣赏范围，远离了可能会拓宽我们视野的音乐、书籍或人。我们的大脑不是为把我们引向狂乱和各式各样的体验而设计的，从进化上讲，做如此冒险的事情几乎没有任何优势可言。因此，通过专注于某一个方向，并将其他方向排除在外，不予考虑，我们对不匹配的体验就会视而不见。

这并不是说我们的生活中从来不会存在奇怪的、偶尔才会发生的事情，它们当然会出现。你在工作中接触到一个人，他向你介绍了亨德尔，你因此喜欢上了巴洛克音乐。或者很有可能你的儿子给你推荐了四号节拍[1]。不过，这些偶遇是随机的，也是有风险的。请记住罗伯特对待阿尔巴尼亚女性的态度问题。

这就形成了一个循环：我们喜欢自己，相当重要的原因是我们了解自己，对自己很熟悉。我们就是每天早上在镜子里看到的那张脸，我们就是整天听到的那个声音。因此，我们喜欢长相和声音都像我们的人。他们让我们感到熟悉和安全。这种熟悉感和安全感让我们更喜欢自己，因为我们不会感到焦虑。我们找到了归属，更加自尊自信，我们感到快乐。人们都希望让自己感觉舒服，也希望有安全感，而当置身于熟悉的环境，且周围都是相似的人时，便能有效地满足这些需求。

1.四号节拍（Four Tet）是艺名，指的是英国电子音乐家基兰·赫布登（Kieran Hebden）。——译者注

熟悉产生偏见，使相似的人更加聚集

问题是，在这个温暖且安全的圈子之外，一切事物都处在我们的盲区。

我们不只是不欣赏那些与我们不匹配的音乐，在日常生活中，我们还用同样的方法来做重要的决定。作为英国广播公司一位有抱负的年轻制片人，当我第一次有机会挑选自己的团队成员时，我希望雇用那些能够质疑我以及相互质疑的人，雇用那些把广博的知识和充沛的活力投入整个项目的人。怀着这种坚定的想法，我挑了一些文科专业的大学毕业生，她们全是女性，会说好几种语言，身高在5.7英尺以下，就连生日也都在6月的同一周。换句话说，她们跟我都很相似。

我是有意这么做的吗？当然不是。和世界各地的人事部经理一样，我打算只招聘最优秀和最聪明的人，这就是我认为我正在寻找的人。但是，我是否也想过雇用那些共事时会让我感到舒适，能够跟他们快乐地度过之后的时光，并且共同分享项目价值的人呢？那是自然。

我有偏见，更喜欢那些和我相似的人。人人都有偏见。但是，正如我们得知自己很可能会和与自己非常相似的人结婚和交往时会感觉被冒犯一样，大多数人会激烈地反对他们存在偏见这一说法：其他人可能如此，但我们不是这样的。我们认为与我们的意见相左的人才是有严重偏见的人。

由于认识到我们都会落入这些陷阱，即我们都有偏见，很多组织开展了"无意识偏见培训"。这些课程希望通过让人意识到偏见，从而消除偏见。不出所料，没有令人信服的证据表明这种方法有效，有些人认为它反而加剧而不是纠正了偏见。我们当然没有看到实质性的变化；尽管花费了大量资金，也有明确的善意表达和要求平等的立法，我们仍然看到很少有女性和少数族裔担任高级职务或从事风险投资，男性助产士、护士和老师也很少。利用成见的固有印象可以节省精力，会让我们选择走感觉良好的捷径。这就是它们如此普遍和持久地为人所用的原因。

招收新成员时，交响乐团会安排盲试，这种令人满意的办法非常形象地说明了这种观点。哈佛大学经济学家克劳迪娅·戈尔丁（Claudia Goldin）和普林斯顿大学的塞西莉亚·劳斯（Cecilia Rouse）发现，若允许乐师隔着幕布试听，演奏者的性别便影响不到对其演奏的评价，女性第一轮顺利过关的概率增加了50%，最后几轮成功的概率增加了300%。如今在美国，盲选已经成为一种标准做法，结果是大型乐团里女性演奏者的比例从5%上升到了36%。从求职申请中删除姓名和照片是其他行业复制这种影响的最新尝试，因为在这些行业，仅凭上述细节就可以决定谁的简历会受到关注，谁的简历会被丢到一边。这些流程实现了自动化，从而剔除了人为因素，这似乎让人看到了真正的希望，但是，它也可能使选择流行的成功模式变得更廉价、更快捷，并不受惩罚。

金融服务业曾是这种歧视的典型代表，但如今它已被高科技取代，成为世界权力、金钱和偏见的中心。根据梅琳达·盖茨（Melinda Gates）的说法，随着风险资本家开始向新企业投入大量资金，发展的环境变成了"从哈佛大学和斯坦福大学辍学的白人男性计算机迷"的天下。大多数初创企业都是由年轻男性和他们的男性朋友共同创建的，他们又雇用自己的男性朋友来拓展业务，这些业务得到了和他们一样的投资者的理解和热心支持。到2016年，风投公司中只有7%的合伙人是女性，其资金只有2%流向了女性创业者。

正如德国和奥地利的交响乐团过去一直坚持认为亚洲人永远不可能完全理解或演奏古典音乐一样，女性在高科技领域的能力和天赋往往不被人看到。埃丽卡·乔伊·贝克（Erica Joy Baker）回想起她在谷歌为高管提供技术支持的一次经历。当首席执行官埃里克·施密特（Eric Schmidt）走进技术支持室时，他找了贝克的队友弗兰克（Frank）。在被告知弗兰克正忙于其他工作时，施密特描述了他的技术问题，并要求贝克将这一信息转告给弗兰克。这个故事引人注目的地方是，埃丽卡就坐在技术支持室里，而且她是技术支持，完全有能力解决施密特的问题。但是，施密特当然是看不到她的能力的，因为他感觉作为技术专家，黑人女性看起来没有白人男性的那种心智模式。

近年来，很多主张多样性的声音不只，甚至不主要是受到"社会正义"概念的推动。多样性论者的观点是：如果把多种类型的，拥有深厚的教育背景和经验的人聚集在一起，他们可以找到更多解决方案，看到更多问题的替代方案，比任何单个人或同质群体更有创造力。但随着我们的偏见不断告诉我们雇用和提拔谁、准备倾听和认真对待谁的意见、尊重谁和诋毁谁，我们清除掉了多样性，使得公司总部，有时是整个行业满是延续现有权力结构的人。他们没有接触到看待世界的其他方式，缺乏可以交流的不同经验，看不到其他的面孔，也听不到其他的声音。他们无法赞美差异，因为他们对差异视而不见。动力不足和过度自信的单一文化机构和行业无法为世界服务，因为它们不反映世界，只反映当权者的偏见。从好莱坞到威斯敏斯特，从硅谷到肖迪奇（Shoreditch），从伦敦金融城到华盛顿特区，这意味着人们会一直面临被蒙蔽的风险，并且觉得这样做非常自在。这或许可以解释为什么肯辛顿和切尔西市政厅没有发现格伦费尔塔公寓楼不安装喷淋灭火装置可能存在的问题，因为当时做出这一决定的人都不住在那里。这也可以解释与"疾风一代"的到来有关的文件容易被销毁的原因，因为"疾风一代"的家庭中没有人参与破坏。

工作中发生的事并不会只停留在工作领域。就像我们选择与那些和我们类似的人一起工作一样，我们也选择与这些人一起生活。截然相反的人没有吸引力。心理学家戴维·迈尔斯（David Myers）说，我们四处搬迁和建立邻里关系的方式折射出我们挑选配偶的方式。

迈尔斯说："流动性使得社会学中的'选型交配'成为可能。"既然我们有很大的自由可以搬来搬去，选择我们喜欢的工作，我们也可以选择自己喜爱的社区。总的来说，我们会选择"那些让我们感觉称心如意的地方，以及因为与自己是同类而让我们感觉舒服的人"。

在美国，比尔·毕晓普（Bill Bishop）对这种形态进行了研究，他发现最近30年来绝大多数美国人正在积极地转向更同质化的生活方式，即"聚居在同类人组成的社区"，所谓"物以类聚，人以群分"。毕晓普把这种现象称为"大排序"，而让他吃惊的是这些社区得到了很好的保护。如果一位孤独的共和党邻居居住在美国得克萨斯州奥斯汀一个坚定支持民主党的社区，他若敢于在当地一个电子邮件群发系统上发表政治见解的话，就会得到明确的回复："我对自己的收件箱里收到的右翼邮件制造出来的惊奇根本不感兴趣，不管你打着什么样的幌子。它让我感觉糟透了，我讨厌它。"起初，我认为这只是美国的特有现象，直到我孩子就读学校的一位母亲在2010年大选期间向其他母亲大胆发送了一封电子邮件后，我才改变了看法。对当地议员的批评引起了轩然大波：为失去游戏装备发出请求没有问题，但交换政治观点不受欢迎。

"我们在伦敦所住社区的邻里关系很和睦。"丽贝卡说，"邻居们挺好。我们家隔壁是保罗（Paul）和朱丽叶（Juliet）一家，他们跟我们一样！35岁左右，有两个儿子。虽然他们俩稍微年轻一点，但我们确实是同类人。朱丽叶不工作，我也只是做兼职。这条街上住的都是我们这样的人。各家的人简直就像是用复印机复印出来的。"

丽贝卡回忆说，选择房子时，他们考虑的因素是价格、上下班的远近和学校的选择。她的邻居也都参考相同的标准，因此，他们最终聚居在一起也就不足为奇了。"我猜你就会这么说，"丽贝卡承认，"但还有其他因素刚好符合要求。我们来到这里，不仅仅考虑它的使用功能。我们喜欢这里，现在仍然喜欢这里。我们感觉找对了地方。"

当我住在伦敦南部的斯托克韦尔时，志趣相投者聚居在一起的现象显而易见。当时的房地产经纪人称这里为"混合区"，意为各种族混居在一起，有时也指早期维多利亚式露台公寓和20世纪60年代的廉租房交叉错落地分布着。但在这两种建筑之间，你看不到太多的交往，邻里之间借糖的事也不多见。老师、教授、商人和电视制作人住在外墙涂有灰泥的漂亮房子里；单亲父母住在他们对面，有时这样的父母才十几岁。至少我们可以看到彼此，但这也已是交往的极限了。这与最近伦敦的一些住宅开发项目没有什么不同，这些项目特意为富人提供了单独的门、自行车存放处、垃圾处理设施和邮箱：一套是给富人的，另一套是给穷人的，以确保他们永远不会相遇。经济不平等的具体表现是隔离之下的各自发展。

现在我们住在英国的萨默塞特郡，这里城乡之间的两极分化给我留下了深刻的印象。我的乡下邻居们很少去伦敦，去的话也大多是去旅游，不仅吹毛求疵，还多少有点害怕。但这是双向的。一位受人尊敬的英国剧作家皱着鼻子，对我讲述了她在多塞特郡客居的经历。虽然她喜欢那里的风景，但是因为周末来探望她的城市朋友不多，她就缩短了在那里的居住时间。她渴望的是伦敦那样的生活，但要门前开满玫瑰。她想居住在乡村，却不能融入其中。随着更多的伦敦人搬到乡下去住，每年我都能发现他们在寻找同样逃离城市的人，这样的人更容易成为朋友。

凭着直觉，我们聚居在志趣相投者组成的社区里，各走各的门，从而减少了与不同的人、价值观和经验的接触。我们缓慢却确定无疑地专注于自己已知的，再也看不到其他的一切。我们可能比从前拥有了更多的选择，但我们狭隘的偏见也受到了更好的保护。

偏见被放大，产生盲区就危险了

　　在可口可乐和百事可乐之间做选择，其影响是微不足道的。但在大公司里，志趣相投的人若是拼命放大他们这个群体的偏见，这就很危险了。当决定是否通过议员们既不居住也与之无关的住房的支出时，这可能是致命的。这意味着，当涉及民主时，那种你看不见也感觉不到的偏见会严重破坏稳定。

　　2016年的英国脱欧公投让我们看到了之前我们视而不见的英国的方方面面，我们都处于自己制造和设计的泡沫中，经常感知不到那些在经验和意见上跟我们不同的人，且与他们互不往来。跟很多人一样，我的儿子惊恐地意识到，他没有就公投进行过严肃的辩论，因为他不认识任何想要离开欧盟的人。他是他这个年龄段的青年人的典型代表：在18岁至29岁的人群中，有73%的人希望英国留在欧盟，在大学毕业生中，有70%的人希望英国留在欧盟。

　　也许更令人震惊的是，那些以研究和理解社区为业的人同样是盲目的。亚历山大·贝茨（Alexander Betts）称自己是"自由国际主义者"。作为一位成功的学者，他被世界经济论坛评为"全球青年领袖"，还曾入选

"2016年全球思想家100强"，他坦言自己惊讶地发现，在前50个脱欧意愿最强烈的地区中，他"在这些地区总共待过4天……像我这样自认为有包容性、开放性和宽容性的人，也许并不像自己所认为的那样了解自己的国家和社会"。

贝茨的独特之处在于他能公开承认自己的视而不见。视而不见这个问题并非英国独有。我的父亲在得克萨斯州的一个小镇长大，那里只有一条铺好的街道和一家破旧的小便利店，除此之外没有其他设施，大多数住房现在是置于煤渣砖上的活动房屋。如此贫困的景象在美国并不新鲜，也不难发现；在这个世界上最富有的国家，预计51%的美国成年人还要在贫困线以下生活至少一年。但是，在特朗普意外当选之前，几乎没有人写过或想过这个问题。2016年那两次令人震惊的事件揭示了同样的事实：通过与志趣相投的人生活在一起，我们交换意见的环境更像是回音室，而不是辩论室，因而我们也就对与自己不同之人的需求、担忧、恐惧、愤怒和期望视而不见了。英国脱欧、特朗普和2016年总统大选如此出人意料，这表明我们有意视而不见的范围多么广泛。

不管是新的、老的，还是社交性的，媒体公司完全理解这一点，而且一向如此。**读者总是选择他们广泛认同的媒体，这种商业模式依赖于广告商能够将产品与特定的受众和渠道相匹配。**购买报纸、杂志或看新闻时，我们可不是为了看人打架的。特朗普的支持者不会因为想看看自己和反对者的差别有多大而去看有线电视新闻网，同样，特朗普的反对者也不会因此而去看福克斯新闻。对所谓社交媒体来说，其新颖之处在于它能放大这种效应，甚至更大幅度地缩小我们所看、所读和所听的内容。脸书页面充斥着放大和认可；对任何需要讨论或辩论的事情来说，它都是一个糟糕的地方，也是一种没有说服力的形式。我们有意选择新、旧媒体，因为我们乐于看到自己的想法传播开来，并听到掌声，而周围都是为我们、我们的想法和思维方式欢呼的人。

虽然这种现象很自然，但现在看来它并非中立的。法律学者卡斯·森斯坦（Cass Sunstein）提出所谓"群体极化效应"，他发现，志趣相投的人组成的群体若是聚在一起，不仅不会互相质疑，而且会使彼此的观点更加极端。［值得注意的是，森斯坦是哈佛大学教授，他的妻子萨曼莎·鲍尔（Samantha Power）也是哈佛大学教授，两人都曾在奥巴马政府任职。即使描述这种行为的人也无法对其免疫，意识到这种行为并不表示可以预防这种行为。］就像在线约会网站宜合会减少你的选择，在线音乐服务平台声田和潘多拉会让你的欣赏口味变得狭隘一样，志趣相投的人会对舆论产生同样的影响。

2005年，森斯坦和他的几位同事将两组志趣相投的人聚在一起，一组是来自科罗拉多州博尔德的自由主义者，另一组是来自科罗拉多州斯普林斯的保守主义者。在各自的组内，每个人按照要求思考三个问题：民事伴侣关系（civil partnerships）[1]、平权运动和气候变化。但在探讨开始之前，受试者要把自己对每个主题的意见记录下来，然后，森斯坦将两组人打乱，混编在一起，鼓励他们就各自的观点展开讨论。

在分组审议中，人们礼貌、投入而且独立，但当他们完成讨论时，几乎每一个成员最终表现出来的立场都比他们开始时的立场更加极端。在气候变

1.民事伴侣关系是一种法律关系，指两个均无配偶的完全民事行为能力人，在没有登记结婚的情况下长期共同生活而构成的特殊关系，同性或异性伴侣均适用。——译者注

化条约问题上，来自科罗拉多州斯普林斯的保守主义者原先是保持中立的，现在开始反对它。在民事伴侣关系问题上，博尔德的自由主义者原先只是多少有点肯定这一关系，现在则对它的优点深信不疑。森斯坦说，讨论开始时每个小组在意见上的多样性被"压制"，而它们之间的分歧则逐步增大。

即使存在大量的数据和争论，森斯坦关于群体的研究也表明，当个人在阅读时，他会关注那些支持他当前观点的信息，而对那些与自己的观点相左的信息则很少注意。总体而言，相比寻找与自己观点相悖的信息，人们可能会投入大约两倍的精力去寻找支持自己观点的信息。讨论过程本身并没有让人们增长见识，反而导致他们对其他可能的选择视而不见。正如罗伯特不再与阿尔巴尼亚女性外出约会一样，我们也不再正视那些对我们来说非常不舒服、非常纷乱的地方、工作、信息或人，因为我们内心深处有自己坚持的信仰。我们选择阅读《卫报》或《每日邮报》，因为它们说的话符合我们的世界观，而非挑战了我们的世界观。出于同样的原因，我们会看天空新闻台或第四频道的新闻。我们可能会认为自己希望受到质疑，但实际上我们真的做不到。跟我们有形的家园一样，我们的智力家园也是自我选择的和排他的，甚至我们的道德和伦理家园也是如此。

理论上，互联网应改变这一切。访问世界上的知识宝库本应开阔我们的视野，拓宽我们的思想。毕竟，你可以通过网络认识任何地方的任何人。但是，虽然现在我们所有人都能获得比历史上任何时候都多的信息，但在大多数情况下，我们选择不用。跟读报纸一样，我们阅读那些与自己意见一致的博客，比如布赖特巴特英国（Breitbart UK）或金丝雀（The Canary），但在这些地方，我们实际上踏进了一个无限回音室，因为85%的博客会链接到其他具有相同政治倾向的博客（和广告）。互联网从个人电脑端向手机端的转移加剧了这一趋势。对手机应用程序的依赖意味着我们消费的信息会受到比以往任何时候更加精细的过滤。

事实上，虽然早期的创始人称赞互联网能把在任何意义上相距甚远的人聚在一起，但其赚钱靠的是类同：把志趣相投的人聚在一起，这些人的身份非常具体，以至于他们构成了一个明确的市场，可以针对它投放高价产品的广告。通过对狭义的身份进行分析和利用，对个人有用的信息可以让公司赚数十亿美元，这就是互联网的商业模式。当然，它可以是仁慈和温和的。不管你住在什么地方，无论你年龄有多大，是否喜欢兰花、合气道[1]或观念学，你都可以发现志趣相投的爱好者，并与他们建立联系。为什么人们想要这样做呢？因为这等于走上了一条捷径：可以从你认为值得信赖的人那里获得信息。如果你不懂得兰花如何起苗和分盆，兰花迷们会让你节省很多钱，并让你不再那么忧心。但这同样适用于寻找违禁药品的源头、制造爆炸装置或分享极端主义的内容。我们抱成一团，是因为这让我们感觉舒服和安全，更是因为这样做效率很高。我们没有必要亲自去了解所有的事情，那是一种费劲且缓慢的方法。没有人鼓励我们去怀疑。

1.合气道，日本古代柔术的一个流派，是以护身术为基础，徒手对徒手或徒手对短刀格斗的竞技运动。——编者注

捷径是柄双刃剑

捷径会在很多方面给予我们奖励，但会让我们误入歧途，因为它们产生的舒适感会阻止我们质疑，让我们不愿意独立思考。 这就是诈骗犯伯纳德·麦道夫（Bernard Madoff）接触到一群投资者时发生的事情。这些投资者非常相似，并且热心地传递他们了解到的市场信息。

欧文·斯塔尔贝（Irvin Stalbe）说："我的账户是从父亲那里继承的。我对它不太了解，父母去世时我得到了它。他们并不富裕，只是每年存上那么一点。我也试过自己投资，不过我不擅此道，我只想让它是稳定的，而且能赚钱。"

在佛罗里达州的庞帕诺比奇，斯塔尔贝有一套简陋的公寓，我们在那里开始交谈。他55岁就退休了，但继续在银行做兼职，只是为了有人陪伴。继承而来的麦道夫基金账户赚到了钱，他便用于额外开支，比如假期、赌博，以及支付孙辈的教育费用。最让他高兴的是，该账户的财务回报非常稳定和有规律，看不出存在任何风险。尽管任何股票市场都不是这样的，但麦道夫基金似乎让斯塔尔贝梦想成真。

"当我把文件带给我的会计时，他看到了收益数，他说他想往里面添点钱。于是我们商量出一个办法，那就是向任何一个想向这个账户里投钱的人发表一个声明。最后，我有40个朋友和亲戚投资了这个账户。"

让我感到惊奇的是，在他们联合投资之前，那个会计或者任何人就没有做过调查吗？

"没有，确实没有。我们这个账户已经25年了，在我之前，我的父母就已经用了20年。多年以来，我们将朋友和子孙吸收进来，全都是在我的名下。很多年了，它都让人惊喜。当然，现在我搞明白了，我本来应该记住这个黄金法则的：永远不要把你所有的钱放在一个地方。可是在当时，我是说，每个人都在里面。我们没必要担心。"

麦道夫的诈骗是一种亲缘式犯罪。斯塔尔贝会通过旧的受害者挖掘新的受害者，捕食彼此相近的人，这些人不会产生怀疑，因为彼此之间的舒适度如此之高，以至于他们觉得不需要做任何研究，他们在抄近路。如果与斯塔尔贝及其家人坐在他们位于佛罗里达的客厅里，你就会觉得他们并不是贪婪之人，他们只是想得到一个安全、可靠的回报，而且他们发现他们处在同一个投资产品中，可以相互验证。这就是我们每天都在走的捷径，尽管我们之中很少有人为此付出高昂的代价。

"我没事，"斯塔尔贝说，"我还有一些收入，我在我儿子的外卖餐馆打工，擦桌子，在后厨帮忙。我喜欢和别人聊天。可是我的妹妹，她被毁了，她现在一无所有。我嫂子也是一样的情况：她的钱有90%放在了账户里。这都怪我。"

那些日子里，最困扰斯塔尔贝的并不是他自己的财产损失，而是他把很多其他人拉了进来。他很生自己的气，因为他的自信强化了他们的信心。每个人都感觉很自在，他们有很多共同点，以至于从未有人提出过什么异议。也正是这种亲缘关系使麦道夫诈骗的钱财达到了天文数字。

捷径是很实用的，不过当你选择走这条道路时，一路之上你会失去很多：这就是捷径被称为捷径的原因。和与我们相似的人一起生活、工作和做出决策，虽然会让我们感觉舒适和有效率，但这也会大大限制我们的思考方式，让我们的视野变得过于狭隘。我们的关注点越集中，我们忽视的东西就越多。虽然近年来人们习惯把这一切都归咎于互联网，但与之前的几代诈骗犯一样，伯纳德·麦道夫并不需要利用技术实施犯罪。人的生物性（即偏见能支配大脑）对他有利。

这样的盲点真实地存在于大脑之中。罗伯特·伯顿（Robert Burton）曾是加州大学旧金山分校锡安山医院的神经内科主任，他不断地思考，一直在寻找理解和质疑"偏见导致我们确信无疑"的方法。他非常清楚地知道，在无休无止地寻求匹配的过程中，我们的大脑会拒绝那些可能会让我们开阔视野和睁大眼睛的信息，或者拒绝那些让我们有点不太确定的信息。

伯顿说："神经网络不会给你一条直达路线，比如，从一道闪光直接变成你的意识。沿途会有各种各样的委员进行投票，不管闪光是否会直接变成你的意识。如果它获得了足够多的'赞成'票，那么你肯定会看到它。如果票数不够，那你就会失去它。"

"但是事情就是这样：你的大脑喜欢什么？什么可以得到它的'赞成'票呢？大脑喜欢它已经认可的资料，它喜欢熟悉的东西。所以你会立即看到熟悉的资料，而其他资料可能要花更长的时间才会被大脑注意到，或者它们根本不会接触到你的意识。"

在加利福尼亚州索萨利托（Sausalito）的一个美丽清晨，我们在谈话时俯瞰着海港。时间还早，周围只有寥寥几个人。在喝第一杯咖啡之前，伯顿热切地扫视着远处的地平线。

"我意识到人们开始四外活动，镇子开始醒来，"伯顿继续说道，"但是背景不清楚，不会引起我太多的注意。但是如果一个我认识的人走过大街，我马上就会看到他。嗖的一下，他直接进入我的意识，从头到尾全是'赞成'票，一个完美的匹配。"

伯顿非常清楚人们对匹配的喜爱和对确定性的渴望，这正好与作为一个科学家的探索精神相抵触。多数情况下他对此表示怀疑，因为他认为这会阻止我们看到更多的东西。在他看来，我们大脑神经网络的发育类似于河床的形成。

"想象一下河床的逐渐形成。最初的水流可能是完全随意的，开始时没有哪条线路更可取。但一旦小溪形成，水沿着这条新生成的、阻碍最小的水道流淌的可能性便会加大。随着河水继续奔流，溪水变深，一条河流产生了。"

伯顿的比喻很美妙，也很有用。我们生活得越久，积累的相似的经验、朋友和想法也就越多，水就会流动得更快、更容易。阻力越来越小。阻力的减少让我们觉得容易、舒适和确定。然而，与此同时，河的两岸也在变得更高。当我们追随志趣相投的人，加入志同道合的社团，在同质的企业文化里做着相似的工作时，河床下降，越来越深，而两岸却在上升，越来越高。这种感觉很好，水高速流动，畅通无阻。只是什么东西你都看不到了。

有意视而不见就是这样开始的，"失明"并非有意识的、审慎的选择，而是一连串的决定促成的，这些决定缓慢却无疑地限制了我们的视野。我们没有感觉到我们的洞察力正在丧失，尽管多数人希望自己的视野保持开阔和丰富。但是，我们的盲目正从小的日常决策中生长起来，深深地扎根在我们确立的思想和价值里，从而让我们感到更加温暖和舒适。而这一过程最让人感到惊恐不安的是，随着我们的视野越来越窄，我们会感觉更舒服，感觉拥有了更大的确定性。虽然风景在缩减，我们却认为我们看到了更多。

第二章

爱情让人盲目

我们不是因为他们是什么样
的人才爱他们，而是因为我
们认为他们是什么样的人才
爱他们，或者需要他们成为
什么样的人而爱他们。

爱情是盲目的，所以美好

1970年，风疹疫苗在英国首次被接种，但是，在此之前若干年，怀孕时患上风疹对母亲和胎儿来说都是很危险的。迈克尔（Michael）的母亲知道这一点，她的家庭中有多位医生，但是，她却无能为力。因此，迈克尔在1948年出生时，患有先天性心脏缺陷。

长大以后，他身体虚弱，无法从事体育活动。但是，迈克尔仿佛知道他的未来必须依靠头脑而不是发达的肌肉，他非常聪明。他所有的耶稣会的老师都知道他是一个需要被爱护的学生，他肯定能取得好成绩，进入一流大学，将来有可能做一名神父。他们的最后一个热望落空了，但其他热望都实现了，因为迈克尔成长为一个聪明得让人震惊的人，几乎第一眼你就能看得出来。他也非常幽默，这成为他的一个不可或缺的补偿缺点的优点。

大学毕业后，他进入广播行业，开始是在广播电台，之后转入电视台。电视工作非常紧张，他在那里工作时恰好赶上第一次做心脏瓣膜置换手术。通常，他会勇敢地正视现实，以掩饰内心的恐惧。对绝大多数人来说，体外循环心脏手术不是他们在二十几岁时需要考虑的事情。后来，在公共游泳池中，当孩子们对他胸口上从上而下的厚厚的红伤疤感到惊讶时，他会解释说自己是一个仿生人，只利用一小片发出嘀嗒声的塑料来维持生命，这给孩子们留下了深刻的印象，不过多少有点吓着他们了。

就像19世纪的结核病人一样，濒临死亡让迈克尔比其他人更想活下去。每一次的经历都是那么生动，每一次的体验都是那么充满活力。当心脏中的塑料瓣膜开始失效，需要再做一次心脏手术时，他不是特别担心，因为他知道惯常的程序。对朋友们来说，在医院里坐在他的病床前，被那位手指修长的、喜欢保时捷汽车的心脏外科医生马吉迪·雅各布（Magdi Yacoub）的故事逗得哈哈大笑，是小镇上再好不过的社交场景之一了。但是，有一点越来越清晰，一旦涉及婚姻和家庭问题，迈克尔可就不是令人满意的家伙了。无论女士们发现他有多么魅力超凡、体贴周到，并且见解深刻，他都是一个不利的赌注。在第三次手术前，与他相处了9年的女友莱斯莉（Leslie）下决心离开他。莱斯莉约他喝茶，跟他解释说，尽管她非常爱他，但她还有一段很长的人生之路需要认真考虑。谈话结束之后返回办公室时，他想到了几种心脏可能会停跳的方式。

不过几年之后，迈克尔重新回到了广播电台，他与一位同事相爱并且结了婚，有一段时间，他拥有了自己曾经梦想的一切：美满的婚姻，可以为他赢得尊重的令人兴奋的工作，可以让他与作家、艺术家、音乐家们相伴的聚会，他们都非常欣赏他的勇气和智慧。迈克尔开始打算要第一个孩子，但之后他再次病倒。这一次他需要做心脏移植手术，但没等手术安排好，他就离开了人世，年仅38岁。

当我嫁给迈克尔时，我是有意视而不见吗？当然，我是的。我了解他的心脏状况，每个人都知道。但是我与他坠入爱河，我认为这没有关系。无论如何，我们要永远生活在一起。现在我知道了一些实际情况，我们有相同的姓名首字母，都是外国移民，上过同一所大学，同样的中等身材，这些事实让我们之间的关系变得相当确定。但是，我早点做研究就好了，发现他的寿命会很短，或者与心理学家谈论悲伤的痛苦，或者读一些讲述孀居忧伤生活的书。但是这些事我一样也没有做。我不去看这些让人伤心却又确定无疑要发生的事情，反而假装它们不存在。

爱情是盲目的。这并非如神话中描写的那样，是因为丘比特的箭是随机射出的，而是因为一旦被这些箭射中，我们就变成了睁眼瞎。**当我们爱上某个人的时候，我们会把他看得比在别人的眼里还要聪明、机智、漂亮和强壮。**对我们来说，心爱的父母、配偶或孩子有着无限的才能、潜力和美德，仅仅是个陌生人是不能识别出这么多优点的。当我们出生时，是爱让我们得以存活。如果失去对孩子的爱，任何一位刚生完孩子的母亲如何能够悉心照料孩子呢？任何一个孩子又怎么能够存活下来呢？如果我们在爱的怀抱里成长，我们会确信其他人信任我们，可以维护和保护我们。因为我们受到爱护，所以我们是可爱的，这种信心是构成我们的身份和自信心的基本材料。我们相信自己，至少部分相信自己，是因为别人信任我们，而我们对他们的信任又非常地依赖。

作为人类，我们有很大的动力去寻找和保护让我们自我感觉良好和感到安全的人际关系。这就是我们要跟与自己相似的人结婚，跟与我们相似的人比邻而居，并且要跟与我们相似的人一起工作的原因：**每一个从其身上可以看到我们自己的人都是对我们的自我价值的一种肯定。爱情也在做同样的事，只是它蕴涵着无限多的热情和动力。**我们之所以赞赏自己，是因为我们得到了别人的爱，为了保护我们的自尊所依赖的重要关系，我们会激烈地战斗。纵然我们的爱是建立在幻想的基础上的，它看起来也和真的一样。的确，似乎有些证据表明，不仅所有的爱都基于幻想，而且爱也积极地要求幻想，从而得以持续。

　　心理学家对约会中的青年男女进行研究，他们分析了一方对爱侣的看法，然后将它与爱侣一方对自己的看法加以比较。他们发现，不仅看法相去甚远，因为情侣把爱人看得比他自己认为的要好，而且这种对爱侣的理想化使他们的关系更有可能得以继续。当人们在爱侣的身上看到了他们的爱侣自己都没有看到的优点时，他们就会对他们的关系更加满意。换句话说，**对所爱之人的理想化有助于关系的持久**。

　　这些积极幻想的有益作用远不止于此。**当你爱上一个人时，这个人就会开始适应你对他的幻想**。因此，这是一个良性循环：你对爱侣有更好的幻想，爱侣就会努力不辜负你的幻想，你也就会更爱他。这听起来有一点像神话故事，但是，亲吻青蛙可能真的会让它们表现得像王子或公主一样。这确实是一种魔力：幻想变成了现实。我们不是因为他们是什么样的人才爱他们，而是因为我们认为他们是什么样的人才爱他们，或者需要他们成为什么样的人而爱他们。

　　所以，我嫁给了一个我不认为有病残的人，而我们在一起很快乐的另一个原因是，我们就像他什么毛病也没有那样生活。这是一种有益健康的视而不见，缺少了它，我们的关系就没有了希望。即便无关生死，这也是每个人都要做的：**忽视缺点，不顾虑失望，关注那些积极的方面。对彼此的爱让我们看到，甚至被迫看到了彼此最美好的一面**。

　　这并不表示我们就没有疑惑，我们当然会有。但是，这样的疑惑倾向于在我们已经对关系投入了很多之后再浮出表面。尽管这种说法听起来非常冷酷无情，但是它和我们其他的投资是一样的，正如行为经济学家卡尼曼

（Kahneman）和特沃斯基（Tversky）的发现：损失隐约可见，而且远大于相应的收益。当你把这一发现应用到爱情生活而非股市时，它就意味着：当一段关系开始让人不开心时，失去它的恐惧对我们来说可能要远远超过对自由的珍惜和对解脱的希望。如果交往中出现问题，我们会把它搁置一边，努力适应，或者尝试着弱化我们的担忧。我们会寻找借口（他今天倒霉透了，或者他的童年很惨），我们会寻求替代性的解释（她其实并不是这个意思，我肯定是误会了），或者我们可能只是削弱失望情绪（这并不是一个重要的生日）。我们会挖空心思来维持幻想，对麻烦或痛苦的事实视而不见。我们用幻想保护我们的生活。

我们的身份和安全感在很大程度上取决于我们所爱的人，而我们不希望看到我们的身份和安全感受到任何威胁。因此，在嫁给迈克尔以后的绝大多数日子里，我都不去想他的虚弱，或者他的心脏。我们继续徒步旅行，还经常游泳。我可能是这样进行合理解释的，通过让他保持身材，我就能让他保持健康，或许我也会保持健康。但是，我也是在做戏，假装我的丈夫跟其他同龄人一样强壮和健康。我只能相信这一点。

我的情况也许是一个所有关于身体的现实状况被爱情蒙蔽的极端案例。但是，涉及爱情时，理性认知产生的影响是如此微乎其微，就算是受教育程度最高的人和最理性的人也会对此大为吃惊。

一天晚上，迪克（Dick）告诉我："我记得母亲打电话给我，向我诉说她的手臂和胃部现在很疼，已经持续差不多20分钟了。"迪克是一名内科医生，经验丰富，头脑冷静，出了名地直言不讳。跟很多医生一样，他喜欢诊断带来的智识上的挑战，而且不轻易做预测。"她对我说可能是她吃的东西造成的。我立刻回答：'是的，肯定是你吃的什么东西造成的。'接着我就挂断了电话。"

在迪克讲述这个故事时，他的妻子林赛（Lindsey）看着他，一脸茫然。她也是一名医生，但我们正在谈论的不是她的父母。

"所以我就挂了电话，把谈话内容讲给林赛听，她看着我说：'不对，不是她吃的食物造成的，她是心脏病发作。'她当然是对的！所以我马上把电话打了回去。"

这个故事令迪克啼笑皆非，他竟然把如此简单的问题搞错了，而且错得如此离谱。当然了，这就是医生不应该给自己的家人治病的原因，因为爱让他们看不到症状背后的真实病情。令人遗憾的是，这并没有阻止家人向他们寻求建议，甚至有时还会要求免费的家庭看护。事实证明，专业的组织也没有办法禁止医生治疗自己的家人。这种危险是双重的：不是倾向于将病情轻描淡写（我爱你，不能接受你生病的事实），就是倾向于小病大治（我不能承受失去你的痛苦，稍微有点症状就要治疗）。我所遇到的每个医生都经历过其中一种反应，他们知道自己无法对家人做出正确的诊断，他们也知道这并非因为自己医术不精。

爱让人们对伴侣的伤害行为视而不见

我们的身份依赖于我们所爱的人，家庭生活的核心作用是保护我们对彼此的幻想，这就是组建家庭的意义所在。

在电视剧中，因为对家人的爱而变得盲目的典型人物一定是卡梅拉·索普拉诺（Carmela Soprano）[1]，她的丈夫是残忍、淫乱的恶棍，而她则徘徊在知情和不知情之间。她将如何获知真相呢？这会摧毁她所爱的一切：她的家庭、她的住宅、她的孩子，以及她认为自己还是一个好人的感觉。对她的孩子梅多（Meadow）和小安东尼（Anthony Jr）而言，面对这个事实更为容易，他们不能选择父亲，也不觉得他们的身份完全依赖于他。但是，卡梅拉选择了托尼（Tony），所以，对她来说，面对她已经宽恕的一切要付出很高的代价：不仅是天主教徒的罪行，她还要对难以想象的"可怕行为"负责。她非常希望托尼能成为一个好父亲，让她的家庭成为一个典型的美国幸福之家，她将身心精力的大部分都用来维护让她的生活值得一过这个幻想之上。

1.卡梅拉·索普拉诺，电视剧《黑道家族》中的人物，卡梅拉的丈夫托尼是黑帮头目，她却选择对此视而不见，继续过她的正常生活。——译者注

她对托尼的犯罪行为视而不见，因为她不得不这样做。

卡梅拉的困境是极端的，但也是与每个人都有关的，这正是这部电视剧受欢迎的原因。许多夫妇发现自己陷入这样一种境地，他们担心糟糕的事情会发生，因而宁愿假装不知道。就像卡梅拉一样，人们更容易睁一只眼闭一只眼，并且一举一动表现出一切正常的样子。在这方面，虚构的文学作品与现实并没什么不同。尽管与极力表现得富有魅力而又生活阔绰的卡梅拉大相径庭，但从各方面来看，普丽姆罗丝·希普曼（Primrose Shipman）显然拒不承认她的丈夫哈罗德（Harold）是英国犯罪史上最残忍的连环杀手。尽管有大量的证据可以证明他罪行累累，她依然坚决主张她的丈夫是清白的。在她的丈夫被定罪之后的调查中，她回答"我不知道"的次数已然过百。但是，没有人认为她是虚伪的。主持调查的珍妮特·史密斯（Janet Smith）女士对普丽姆罗丝的描述是"诚实而直截了当"。在希普曼的3个病人死亡时，普丽姆罗丝到了现场，或者说在他们死亡之后她马上就出现了，并且站在其中一个病人艾琳·查普曼（Irene Chapman）的身边，而她的丈夫去看另外一个病人。然而，所有的迹象表明，她没有看到事情的来龙去脉。

尽管邻居们对她的忠诚感到吃惊，并且很是反感，但其他的观察者并不这样认为。唯一与哈罗德·希普曼会谈过的精神病医生理查德·巴德科克（Richard Badcock）描述了哈罗德可怕的控制欲，他发现妻子是一个可以利用的理想掩体。普丽姆罗丝·希普曼毕竟要完全依赖她的丈夫。当她在17岁怀上哈罗德·希普曼的孩子时，父母就与她断绝了联系，在她草草举行的婚礼上，她最后一次见到父亲，母亲甚至没有出席。她识字很少，只能靠当保育员和经营一家三明治店赚取微薄的收入，但是，她有4个孩子需要照顾，这使得她在情感上和经济上都要依赖于丈夫。没有任何迹象表明她有亲密的朋友，或是其他能够给她带来角色感和地位感的社会关系，虽然她的婚姻是屈辱的,但她是有婚姻的,婚姻为她提供了这些社会关系。在她的人生中,显然没有任何一个时刻,让她有力量或者具备自立的能力去看清在她眼前发生的一切。

普丽姆罗丝·希普曼需要生存下去,但她不被家人或社会接受,我们中的绝大多数人永远无须应对这种困境。我们更有可能揭露的秘密是婚外情。众所周知,虽然存在外遇的夫妇比例有多大难以确定(理由显而易见),但估计占婚姻的30%至60%。在离婚期间,有24%的离婚要引证外遇作为一个证明双方感情破裂的不争的事实。

埃米莉·布朗(Emily Brown)说:"在夫妇中间,当有人出现外遇时,没有人真的想知道。"埃米莉·布朗是一位婚姻治疗师,对婚姻不忠的深刻认识和研究似乎并没有毁掉她的乐观态度。她55岁左右,依然穿着色彩浓烈的服装。在她的一间堆满书籍和艺术品的办公室里,有一个陶罐,上面贴着一个写着"认知超载"的标签,暗示有时知识也会成为一种负担。

在她的执业实践中,埃米莉·布朗的工作就是帮助婚姻受到外遇威胁的夫妇或个人。在客户来找她之前,婚外情通常已经被发现,她所看到的部分表现是受到背叛的配偶因没有留意到事情的进展而感到愤怒。

"他们可能已经怀疑了,"布朗说,"但即使是在一方有疑心的婚姻中,你如何才能提出疑问且让婚姻完好如初呢?如果对方没有外遇,那你就是在凭空怀疑,挑起反抗行为。如果对方有外遇但拒不承认,那么他或她就会被揭穿。如果对方有外遇并且承认了,那么一切将会土崩瓦解。所以,没有任何一种方式可以在质疑的同时让婚姻关系完好如初。"

处于知道又不知道的状态非常痛苦,它可能会持续几个月,或者好几年。

日常生活的一成不变让人们更容易视而不见，少有戏剧性，也少有伤害。

"所以，我知道人们的想法：我应该问，但我不会问。这是一种自我保护。我的很多客户都是在从来没有人谈论危险话题的家庭中长大的，在这些家庭中，大量谈话彬彬有礼，却没有什么意义，因此，他们不知道如何开始进行这些对话。但另一方面，他们会想：如果我们谈论它，就意味着它确实存在。因此，通过对任何事都闭口不谈，他们试图使其消失不见。"

根据布朗的经验，夫妻双方都会视而不见：不忠的配偶对被发现的可能性视而不见，拒不考虑可能导致的后果，更喜欢保持没有人会受到伤害的幻想。这可不是愚笨，他们真正渴望的是外遇和家庭能够和平共存，家里红旗不倒，外面彩旗飘飘。另一方面，遭到背叛的一方绝对会拒绝理清头绪，因为只要疑虑还是不连续的点，那就什么也没有发生，什么也不用改变，爱情如故，涛声依旧。

"我有一个案例，"布朗回忆道，"丈夫有外遇，但是妻子没有猜忌。妻子得了性病，为此去看医生。当她告诉丈夫时，他尽量掩饰，轻描淡写地说：'你一定是在和孩子们露营时感染上的。'于是，她就没有多想。"

"10年之后，妻子去理发店里美发，在那里阅读了一篇有关性病的杂志文章，这才恍然大悟！直到那时，她才去找她老公当面对质。在这个案例中，双方都视而不见：他对被逮住一事视而不见，而她则对正在发生的事熟视无睹。"

根据布朗的看法，许多人凭直觉就能发现事情不对头。这些婚姻难以修复的一个原因在于受到背叛的一方感到非常愤怒，不仅是恼怒对方，更是生自己的气。"我怎么会不知道呢？"他们每次发问都感觉自己如此愚蠢、如此幼稚。突然之间，他们觉得自己是在观看一场自我组装的拼图游戏：所有的拼图块咬合在一起，产生了一幅谁也不想看到的极其丑陋的画面。被维持爱情的幻想所滋养的宝贵的自我价值，即自尊，随着真相的暴露而被摧毁了。

我们会奋力拼搏来保护自尊，这是一种普遍现象，与人们是富有还是贫穷没有关系。人们全都需要感觉到自己是完美的人，当他们的处境其实很糟糕时更需如此。

"我明白我的所作所为是错误的，但是，我为自己开脱说：这不能用常理来解释。我认为，不管我想做什么都可以侥幸成功。"当涉及自己的婚姻时，甚至是泰格·伍兹（Tiger Woods）[1]也会视而不见。

"成功自会带来盲目性，"布朗说，"成功的人相信他们能够摆脱它。我曾经与一小组40岁前成为百万富翁并且有外遇的男人交谈，他们甚至看不到危险！这不是一种对风险的爱好。他们觉得妻子永远不会知道，所以哪里还会有伤害呢？他们生活中的其他事情都已经解决，所以他们认为自己拥有某种魔力，他们的成功意味着他们能够得到想要的一切，而且他们是无懈可击的。他们完全看不到自己已经造成的伤害。他们只是无法想象，作为一个好男人，他们做的却是坏事。"

跟布朗交谈时，我感觉她好像是一名战斗经验丰富的老兵，她的咨询室就是妻子和丈夫们为了保护自尊而发起大规模战斗的战场。她说，视而不见在帮他们战斗。如果有孩子被卷了进来，不忠的配偶尤其是睁眼瞎。他们让自己相信，任何年龄的孩子都什么都不知道，什么都不关注，仅仅因为是孩子，他们就无法理解成年人的生活。这是一种自我安慰的谬论，却常常被孩子们加强，他们沉默不语，因为他们努力想维系家庭的完整。每个人都在合

1.泰格·伍兹，美国著名的高尔夫球手，曾卷入性丑闻。——编者注

力进行集体幻想：家庭依然完好。

"有一对夫妇，我曾经跟他们共事，他们处于半分居状态，"布朗回忆说，"他们在孩子们面前多次发生争吵，丈夫搬到外面的一个公寓里住，就在车库上面。因为一个孩子过生日，他们又聚到了一起。夫妇双方都说他们认为孩子们不会怀疑家里有变故。唉，他们的孩子一个13岁，另一个10岁，而且爸爸不再住在家里了……"

通过跟布朗的交谈可知，这种视而不见显然司空见惯，以至于已经不能让她感到吃惊了。但是，她也认为伴随着外遇的视而不见常常在很早之前就开始了。周边邻居往往是跟我们相似的人，居住在这样的社区里有很多缺点，其中之一就是我们很少经历冲突。这意味着我们没有培养出管理冲突所需的方法，而且对我们是否有能力解决冲突也缺乏信心。**我们说服自己，相信不存在冲突同样是一种幸福，但是这种权衡让我们不可思议地变得虚弱无力。**

"在很多情况下，外遇的开始是由于人们想回避冲突，或者对亲密关系产生了厌烦。人们对需要处理的事情敬而远之，他们认为他们无须说出任何消极的话，他们不知道如何用一种不像是攻击的方式清楚地表达批评或质疑。于是，当他们最终通过外遇表达他们的不满时，它就真成了一种攻击，而且激起了更多的攻击。很多时候，这一现象都源于没有处理好思想情绪，没有理解自己的内心感受。与处理令人不舒服的感情相比，视而不见更容易做到。"

贯穿在布朗的谈话及其实践经验中的，是这样一个判断：因为对可能看到的或可能感觉到的事情非常害怕，我们才变成了睁眼瞎。我们的身份和自我价值感取决于我们所爱的人，这种关系已经到了即使他们伤害我们，我们也依恋他们的程度了。

　　路易丝·米勒（Louise Miller）回忆说："我们希望父母爱我们，而要做到这一点，方法就是成为他们期望我们成为的人。"

　　米勒是布朗的一个客户，在经历了多年屈辱的婚姻后，她找到布朗寻求建议和治疗，她很努力地让自己不去注意婚姻中那些纷纷扰扰的事情。米勒说，她十分渴望取悦自己爱的人，从不敢真的提出任何质疑。

　　"我是在20岁出头时结的婚，我真的不想结，但是我想那是我该做的。我约会了，我已经到谈婚论嫁的年龄了，我结婚了。之后，30多岁时，我有了几个孩子，我想，我要拥有父母认为的那种完美人生。我有了漂亮的大房子，带一个大花园，周围的邻居也很好。我想，现在我拥有了美满的生活。直到40岁，我才了解了自己。这些年来，我一直在努力做我父母期望我做的事，做我丈夫希望我做的事。我认为，如果他们快乐，我就会快乐。可是我单单对自己的事视而不见！"

　　路易丝非常渴望得到父母和丈夫的认可和爱，她对"幸福和家庭生活应该是什么样"的理解落于俗套，以至于她从不敢对身边发生的事情提出严肃的质疑。

　　"小时候，我在家从没有见过酒，甚至做饭也不用。因此我遇到现在的丈夫时，全然不知他是一个酒鬼。我与他是在大学相识的，当时他有一些粗野，我仅仅认为那是聚会时才有的行为，他以后会改掉的。但是他从未改变。我抱怨过，但他无法戒掉。后来有一天，他父亲对我说：'你知道你嫁给了一个酒鬼吗？'那时我都40多岁了！我怎么会和一个酒鬼生活在一起，却浑然不知呢？"

路易丝用一种近乎绝望的尝试打破了所有人对她的期望，她和她的一位同事谈起了不正当的恋爱。

"我从没有想过有什么事会发生。我变得沮丧和内疚，一天晚上，我将这一切告诉了丈夫。我认为，一旦我对他坦白，我们就会和好如初，再次坠入爱河！这个时候，我去咨询了埃米莉。我真希望她能够知道故事的结局，知道是否一切都会好起来。我用了很长时间才明白，原来我也有选择。那是我的人生。"

当路易丝给我讲述她的故事时，我感觉层层迷障仿佛正在消除，她对父母的爱，她对丈夫的爱，她对孩子的爱，一个一个地在她眼前移开。她曾经苦苦挣扎，为的是坚守这些爱，因为多年来，她简单地相信没有了对他们的爱，她就什么也不是了。埃米莉说，她对路易丝的思想变化之大感到吃惊。但是，如果不能正视自己和她的婚姻，路易丝就永远无法完成自己的人生之旅。

婚姻中这种视而不见的故事太多了，剧本是高雅的正剧，却被演成了低俗的喜剧。从奥赛罗（Othello）到《战争与和平》中的皮埃尔·别祖霍夫（Pierre Bezukhov），再到《广告狂人》中的贝蒂·德雷珀（Betty Draper），我们能够与这些看不到真相的角色产生共鸣，因为他们让我们感受到了自己内心最深的恐惧，那就是我们可能相互看错，或者不能看清我们自己。我们释然一笑，因为这些角色不是我们；我们流泪哭泣，因为发生在他们身上的事很容易就会发生在我们身上。

多数虐待儿童行为来自家庭

　　在因虐待儿童而被摧毁的家庭里上演的"戏剧"，比任何地方的更激烈或更可怕。虽然我们都能清楚地认识到"陌生人的危险"，并且尽己所能确保我们的孩子远离任何不认识的人或可疑之人，但是，一直以来，大多数虐待儿童的事件却发生在家庭里，或是施虐者为孩子们熟知的人。根据英国全国防止虐待儿童协会（NSPCC）的统计，在16周岁之前经历过性虐待的儿童达到了16%。看到这一数据，你会情不自禁地怀疑：在家庭这么小的单元里，怎么会存在这样的虐待行为而没有引起人们的注意呢？

　　"在大多数虐待儿童的案例中，施虐者通常是家庭成员或朋友。"英国全国防止虐待儿童协会的儿童保护意识部部长克里斯·克洛克（Chris Cloke）说，"这种行为通常很难看出来，因为经常是出于对家庭和孩子的深深的爱，让人们不想知道正在发生的事。很多人甚至压根就不愿意承认存在虐待儿童这回事。他们更愿意关注来自陌生人的危险，而不是考虑多数虐待来自家庭这一事实。"

　　费利西蒂·威尔金森（Felicity Wilkinson）是英国全国防止虐待儿童协会众多工作在一线的人员之一，她负责接听慈善求助咨询热线。"你经常会发现，一位妈妈与一个虐待她孩子的男人交往。这个男人是她的恋爱对象，最让她想不到的是他会做出那种事情。即便证据确凿，该事也需要很长时间才能被充分理解。"

"一个案例闪过我的脑海，某位女士说她得知她的老公曾因性虐待而被定罪。她努力说服自己现在已经没关系了，因为所有的事情都发生在很久以前，因此他一定改过自新了。她确实打过热线寻求确认，她抱着一线希望，想听我告诉她这是很久以前的事了，她不必担心。她爱上了这个男人，这个男人为她做了很多事情，还帮她照顾孩子。她只是不愿意设想她的孩子处于危险之中。"

我问费利西蒂，让父母了解他们的家庭里可能存在危险是不是很难的事情？

"总是很难，非常难。我在某个地方政府当社会服务工作者时，父母总是为此挣扎。你很难让父母认识到他们的行为可能会造成麻烦。他们爱自己的孩子，希望这就足够了。难度大还有一个原因，那就是如果他们在英国全国防止虐待儿童协会给我们提供信息，表明孩子真的有危险，我们有义务联系儿童服务局。所以，他们不想知道发生了什么事，他们害怕启动整个程序。"

"这并不是说他们没有发觉，"埃利安娜·吉尔（Eliana Gil）说，"而是他们不能，或者说不愿意面对所发生的一切。"

吉尔博士在救助儿童组织（Childhelp）工作，它是美国最大的儿童福利服务机构之一。她有多年的经验，亲眼看到家庭成员所经历的痛苦的转变，他们从一开始的毫不察觉，到最终看到非常不愿意看到的一切。她说，事情的败露遵循着一个模式。

"这个方式我想是这样的：就像某人受邀去参加什么聚会，他抵达，门被打开，他看到原来是为他准备的一个"惊喜生日派对"。在惊诧的瞬间，他突然明白了：为什么早上在床上看到了丝带，为什么哥哥取消了今晚的晚餐，为什么简的行为如此奇怪。储存在记忆中的信息碎片原本毫无意义，现在它们突然被联想起来，具有了全新的含义。

"这是我从妈妈们那里得到的经验。当有人说你的孩子被父亲虐待时，她们会突然想起：为什么我发现她晚上在屋子里转悠，为什么她的衣服在我的卧室里……所有这些记忆当中毫无意义的细节突然有了意义。"

吉尔博士的主要服务对象是受到虐待的儿童及其母亲。她说，对于在自己家中所发生的事情，有些母亲已经发觉，而有些母亲却还是一无所知，这种情况都很常见。

"看见和看不见，这种反应很好地解释了为什么有些虐待持续了很长时间。当然，它无法解释最初为什么会发生虐待，但它确实解释了虐待如何在家庭内部持续了如此长的时间。如果你继续存有幻想，你就不必做出艰难的选择。只不过是继续生活而已。但如果你接受现实，那你就要被迫做出重大决定，很多人都想逃避现实。"根据吉尔博士的说法，几种担心往往共同作用，阻止人们思考自己不想知道的东西。如果施虐的父亲是家中的顶梁柱，对失去经济支持和收入的恐惧可能会压制住对真相的了解。害怕、羞耻和社会的排斥也是一股强有力的力量。但是，在这些威胁的背后是一个更为现实的担忧，它存在于她们的意识之中，那就是承认虐待的事实会摧毁现有的一切。

"承认这种事实太危险了，这是所有人最不愿意想象的事。母亲们感觉仅仅提出疑问就等于在质疑她们的现实生活。而来自不幸家庭的母亲们尤其如此。她们太理想主义了，以至于她们想要给孩子加上一个防护罩。心存幻想和保护幻想形成了合力，她们无法突破屏障，去探究有些事情出错了的可能性。"

幸福的家庭和快乐的孩子对一个母亲维持身份和价值如此重要，以至于她必须要克制住自己的怀疑之心。

"对我研究过的多位妈妈来说，她们的身份与一个好母亲或好妻子的角色如此紧密地捆绑在一起，以至于她们很少感觉到自己的存在。将'身份'当作一件外套穿在身上，这对她们来说非常重要。她们不能把这件外套脱下来，否则，她们会变得非常容易受到伤害。她们似乎已经全身心地投入这个角色之中，此时的她们简直承受不起向这个幻想发起挑战所带来的后果。这是一个如此投入的过程。因此，当事实证明它只不过是一个幻想时，她们常常感觉自己绝对是一无所有了。"

对一个正面临如此痛苦的问题的人来说，吉尔博士的态度非常积极，她确信人们从这种家庭灾难中可以获得真正的收益，但只能通过认清已经发生的事实才能实现。她热切地相信，如果有意视而不见使虐待得以长期存在，那么只有面对现实才能使它停止。

"我曾经为一位有4个孩子的母亲提供援助，她的丈夫因为在他的电脑中存放有大量儿童色情作品而被捕，由此我开始与这位母亲以及她的孩子打交道，因为当这一切发生时，他们惊呆了，身心受到了重创。起初，除了被父亲以非同寻常的姿势拍过照片外，孩子们似乎没什么事。

"随着我开始与这位母亲相处，帮助她学会在缺少丈夫的情况下生活，其他事情开始浮现出来。这对夫妇已经两年没有过性生活了，她觉得有些奇怪，不过当时她认为这可能是因为他们年龄大了，可能这也算不上什么大问题。后来，她意识到她的丈夫与他们10岁大的小女儿有一种特殊的关系。她有一点点为孩子们高兴，他对孩子们有着如此强烈的依恋，但她也开始感到疑惑。'我很想知道我是否应该担心'，她就是这么说的，'我很想知道我是否应该担心'。"

在与这位母亲和她的孩子们相处了大约9个月后，吉尔博士开始担心那个10岁的女儿，她表现出一个受过虐待的孩子才有的行为。于是她就此询问女孩的母亲。

"她说：'好吧，我猜测有一次我走进卧室，他们在床上搂在一起，我能够看出他勃起了。'于是，我问她是否与他谈过此事。她所说的内容无非就是'我提及此事，他否认，因此我想我一定是眼花了'。"

对于她所有的经历，甚至吉尔博士都感到惊讶，这么多的事情发生了，而且还没有"被看到"。在接下来的几个月里，这位母亲渐渐地鼓起勇气，将她记忆中的图片拼在一起，这给吉尔博士留下了深刻的印象。

"渐渐地，事情在她的脑海中变得更加清晰，但当时它们太可怕了，以至于她不能细想。现在她的眼睛变得明亮多了，仿佛对自己有了新的感觉。然而在那时，她不能在身份感上让步，因为她看不到自己的希望。而她的女儿为此付出了代价，因为她的母亲不敢正视摆在她面前的事实。"

这就是视而不见的真正代价：只要我们感到什么也不做、什么也不说更安全，只要我们认为保持心平气和更有好处，虐待就会继续。我们维护自尊的渴望往往会让别人付出高昂的代价。

"需要爱"，这个幻想蒙蔽了我们

新兴的脑科学为浪漫和母爱的受害者所经历的情绪波动提供了真实的证据。伦敦大学的一个神经科学家团队花了数年时间对浪漫的情侣和母亲们的大脑活动进行了研究。他们知道，爱本身拥有一种进化优势，我们相爱、相伴，并且照顾我们的孩子，因为这就是种族繁衍的方式。但是，神经科学家想知道，大脑的哪些区域会对爱做出积极反应，哪些区域又与此无关。

他们发现，爱激活了那些与奖赏有关的大脑区域，对食物、饮料、金钱或可卡因有反应的脑细胞也会对爱做出反应，这一结果并不令人非常惊讶。这就是爱和被爱会让人感觉很好的原因。此外，有些证据表明，爱甚至可以减少我们对死亡的恐惧。得出我们沉溺于爱的结论可能不太准确，**真实情况是我们需要爱**。

受到抑制的大脑区域比被爱激活的大脑区域更能说明问题。在受试者躺在功能性磁共振成像（fMRI）扫描仪中，想念他们的孩子或是伴侣时，大脑的两个特定区域不活跃。第一个区域是负责注意、记忆和负面情绪的，第二个区域与负面情绪、社会判断和辨别他人感情和意图的能力有关。换言之，被爱激活的大脑的化学作用会让我们丧失对所爱之人进行大量批判性思考的能力。因为大脑从不对幻想提出挑战，我们的幻想才得以持续。就像很多神经科学的研究一样，这为诗人们已经知道的那句话提供了一个具体的证明：爱不做评判。

神经科学是一个有益的提醒，提醒我们盲目的爱并不等于愚昧或者无知，它是那种对富人、穷人、受过教育的人或其他什么人不会区别对待的客观存在。我们会对所爱之人产生幻想，并且会保护这个幻想，因为我们感觉我们的生活依赖于它。然而，令人印象深刻的是，当那些受到虐待和不幸婚姻关系折磨的男男女女成功克服了自己的视而不见，并且坚持面对真相时，他们便克服了非常真实、非常令人畏惧的障碍。

若这样的障碍受到制度、社会和政治背景的强化，它们就会更难克服。这也是儿童虐待丑闻会在世界各地的体育组织中屡屡发生的原因。当拉里·纳萨尔（Larry Nassar）因虐待年轻的美国体操运动员而被判处40至175年监禁时，很多人对他能在如此长的时间里犯下如此罪行感到困惑。女孩们的父母怎么可能不知道发生了什么，要知道事情有时就发生在他们面前？但纳萨尔是一个英雄，显然是体操运动员通向名声和荣耀的大门，是一项竞技体育的领导者，而这项竞技体育拥有十分看重输赢的文化。面对一个向心爱的孩子承诺成功的男人，谁会质疑他呢？

虐待儿童的现象在那些大力提倡美德和健康的组织中普遍存在，不只是体育俱乐部，还有英国、爱尔兰、加拿大、奥地利、澳大利亚和美国的慈善机构和教堂，这表明了有意视而不见暗中为害的力量。对传统、父母和教会的爱促使整个社区的人对他们总能设法知道的事实视而不见。

"长久以来，每个人都假装这样的事情不会发生。这太悲哀了，太可笑了。如果我们知道这些事，我们会处理它们。可是多年来，每个人都知道，可是又没有人知道。你还能再说什么呢。"

科尔姆·奥戈尔曼（Colm O'Gorman）管理着爱尔兰的国际特赦组织。他在爱尔兰是一个众人皆知的强势人物，组织能力很强，而且效率很高，敢作敢为。但是，他也并非总是如此。20世纪70年代，奥戈尔曼在韦克斯福德度过了童年，他曾被当地一个叫作肖恩·福琼（Sean Fortune）的神父虐待了两年半。奥戈尔曼被他对父亲的爱、对母亲的爱和他们对教会的爱逼入了困境，进退两难。当时，他不过是一个孩子，他的身份感非常脆弱。当福琼威胁他要把发生的事告知他的父亲时，奥戈尔曼知道的唯一事情就是不能允许它发生。

"恐慌笼罩了我的全身，我开始感到天旋地转。我想要逃离，想从汽车上跳下，想做任何能让我摆脱那个可怕时刻的事情。只要能阻止他做他说过要做的事情就行。我父亲……如果知道我做了什么，知道我是什么人，他会杀了我的。他会羞死的……如果每个人都知道了，尤其是我父亲知道了，我就活不下去了。"

奥戈尔曼认为，如果人们知道了在他身上发生的事，他的生命所依托的一切将会毁于一旦。所以，在虐待继续进行，而且此后又维持了数年的情况下，他一直保持沉默。他的经历虽然悲惨，但远非个例。

2005年的弗恩斯调查（Ferns Inquiry）显示，单在奥戈尔曼所在的主教管区，就有针对21名神父的100项指控。一年以后，墨菲报告（Murphy Report）审查了46名神父的履历，他们是从被指控的102名神父中挑选出来的。仅仅对这46名神父的调查就带来了有待证实的超过320名儿童的指控。

"有一名神父承认他对100多名儿童进行过性虐待。另一名神父则承认，在长达25年的任职时间里，他每两周就会进行一次虐待。"该报告称，"仅仅是记录在案的针对这两名神父的投诉就超过了70次。"2009年的报告发现，对受害者来说，"保护隐私、避免丑闻、保护教会的声誉以及保护教会的财产"比公平正义更重要。报告总结说：绝大多数神父对虐待一事"睁一只眼闭一只眼"，并且对爱尔兰警方提出强烈的批评，因为警方认为神父不在其管辖范围之内。教会和警方的关系被认为是"不适当的"。这只是发生在爱尔兰首都都柏林的情况。

到了这个地步，已经是什么纸也包不住火了。奥戈尔曼说，神父的性虐待行为成了人人皆知的丑闻，但是没有人愿意承认。在他所在的村子里，谈到神父时，人们会提醒说，单独一个人时，要离神父远远的，他们是一伙你不应跟着一起走向墓地的人。同样，爱尔兰警察也在非正式场合提醒人们，或许不要让某个神父与你的孩子待在一起太久。广为人知却又普遍被人视而不见，这两种情况同时存在。正如奥戈尔曼所说："他们告诉你，却又没有告诉你。"每个人都知道，可是又都不知道。

最后，奥戈尔曼离开了家乡，四处飘荡，经常失业和无家可归，游走在都柏林和伦敦的大街小巷，成了一个无立锥之地的流浪者。很多年以后，他才有了承认自己身上发生了些什么的自信。当他最终向父母吐露这个秘密时，他们没有把他赶出家门，他的生活得以重新开始。他起诉了肖恩·福琼，并且为儿童虐待的受害者设立了一个求助咨询热线电话。

"对家庭破裂的担心让儿童们噤若寒蝉。"奥戈尔曼说，"家庭是孩子所知的爱和安全的唯一来源。他们如何敢伤害他既爱又怕的父母呢？那他会怎么办呢？我不能阻止发生在我身上的事，又无法逃避，于是我就只能拒绝承认它的真实性。我会只盯着天花板上的一个地方看，让自己的思绪与正在发生的事情分离开。在那个地方，否认让我精神健全，不至于发疯。发现墙上的斑点表示我没有在房间里。"

实际情况是，奥戈尔曼的遭遇不是个案，虐待儿童的事件很普遍，这表明并不只有奥戈尔曼一家受到了威胁。当时的爱尔兰充斥着厚重的神权文化。教会管理着多数重要的机构，而政府大都对此听之任之。因此，对教会的任何攻击就是对其权威的挑战，威胁着它在国家社会生活和政治生活中的角色。试图质疑这个国家最具权势的机构的道德权威，这可能会让任何一个人犹豫不决。

"如果一个人感觉与教会紧密地联系在一起，那么这种质疑的破坏性是恐怖的，"奥戈尔曼说，"确实无法想象，不能想象。它是安全感的丧失，它让你怀疑所有安全感的真实性。猛然之间，危机四伏。我被教会和上帝接受是因为我接受了对它的信仰。如果我指控所有人，谴责这一切，我不就失去与上帝的联系了吗？更不用说教会的权势了……"

教会的彻底不妥协甚至让一些最虔诚的信徒都目瞪口呆。教皇派到爱尔兰的使者拒绝在爱尔兰的立法者面前做证，那些未被揭发恋童癖神父的主教一个也没有被除名。对此，奥戈尔曼感到震惊。

"爱尔兰是一个拒绝接受现实的国家，"奥戈尔曼说，"如果整个社会都拒绝接受现实，你就真麻烦了，因为你相信你能否生存取决于你能否对真相闭上眼睛。所以，我们最担心的事情是：就整个社会而言，我们的自我意识从天堂跌落到了地面，而这种担心又被证明是有确凿的事实依据的。"

"不过，我们当时没有质疑的是，这种视而不见是否是一件好事。我们认为自己生活在一个纯洁美好的天主教社会里，善意、善行是存在的，并且经常以竖着挺括衣领的神职人员的形象出现。但是，当我们最终明白了这种幻想的代价时，我们必须要放弃它。代价如此之高，伤害如此之巨。"

虐待奥戈尔曼的肖恩·福琼在审讯结束前畏罪自杀了。其他神父和主教则退休的退休，消失的消失。当教会了解到虐待事件的规模后，他们没有采取任何措施保护受害者，反而迅速行动起来保护自己的财产，为未来的诉讼费用办理投保手续。但是，某些神父对教会内部的等级制度大失所望，因为这种等级制度让他们无从知晓，也没有经验来处理这些案件。

"我知道虐待儿童的事情确实存在，不过对累犯和该事对受害者生活造成的长期影响知道得不多。"一位神父向我吐露了心声。

这毫不奇怪，他坚持要求不能透露他的姓名。多年以前，当坐在优雅的都柏林酒店的大厅里时，他可能是众人关注的中心，握有实权，习惯了别人的敬意。而现在，我们的谈话要压低声音，他出现的时候没有了那种排场，几乎是偷偷摸摸的。他向我描述了谣言是如何传到他的耳中的，可他对如何应对并不十分清楚。

"20年后，依然让我十分惊讶和几乎不能相信的是，在我请教过无数次的法律、医疗和咨询专家中，没有一个人建议我向警察揭发犯罪行为，或开除神父的教籍，除非时间很短。"这位神父说，"我了解到这个问题已经在美国出现，无数的美国主教正在着手处理，但是他们采用的方法对这一问题的解决没有多大助益。事实上，他们似乎犯了我们10年之后在爱尔兰要犯的所有错误。在爱尔兰，我们显然不愿意谈论这个问题，我想，人们是希望：如果我们闭口不谈，它就会消失。"

如果我们不谈论它，它就会消失，这个幻想持续存在了几十年。教会和警察合力促成了这种局面。最终，教会没有行动，反而是奥戈尔曼这样的受害者鼓起勇气，把神父们告上了法庭，将他们的丑行公之于众。当时应该有很多神父是支持施虐者的，不过他们大都潜逃了。如果丑闻不消失，他们就消失。

此外，教会继续保护施虐神父的身份，这就意味着他们不能也不会被审判。这样的事情在世界各地一再重演。仿佛已经非常明确是在视而不见的教会，希望继续保持盲目，并且希望教徒们也这样做。对奥戈尔曼而言，这是教会的最终失败：一旦真相大白于天下，他们就不会站在真相的一边。

"出于对自身最恶的一面的恐惧，我们所做的，或者我们身边的人所做的，或者机构所做的，就是否认自身最美的一面，而这就是我们的应对之策，"奥戈尔曼说，"通过假装不知道，我们让自己变得软弱无力。"

在奥戈尔曼和我讨论这些丑闻对爱尔兰的整个社会政治生活带来的深远影响时，我被他的怜悯之情和论证的广博程度震惊了。他似乎认为，虽则对孩子们的最大伤害是由神父造成的，但进一步的伤害仍然是由教会在道德上不能为受害者提供支持造成的。外界的批评给教会及其神父提供了一个机会，让他们从内心深处反省自己，寻找自身的美德。可是他们既缺乏这样的眼光，也没有这样的勇气，最终错失良机。今天，教会已经失去了它在爱尔兰社会中曾经享有的统治地位；人们参加弥撒更多是出于对古老仪式的怀念，而不是出于信仰或尊重。三分之一的爱尔兰人"完全"不信任教会，而比较信任警察、超市和媒体。当把与奥戈尔曼的谈话和之前与那位神父的谈话加以对比时，我发现，尽管奥戈尔曼历经折磨、惶惑、贫困，又被人身攻击，但是他的生活更富有意义。那位神父生活安逸、受人尊重，但他现在仍然被卷入一场斗争，一场他和真相之间的斗争，他在设法决定谁会占上风。

有些批评者可能会对这种解释不以为然，称那位神父并不是在表示关心，他的道歉和解释只是一种简单的方法，为的是确保自己重新过上一直以来的生活，不用做出什么改变。许多人口中的阿尔贝特·施佩尔（Albert Speer）就是这样的人，他曾经是希特勒的总建筑师，1942年以后，他成了纳粹德国的二把手。他是纽伦堡审判之后少数几个没有被判处绞刑的纳粹精英分子之一，阿尔贝特·施佩尔对希特勒政权的罪行供认不讳，作为希特勒政府的一个成员，他愿意为自己的所作所为承担责任。在某种程度上，这也是施佩尔最简单的选择，他信仰集体责任。但是，施佩尔很难看到他在为什么承担责任。

"施佩尔看不到他不想看的东西，" 施佩尔的传记作者吉塔·塞雷尼（Gitta Sereny）说，"我认为他很想拥有那样的能力，但是他做不到。事实上，施佩尔是一个非常有天赋的人，聪明绝顶，而故意健忘是他的一种自我防御手段。这种自保方式的存在是因为他知道有些事情是错误的。"

塞雷尼在纽伦堡看到过施佩尔，但在1978年开始与他对话时才对他有所了解，这次谈话几乎就是一次讯问，一直持续到1981年施佩尔死于心脏病发作。在她的书《阿尔贝特·施佩尔：他与真理的战斗》（*Albert Speer: His Battle with Truth*）里，她事无巨细地记录了施佩尔那种自欺欺人的自我争辩，以及随后与她进行的持久争辩，他设法看清，又设法逃避看清他作为一个纳粹所做的所有可怕的事情。塞雷尼是一个老到的对抗者，她对细节纠缠不放，对施佩尔讲述的事实提出疑问，不断地将他在伦理上洗脱自己罪责的逃跑路线一一封堵住。他们之间的斗争非常具有戏剧性，原因在于施佩尔甚至比塞雷尼更迫不及待地想知道真相，塞雷尼想要真相，而施佩尔需要真相。这两个人相互较劲的一个障碍是施佩尔坚持了一生的自我克制和视而不见。按照塞雷尼的说法，施佩尔的盲目深受他对希特勒的爱的影响。

"在最初的几年里，施佩尔对希特勒非常关心，是以一种非常个人化的方式，"塞雷尼说，"它与政治相去甚远，更多的是一种父子般的感情。施佩尔发现自己无法自拔，他依赖这种情感。他需要它，这样才能感到完整。"

确实，当施佩尔向塞雷尼描述他在1933年第一次会见希特勒的情景时，他的讲述一反常态，已经与浪漫主义文学作品中华丽的辞藻很接近。

"你能想象吗？"施佩尔说，"那时我年轻，不为人知，一点也不重要，而他是个大人物。引起他的注意，哪怕是被他瞥一眼，对我来说就堪比拥有了整个世界。当他对我说'来吃午饭吧'，我想我快要晕倒了。"

因为建筑师施佩尔在与希特勒会面前参观过一个建筑工地，他的上衣满是灰尘，希特勒就把自己的一件上衣借给他穿。

"你能理解我的感受吗？"施佩尔再次问道，"当时我28岁，在我自己眼里，我就是一个微不足道的小人物。我紧挨着他坐着吃午饭，穿着他的衣服，事实上被选为和他单独交谈的对象，至少那天是这样的。我都激动得昏头昏脑了。"

让施佩尔头晕目眩的不仅是希特勒的权力。希特勒很看重这个年轻的普通建筑师，虽然施佩尔觉得自己只不过是凡人一个。施佩尔被委以重任，他要担负起新的第三帝国的巨大任务，显然，希特勒相信他是一位富有才能的、重要的和有艺术家气质的人，这是施佩尔一直渴望被人认可，而他的父母显然没有从他身上看出来的特点。正如施佩尔后来说的那样，希特勒成了他的生命。

"他把自己当成希特勒的儿子，"塞雷尼说，"他的运气以及机会全都是经由希特勒获得的。他喜欢希特勒，他爱希特勒，这也是一种报答。希特勒的确欣赏施佩尔，而施佩尔逐渐爱上了希特勒。"

对施佩尔来说，他对希特勒的感恩之情和围绕在德国独裁者身边的政治气候形成了一个致命组合。由于自己的身份完全依赖于希特勒，在施佩尔的意识里，任何对元首的批评都不被允许。他曾在某个建筑工地附近看到过一摊摊的血。纳粹在德国全境突袭犹太人的"水晶之夜"过后，有一名实习的建筑师辞职了。但是，施佩尔说："我心里装着其他事情。"1941年柏林开始驱逐犹太人时，施佩尔写下了"一种不安的感觉，一种邪恶事件的预兆"这几句话，但是，塞雷尼对他提出了质疑，认为这只不过是他的推诿之词。她惊讶的是，如果施佩尔什么都不知道，他怎么会感到不安呢？

"那时，"塞雷尼写道，"我对施佩尔在感到难以置信时，从浓黑的眉毛下突然射出的尖锐目光非常熟悉。不但他的表情变得机警和谨慎，连他一向轻声细语的嗓音也突然发生了变化。'我选择了视而不见，'他冷淡地说，'但是我不是无知。'"

1942年，施佩尔被任命为军备和军需部部长，他想继续保持视而不见和一无所知就变得越来越难了。施佩尔不再为有千年历史的德意志帝国设计集会和纪念仪式，而是负责德国的军需生产和确保战争机器所需的劳动力。由于任命他担任此职务，希特勒挖掘出了施佩尔的真正天赋，即不是作为一个建筑师，而是作为一个经营管理者和行政管理者的才能。但是，就在施佩尔发现了自己的真本事在何处时，他们让他卷入了种种暴行之中。现在，他要花更多时间与希特勒的核心集团聚在一起，参与到涉及犹太人的会谈中。

"也就是在这个时候，我才开始意识到正在发生的事情，"施佩尔说，"这就是问题所在，我现在认为，当时如果我想要知道的话，我肯定能发现一些线索。"

塞雷尼曾经问过施佩尔，如果他知道了屠杀犹太人的"最终解决方案"，他会做什么。

"难道你不知道这个问题我已经无数次地问过自己，而且不断地希望我能给自己一个可以接受的答案吗？"施佩尔把头枕在他的手上。"我给自己的答案总是一样的，"施佩尔说，声音阴郁，略带嘶哑，"我会想办法继续帮助那个人赢得战争。"

塞雷尼说，施佩尔道德堕落的"根源在于他对希特勒的情感依恋，他把它比作浮士德与恶魔梅菲斯特的交易。多年来，施佩尔的成就和成功深深地根植于此，他生活在一个需要和依赖日益增强的恶性循环之中，几乎到了上瘾的程度。"

施佩尔小心谨慎地避免视察任何劳改营或集中营，他唯一一次参观集中营，去的是毛特豪森，当时他和其他视察员受到了严密的保护，不让他们看到任何会感到震惊的事情。但是，施佩尔的新角色使他离他所在的军备和军需部所犯的罪行越来越近。1943年8月，他视察了位于哈茨山脉深处的多拉劳改营，这是一个地下工厂，韦恩赫尔·冯·布劳恩（Wernher von Braun）的V-2型火箭正在这里生产。在劳改营里，奴隶般的工人们每天徒手在没有任何防护措施的环境下工作18个小时，睡在他们挖出的隧道里，1 000多名战俘睡在4层的大通铺上，长度达到了100码[1]。这里没有暖气和通风设施，也没有饮用水或是洗漱用水，寒冷、污秽和痢疾导致3万人死于非命。

"我毫无准备，"施佩尔告诉塞雷尼，"这是我所见过的最恶劣的地方……我看到了死人……他们无法掩盖这一事实。那些活着的劳工不过是行尸走肉罢了。"

2个月后，纳粹党的地方领导和准军事人员聚集在波兹南，了解"最终解决方案"的有关情况，以便他们全都能涉足其中。施佩尔是否在那里听取了希姆莱（Himmler）关于灭绝犹太人的讲话是一个悬而未决的争论，而且至今仍然激烈。施佩尔认为他在希姆莱讲话前就离开了，但塞雷尼对他的记忆表示怀疑，施佩尔本人也不确定。可是，不管施佩尔是否真的出席了希姆莱的演讲，毫无疑问，他对讲话的内容是知情的。

1.码，英美制长度单位。1码约合0.91米。——编者注

1944年1月，施佩尔在与希特勒核心圈子中的其他成员的权力角逐中败下阵来。他现在也不可避免地知晓了希特勒的种族灭绝计划，他知道得太多了。他的身份所依赖的一切逐渐坍塌。施佩尔对希特勒的爱以及希特勒塑造的对施佩尔的爱再也维持不下去了。故意忘记不再奏效，施佩尔崩溃了。他们之间的纽带突然断裂了。当他3个月后重新返回工作岗位时，一切都已经变了。

"再次见到希特勒时我感到震惊。当他走进房间时，我站了起来，他伸出手，快步走向我。但当我也伸出手时，我有了一种特别陌生的感觉。当然，我已经差不多有10周没有见他了，但这不是原因。这就是他的脸？我看着它并且想道：'天啊，我怎么没发现他如此丑恶？蒜头鼻子，皮肤灰黄，这个人是谁？'"

魔咒被打破了。施佩尔发现希特勒所犯累累罪行的证据无处不在，他开始背地里无视他的命令，暗中破坏命令，并抵制希特勒的焦土政策。当他被捕和接受审讯时，施佩尔承认负有"共同责任"，但不承认犯罪。在羁押期间和被释放之后，施佩尔进行了激烈的自我斗争，他不想相信自己是一个恶人，但心里很清楚他并不愚蠢。仿佛一个大梦初醒的情人，对于所发生之事，或者他变成了什么样的人，他并不十分了解。

"他曾经爱过希特勒，他认为希特勒爱德国，这就足够了，"塞雷尼告诉我，"但是当他发现自己的雄心壮志错了的时候，他并没有感到希特勒同样错了，德国错了，自己也错了。施佩尔的悲剧在于，波兹南和多拉之行后，他真的想到了死。但是他的求生欲望很强，因此，实际上他是在用自己的余生挣扎着努力变成一个完全不同的人。"

塞雷尼对施佩尔战后生活的记述围绕着施佩尔知道的事和必定知道的事

之间的巨大斗争。争论一直持续到现在，一些历史学家仍然对把施佩尔看成是奸诈之人的观点表示怀疑。虽然塞雷尼的确喜欢施佩尔，但却不是替他辩解的人。给她留下深刻印象的并不是施佩尔的所作所为，而是他为了看清真相而最终准备要做的事有多么艰巨。她受到吸引，加入了他的战斗之中，因为它极富人性。

"不知道，那没关系。装糊涂也容易。知情可能就困难了，但至少它是真实的。最坏的情况是你不想知道，因为那样的话，它就一定是很坏的事。否则，你就不会那么难以知道真相了。"

从某种程度上讲，施佩尔在战后寻求真相的奋斗也是德国人的奋斗：不希望知道真相，又意识到面对真相是构建一个富有意义的未来的唯一途径，这两种想法交织在一起。然而，施佩尔仍然对希特勒为自己打造的形象情有独钟，他无法变成另外一个人，恰如当德国人仍然沉溺在对过去的热爱之中时，德国就无法变成另外一个国家一样。我们每个人都会经历这种挣扎带来的痛苦，尤其是当我们产生了爱，并且不愿知晓真相时。你不一定非得是个战争罪犯才会有不可告人的秘密。

国家、机构和个人全都可能因为爱，因为相信自己是美好的、有价值的和受人尊重的而受到蒙蔽。如果我们认为自己并非如此，我们简直就不能生存下去。可是，如果我们对缺点和我们所爱之人或物的短处视而不见，我们就没有实事求是，而是在自欺欺人。正如科尔姆·奥戈尔曼所说：当我们假装不知道时，我们让自己变得无能为力。这正是有意视而不见的悖论所在：我们以为这会让我们安然无恙，却恰恰将自己置于危险境地。

第三章

危险的信念

当我们竭尽全力维护自己的核心信念时，我们就是在冒险，即对那些能告诉我们做错了的证据视而不见，而让自己身处险境。

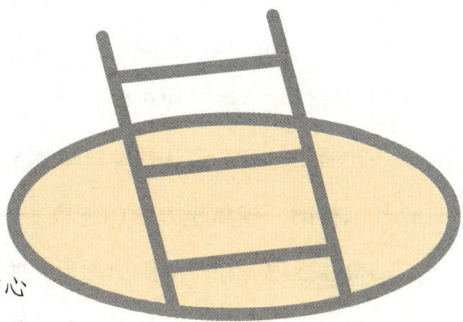

大脑不喜欢冲突，它会拼命解决冲突

爱上一个理念就像爱上一个人一样容易。大理念尤其让人着迷，它们给世界带来秩序，让生活充满意义。当我们加入政党、教会或政府时，我们会找到具有同样世界观、价值观的灵魂伴侣，并且感觉生活变得完整。我们甚至会说与思想"结婚"了。我们的很多个性是被我们的信仰和我们积极寻求的对这些信仰的认可所界定的。实际上，我们甚至更进一步：我们的大脑会区别对待任何可能挑战我们坚定信仰的信息。

2004年，一个由认知神经科学家组成的研究小组开始探究这个过程实际是什么样的。埃默里大学的德鲁·韦斯滕（Drew Westen）对心理学家称为"动机性推理"和弗洛伊德称为"防御机制"的概念——人们调整他们的已知，来避免焦虑和内疚等不良情绪产生的过程——产生了兴趣。韦斯滕建立了自己的理论，他认为大脑的神经网络会设法满足两种约束条件：认知约束条件，即人们会按照自己感觉合理的方式将信息汇集起来，以及情感约束条件，即人们会对自己吸收的信息感觉良好。

为了验证他的理论，韦斯滕和他的研究小组招募了15名坚定的民主党人和15名坚定的共和党人，在他们读政治材料时用功能性磁共振成像仪扫描他们的大脑。当他们躺在扫描仪中时，要阅读两个引自乔治·布什（George Bush）总统或总统竞选人约翰·克里（John Kerry）的陈述。而且在两个陈述中，一个陈述完全符合候选人的身份，而另一个陈述则正好相反。韦斯滕想要弄清楚的是：大脑会像处理不喜欢的候选人的矛盾陈述那样处理中意的候选人的矛盾陈述吗？

实验发现，受试者对他们反对的候选人的矛盾陈述表现出更强烈的不满。

"他们毫不费力就能看出自己反对的候选人的矛盾之词，"韦斯滕写道，"但是，当面对潜在的令人不安的政治信息时，神经元网络开始活跃，产生焦虑。大脑不但会通过错误的推理设法关闭焦虑，而且会迅速做到。负责调节情绪状态的神经回路似乎会为消除焦虑和冲突补充能量。"

但是，韦斯滕说，大脑不会停止消除这些让人不舒服的矛盾之词。它会超时工作以"感觉舒服，激活奖赏回路，给党派人士带有偏见的推理以正向强化"。

在韦斯滕的实验中，大脑使用的奖赏回路与吸毒者注射毒品时所激活的回路是同一个。换句话说，当我们找到自己认同的想法，或是能够消除让我们不安的想法时，我们就会感受到一个瘾君子享受他选择的毒品时的那种感受。

大脑不喜欢冲突，它会拼命解决冲突。当我们与一群志同道合的人聚在一起时，我们更容易找到一致之处，而不是分歧之处：毫不夸张地说，这种感觉好极了。但是，即使大脑处于不理性的状态，它也会给人理性的感觉。这意味着：**当我们竭尽全力维护自己的核心信念时，我们就是在冒险，即对那些能告诉我们做错了的证据视而不见，而让自己身处险境**。

1942年，爱丽丝·斯图尔特（Alice Stewart）医生来到牛津，担任拉德克利夫医院住院内科医生，她是大家公认的优秀医生，也是当时英国皇家内科医师学会（RCP）中最年轻的女性。同事们都认为她是一位优秀的教师，也是一位出色的诊断专家，她精力充沛，渴望应对重大挑战和攻克疑难杂症。战争期间医生奇缺，爱丽丝·斯图尔特是两个小孩子的妈妈，因此不能被征召服兵役，这让她变得更有价值。而她又经历了一桩失败的婚姻，这意味着她能去任何需要她的地方，只要她愿意。

在牛津期间，爱丽丝不但治病救人，还领导了一批科研项目，专门研究让人费解的疑难疾病，其中一个项目是弄清楚用梯恩梯炸药（TNT）填充弹壳的弹药工人为什么容易患上黄疸病和贫血症。战争期间，军工厂招收的工人都是"社会底层人口"，这就提出了一个问题：他们是因为体质虚弱容易患病才得病的，还是梯恩梯炸药才是罪魁祸首呢？这个最初在实验室研究的课题很快就变成了现场调研，通过说服自己健康的医学生到工厂做工，体验工人们的生活，爱丽丝得以证明：该疾病不是工人们虚弱的健康状况，而是接触梯恩梯炸药造成的。后来，她还进行了一些科研项目，如调查使用四氯化碳的工人为什么流失率较高，以及调查患肺病的矿工等。爱丽丝发现自己从事的是社会医学和流行病学领域的研究，不过这并非她有意为之。这是一门新兴学科，许多难题有待解决。

随着人们对疾病高发率和社会地位低下之间的联系日益关注，牛津大学社会医学研究所在1943年应运而生。为什么穷人的婴儿死亡率，以及耳疾、乳突炎、呼吸道疾病、溃疡和心脏病的发病率要比其他人高出接近两倍呢？贫困和疾病之间有什么关系？即将构建的英国国民医疗服务体系对此会有什么作为呢？流行病学的奠基人之一约翰·赖尔（John Ryle）将爱丽丝招聘到了该研究院，于是，她满腔热忱地投身到工作之中，她就是这样一个潜心研究的人。

"对这些重大问题问都不问就行医，无异于隔着柜台卖杂货，"爱丽丝说，"你得了一种病，来看医生，而医生卖给你药丸。还有什么事情比这个事情的责任更大。没有人站出来问：'谁因为病得太重了而无法前来就医？为什么这么多人得这种病，而很少有人得那种病呢？'"但是，在1950年赖尔去世后，爱丽丝的研究停了下来。赖尔的研究所被降级为"社会医学研究室"，爱丽丝失去了导师，也失去地位。

被牛津大学的研究所弃用，只剩下微薄的薪水，没有研究用房，没有科研基金，没有研究项目，研究领域又很少受人关注或得到称赞，爱丽丝能做出业绩来的唯一出路是找到难题，并且攻克它。当时热门的研究领域如肺癌、心血管疾病和脊髓灰质炎已经是人才济济了，这种情况下，就只剩下了一种病：白血病。白血病的发病率正在逐年增高，其发病率之高使它像是一种流行病。但是，患此病的人的数量还是较小，因此，难以利用统计数字对这一领域进行研究，而统计数字是流行病学研究的传统工具。

白血病的两个异常特征引起了爱丽丝·斯图尔特的注意。白血病正在侵袭2到4岁的儿童，这一点很奇怪，因为通常来说这个年龄段的孩子都很健康，他们刚安全地度过婴幼儿期，还没有开始上学。而死于白血病的儿童也不是贫困家庭的孩子，事实上，他们生于有较好的医疗条件和较低的整体死亡率的国家。怎么可能有这种事呢？爱丽丝决定拜访白血病患儿的母亲，看看能否在她们的生活中发现可能导致此类疾病发生的因素。她不知道自己要找的具体是什么，因此先从怀孕开始问起。

盖尔·格林（Gayle Greene）说："这项工作犹如大海捞针。"1992年，她第一次见到了爱丽丝·斯图尔特。即便已经是86岁的高龄，爱丽丝的风采仍然让人赞叹，受此激励，格林决定为她写传记。

"爱丽丝不知道她正在找什么，因此她就问了所有的事：接触传染源了吗，是否接种疫苗，接触过猫、狗和母鸡吗，吃过商店出售的炸鱼和土豆片吗，喝过颜色很深的饮料吗，吃过彩色糖果吗，以及是否做过X光检查？"

爱丽丝计划访谈在1953年至1955年间所有死于白血病和其他癌症的儿童的母亲。但是她得不到主流基金会对她工作的支持，只从塔塔夫人纪念基金会得到了1000英镑的白血病研究资助，用于支付前期研究费用。她必须有所创新才能利用好这笔有限的资助。因此，她设计了调查问卷，带着它们亲自拜访了整个国家203个县级卫生部门的所有卫生官员。她以富有特色的不屈不挠的精神，说服了这些官员让她使用他们的工作人员以及当地的医疗档案，来回答她所有的调查问题。在全国各地跑来跑去时，她携带着沉甸甸的复写纸和牛皮公文袋，把少得可怜的拨款都花在了往返的火车票上。

爱丽丝将500个白血病死亡病例外加500个死于其他癌症的病例与1000个相同年龄、相同性别和来自同一地区的活着的儿童进行了比较研究。随着调查问卷逐步回收，真相逐渐大白。罪魁祸首不是有人工色素的甜点，不是宠物，甚至也不是炸鱼和薯条。

对于"你是否做过X光产前检查"这一问题，每个死亡儿童的调查问卷中，"是"出现的次数是每一个活着的儿童的调查问卷中出现次数的3倍。3比1，这是一个惊人的比例，他们就像兄弟，一个生一个死。除了在一个百分数上有差别外，他们在其他方面全都相同。放射剂量非常小，照射时间很短，只做一次诊断式X光检查，这被认为是安全的。但这足以导致儿童早期癌症，使死亡风险成倍增加。

"对孕妇进行X光检查会极大地增加儿童癌症的患病几率"这一认识是

流行病学家梦寐以求的那种发现：有一个难题，具有良好的数据，并可以得出一个清晰的解释。但是，作为一名纯粹的科学家，当爱丽丝逐渐冷静下来后，她一次又一次地质疑她的结论，并且请求同事们对她尚未发表的文章进行认真的检查、核对。她的文章《研究动态：儿童恶性疾病和子宫的诊断性辐射》发表在1956年的医学杂志《柳叶刀》后，引起了轰动。她获得了诺贝尔奖提名，并受邀在苏格兰重做她的调查。在接下来的18个月里，爱丽丝和她的研究团队继续收集数据。在3年的时间内，她们对英国1953年至1955年间因癌症而死的全部儿童病例的80%进行了跟踪调查，提交了一份完整的报告，并发表在1958年的《英国医学杂志》上。至此，他们可以明确地得出结论：接受X光照射的胎儿在接下来的10年内罹患癌症的可能性是那些没有接受过X光照射的胎儿的两倍。

"我们料想，每周将会有1名儿童死于这种做法。我们认为医生即便怀疑我们的正确性，也会停止使用X光检查，我们感觉必须加快进度，要对接下来的10年里发生的所有病例加以研究，因为一旦他们停用了X光检查，也就没有更多的病例了。"

爱丽丝的担心是没有事实依据的，因为在接下来的20多年里，医生们一直在使用X光为孕妇检查身体。直到1980年，大多数美国的医疗机构才最终建议舍弃这种做法。用X光为孕妇检查身体这一做法持续时间最长的地方是英国。

为什么要用这么长的时间才能停止呢？全世界这么多的医生怎么会如此视而不见呢？爱丽丝的研究结果非常清楚，她获得的数据非常丰富，而且最初她也广受赞誉。无论是对现在的我们，还是对当时的爱丽丝而言，对孕妇进行X光检查这种做法应该停止似乎是显而易见的。那发生了什么事呢？

很多人愿意将这归罪于她与同时代的流行病学家理查德·多尔（Richard Doll）的个性冲突。毕竟，他匆匆写了一篇驳斥斯图尔特的报告的论文，称斯图尔特的研究只是一个草草了事的小研究，"质量不是很高"，而且他后来评述其结果是"不可靠的"。但是，多尔在英国的医学研究所是个占主导地位的人物，他的话影响深远。爱丽丝·斯图尔特的女儿安妮·马歇尔（Anne Marshall）仍然记得多尔的抵制对她母亲产生的影响。

"我不知道母亲是否因为多尔而心烦意乱，但是他确实让她想了又想。然后，她平静了下来，专心研究，她知道自己是正确的。她不喜欢与人争斗，但是，如果某件事让她感受强烈的话，她也非常擅长此道。"

爱丽丝是一个打破常规的科学家，这不会带给她什么帮助。她是一个离了婚的单身妈妈，带着两个孩子，当时，从事科学研究的女性非常少，其中当了妈妈的女性则更少，而离了婚的妈妈还不会受到完全的尊重。独自照顾孩子使得爱丽丝没有很多的时间去建立关系网，加入联盟，或者寻求其他人的支持。也许可以预见的是，很多科学家发现她粗鲁而好斗。但仅凭性别的刻板印象并不能解释为什么斯图尔特的发现被忽视了这么久，因为它们很快就被一项更大的研究证实了，这次是哈佛大学公共卫生学院的研究。尽管布赖恩·麦克马洪（Brian MacMahon）曾试图反驳斯图尔特的发现，但他发现的正是她发现的：在其母亲做过X光检查的儿童中间，癌症死亡率要比其他儿童的高出40%。在20世纪60年代早期，其中一项最大的辐射研究调查了纽约州、马里兰州和明尼苏达州的600万个X光检查案例，它也同样证实了爱丽丝的结论。新的统计方法和计算机的问世共同助力，使收集和分析数据变得更加容易和准确，但是，人们所做的一切一次又一次地证明爱丽丝用问卷和复写纸调查出的结论自始至终都是正确的。那么，为什么一个已被接二连三的研究证明的非常危险的做法，会被医生们继续使用呢？他们怎么可能会对所有的数据视而不见呢？

这在一定程度上要归咎于令人眼花缭乱的新技术。自1895年被人们发现以来，X射线就显示出了一种统治力和神秘的光环。19世纪90年代，X射线被当作一种精致而昂贵的人像摄影方式，甚至在实在没有办法时还用来寻找误放入烘烤蛋糕里的戒指。鞋店也夸口X射线仪能够确保你选到完全合脚的鞋子，"售货员、买鞋的人甚至是买鞋人的参谋朋友能够形象且准确地看到鞋子有多么合脚，在匆忙之中或者在其他情况下都一样"，并声称拥有1927年"鞋荧光检查器"的专利权。"将这样一台仪器摆在店里，鞋商可以自信地向他的顾客保证：他们再也不会穿不合脚的靴子和其他鞋子了……父母也能直观地确信他们在为自己的儿子和女儿买鞋时，不会让儿女们敏感的骨关节受到伤害和变形。"

因为在X光设备上进行了大量投资，所以不管是鞋店老板还是医生都不愿意听到任何与这种新技术有关的风险。他们已经与它捆绑到了一起。

"没人喜欢被告知他这一辈子都在做错事！" 安妮·马歇尔就人们对母亲的发现做出的反应给出了这样的解释，"这就是放射治疗师和产科医生从我妈妈的研究中得出的结论：他们一直在做错事。他们人数众多，喜欢他们正在做的工作，并且想继续做下去。"

"医生们对放射学充满热情，热情之巨大使得医疗中心投资购买了全部种类的X光设备。"盖尔·格林解释道，"他们不喜欢有人告诉他们，自己非但帮不了病人，反而实际上是在残害病人！我认为，对于那些自己知道如何去做，并且已经拥有了专业的知识，也确实投入了很多资金的事情，要想改变它们，人们会非常地抗拒。"

但相比质疑标准的医疗实践或新技术的好处，爱丽丝·斯图尔特对儿童癌症的调查更激进，也更具挑衅性，她的发现破坏了有关疾病的主流心智模式。阈值理论（threshold theory）认为，某种大剂量的东西是危险的，比如辐射，但总存在一个点，即阈值，低于它就是安全的（这个点现在我们可能称之为临界点）。但在这一案例中，爱丽丝要证明的是：对胎儿来说，不存在一个可以接受的安全辐射水平。这影响的可不只是鞋店和医疗中心，连正统科学观念的基石也受到了冲击。

她只能是错的。如果她对了，就会有太多的假设需要被重新审视。爱丽丝在她的科学界同行中激起的是认知失调：大脑试图接受两种完全不相容的观点时引起的思维混乱。"阈值理论是正确的，但是，如此小剂量的辐射会导致癌症""X射线是一个新式的神奇工具，但它能杀死孩子""医生治愈了病人，但也让人们得病"，上述说法不可能是正确的。由相互排斥的信念所产生的意见不统一让人们感到非常痛苦，甚至难以忍受。减轻痛苦（不一致）的最简单办法就是把其中一个意见消灭掉，使不一致变成一致。对科学家来说，比较容易做到的是死死抱住他们的信念：阈值理论和X射线都是有效的；医生是聪明、善良、有权威的人。为了维护这一大理念，爱丽丝及其研究结果就成了牺牲品。当人们对矛盾的主张视而不见时，不一致就烟消云散了。为了维护我们最珍视的理念而付出巨大的代价，我们已经做好了准备。

人们只愿意相信自己相信的事情

差不多就在爱丽丝研究儿童癌症的同时，利昂·费斯廷格（Leon Festinger）最早提出了认知失调理论。这一理论的大部分思想是他在研究19世纪的千禧年运动时逐步形成的，当时，他极想找到一个活生生的当代事例，以便验证他的想法。1954年9月，他在报纸上的一篇文章中发现了机会。

来自克拉里翁星的预言。呼吁市民们：逃离那场洪水。

它将在12月21日淹没我们，

太空总部通知了下属星球。

文章介绍了一位住在郊区的家庭主妇玛丽安·基奇（Marian Keech），基于扶乩，她相信地球会在12月21日被洪水淹没。有一群人对一个注定会在特定日期内发生的事件持有如此特殊的信念，这对利昂·费斯廷格的研究来说，无疑是一个完美的测试案例：当一个人们深信不疑的信念（一个大理念）被某事件证明不成立时会怎么样呢？况且，世界末日即将在数月内来临，而不是数年后抵达，这也使研究更具可行性。当洪水没有如期而至时，基奇太太会根据这次经历而放弃她的信念吗？费斯廷格的理论认为，她会继续忠于她的信仰，而且，要命的是，她的信仰会比以前更加坚定。

与爱丽丝的研究方法相比，费斯廷格更是不按常理出牌，他和明尼苏达大学的几个同事渗透到基奇夫人所在的社群。在2个月的时间里，他们对一小群人的信念和不同的相信度进行了追踪监视，基奇夫人与他们分享过扶乩传达的信息，而她相信信息是经由外星使者传达给她的。托马斯·阿姆斯特朗（Thomas Armstrong）是科利奇维尔东师范学院的一名内科医生，他和妻子黛西（Daisy）成了基奇夫人的忠实信徒，他们轮流招募了为数不少的学生，直到最后拥有了11名左右的狂热信徒。

基奇夫人向人们描述了一幅世界末日的景象，按照她的说法，恶魔撒旦将会乔装打扮重返地球，带领科学家们建造威力更大的毁灭性武器，他们造出的武器不但会使地球分崩离析，就连整个太阳系也将四分五裂。灵光会拼命地召唤人类，人类的唯一希望就是有足够多的人向灵光敞开心扉，如此才能避免又一次的宇宙大爆炸。

费斯廷格特地指出，基奇夫人和阿姆斯特朗夫妇并没有疯狂，他们也不是精神病患者。"的确，基奇夫人拼凑出了一个相当与众不同的信念组合，这一组合又特别适应我们的当代社会，这个焦虑的时代，"费斯廷格写道，"但是，她的信念中几乎没有一个可以说是独一无二、新奇或者缺少广泛支持的。"在基奇的信念体系里并没有什么人们之前或以后并不相信的内容。

这些信念的核心是基奇夫人接收到的预言：世界将会在12月21日那天结束于一场滔天的洪水，只有虔诚地相信这个预言的人才可以幸免于难。"通过将我们现在已知的所有大陆板块下沉，将现在淹没在海水中的大陆板块升起，至高无上的力量将要清除一切不良分子。洪水将要涤荡地球上的一切。

有些人将会乘坐飞碟离开地球，从而得救。"

这些预言如此异乎寻常，信念体系也备受讥笑，以至于费斯廷格要煞费苦心地记录下这群人的信仰是如何真诚和如何真实。这可不是小孩子过家家。有一名特别虔诚的信徒名叫基蒂·奥唐奈（Kitty O'Donnell），她辞去了工作，退了学，靠不多的储蓄生活，并且搬进了一套昂贵的公寓，因为她认为不再需要剩下的这点现金了。另外两名成员弗雷德·伯登（Fred Burden）和劳拉·布鲁克斯（Laura Brooks）则放弃了大学学业，劳拉还扔掉了很多私人物品。阿姆斯特朗医生最终也被要求辞去他在大学的职位，因为他花时间向学生们谈论飞碟一事引起学生家长一连串的投诉。但他并没有垂头丧气，而是认为这只是"计划的一部分"。他的妻子则选择不去为修理她的洗碗机烦心："没有价值了，因为现在剩下的时间不多了。"当基奇夫人接到墓地推销员打来的电话时，她平静地解释说葬礼"是我最不需要担心的事情"。不管在我们看来这些预言有多么地荒唐，但这群人却怀着"洪水即将来临"的真诚信念过着他们的日子。

基奇夫人和她的追随者信心满满地期待着在大洪水发生前，飞碟会把他们运去另一个星球。有那么几次"他们错了"的警报，当预言里承诺会抵达的太空人好像未能抵达时，他们的信仰面临考验。不过这群人每次都有借口，要么重新解释预言使之符合所发生的事件，要么就归咎于自己的理解有误。在承诺的洪水来临的前夕，这群人聚在一起，一整天处于"宁静的无所事事"的状态，满怀信心地等待被营救。这群人中有一个成员还是十几岁的孩子，名叫阿瑟·伯根（Arthur Bergen），他诉起了苦，因为他母亲威胁他说如果第二天凌晨2点前他再不回家，她就要报警了。"信徒们微笑着向他保证，不必担心，在那之前，他们全都会登上飞碟。"因为预先下达了通知，他们不能穿戴任何种类的金属制品，大家就一丝不苟地把拉链、按扣、腰带扣、胸罩扣从他们的衣服上去掉了，并剥掉了包装口香糖的锡箔纸，还从手腕上摘下了手表。

最后的10分钟很是紧张。当其中一个时钟指向深夜12点5分时，人们异口同声地指出，那个走得较慢的表才更准确。但即使是走得较慢的表也证实时间已经到了半夜，没有人出现，也没有任何事情发生。没有洪水，没有飞碟。基奇夫人继续收到"造物主"发来的长长的、令人困惑的信息，但是，到了凌晨2点，阿瑟·伯根必须乘出租车回家找他妈妈了。到4点30分时，大家开始心烦意乱，快要哭出来了，有些人则露出了怀疑的苗头。他们将如何处理自己热诚地坚持的信念没有兑现这件事呢？这正是费斯廷格花费2个月的时间进行研究的要点所在。

4点45分，基奇夫人接收到一条新的信息。"自地球开天辟地以来，还没有这样一种美德和光明的力量涌满过这个房间，现在，这个房间释放的力量充满了整个地球。"这伙信徒们的善良拯救了世界，让地球免遭洪水带来的灭顶之灾。

这群人喜气洋洋，因为他们的信念系统没有受到任何损害。但是，基奇夫人却发生了巨大的变化。之前她是非常谨慎、含蓄的人，现在她比任何时候都急切地想给当地报纸打电话，分享她这个好消息。这个团队中的另一名成员则坚持认为这个新闻应传得更远，还应当通知美联社，造物主肯定不愿意这个报道变成独家新闻。尽管（或因为）他们的信念最初受到了质疑，他们现在却变得比原来更加坚定，信徒们更加积极地宣传这种信念。证据并没有让信念颠覆，正如费斯廷格假定的那样，预言没有灵验实际上让他们更加相信预言。

这些信徒们从未放弃这个信念。即便基奇夫人最后离开了盐湖城，她仍然不断得到扶乩信息，然后再转告给信徒们。阿姆斯特朗夫妇比以前更加虔诚，他们"对信仰无限忠诚，对失验的抗拒更加极端"。在盐湖城，那个团队的11名成员都目睹了失验，一点也不含糊，却只有两个人完全放弃，不再相信基奇夫人的信息，他们俩是从一开始就最不相信的人。

不可否认，费斯廷格对这一故事情节的学术分析带有某些幽默成分，但是，他的论点却是非常严肃的。他及后来的心理学家都认为，**人们全都会努力保持言行一致、安定、有能力和善良的自我形象**。在我们自己和我们的朋友和同事眼中，我们是谁？我们最珍视的信念就是这个问题至关重要和核心的组成部分。任何威胁到自我感觉的事情或人都会让我们痛苦，这种痛苦就像饥饿和口渴一样危险和令人不快。挑战我们的大理念就像在威胁我们的生命。因此，我们会拼命地减轻痛苦，而方法呢，不是对证明我们错了的证据视而不见，就是对支持我们的证据进行重新解释。

心理学家安东尼·格林沃尔德（Anthony Greenwald）称这种现象为"极权主义的自我"（totalitarian ego），他认为该现象就像极权国家一样运行：封锁有威胁的和唱反调的思想，隐瞒证据，重写历史，一切皆为核心思想或自我形象服务。玛丽安·基奇的追随者会重新解释事件，使之符合他们的预期，因为如果不这样做，就会产生一种威胁，破坏"他们在这个世界上到底是谁"的感觉。如果在阅读了爱丽丝的研究报告之后，医生和科学家相信了她的观点，并且在行动中加以体现，那么他们就必须承认他们曾经伤害过病人。但是，医生并不愿意把自己当成是伤害的始作俑者，因为他们投身医学是为了行善，而且确实也在行善。接受爱丽丝研究结果的科学家至少会质疑阈值理论这一大理念。但是，科学家或许比其他人更喜欢大理念和组织原则。他们就是将数据结合起来的人，其方式如同信念和价值观将我们的自我意识融为一体一样。在那些对我们的自我界定至关重要的领域，认识错误的代价太大了。直到1977年，美国辐射防护委员会才认为：医生只能对那些注定罹患癌症的胎儿进行X射线检查。对于他们怎么会知道这些情况，委员会从来没有做过解释。但是，科学家们本来是可以发现复杂的论据的，但他们却没能找到，这件事说明理智会付出很大的努力来维护其最珍视的和起决定作用的信念。

费斯廷格认为，作为个人，**我们都有强烈的动力去理解世界和我们在这个世界中所处的位置**。恕我直言，我们会做到这一点，方法就是将我们周围的思想汇集起来，并且将能够证实我们的叙事的人聚集起来。德鲁·韦斯滕和其他科学家最近所做的研究可以用来证实认知失调并不仅仅是一个理论，它是一个客观存在，它表现为大脑处理我们喜欢的信息的方式，以及处理引起我们焦虑的信息的方式。正如我们已经知道的那样，我们被与我们相似的人吸引这一事实只不过是强化了这一过程。如果基奇夫人和她的追随者彼此孤立，那他们就难以坚持他们的信仰，通过彼此确认，他们对信仰更加坚定。同样道理，医学界的同人也团结了起来。

同样，在2003年支持入侵伊拉克的问题上，英国大部分政治机构都站在了一起。尽管爆发了大规模的民众抗议，甚至有3名国会议员辞职，但议会始终支持有关入侵的提议。时任保守党领袖的伊恩·邓肯·史密斯（Iain Duncan Smith）辩称："如果我们现在不面对萨达姆，那么坦率地说，在两到三年内，我们可能会在自家门口发现那些生化武器。"但我们主要记得的是托尼·布莱尔（Tony Blair）的认知失调，齐尔考特报告（Chilcot report）在2016年发表之后更是如此。

与众多政治家一样，在外交政策方面，布莱尔的思维模式基于二战前夕对希特勒的绥靖政策。1999年，他在芝加哥就科索沃战争寻求美国支持时，同样以此为喻。"这是一场正义的战争，没有任何觊觎领土的野心，而是基于价值观。我们不能让种族清洗的罪恶继续存在。我们不能休息，直到它被逆转。我们在20世纪已经两次认识到绥靖政策是行不通的。如果我们放任一个邪恶的独裁者逍遥自在，以后我们将不得不付出更多的鲜血和财富来阻止他。"

当布莱尔敦促议会支持他入侵伊拉克时，他再次采用了相同的策略。"有人将今天与20世纪30年代进行了不乏油腔滑调，有时甚至是愚蠢的比较。我并不是说这里的任何人都是绥靖主义者，或者不跟我们一样厌恶萨达姆政权。不过，有一个相关的类比点。历史让我们知道发生了什么。回首往事，我们可以说：'是时候了，就在此时，到了我们应该采取行动的时候了。'"

科索沃战争的貌似胜利强化了他干预其他国家内部冲突的信念，但这一信念远未完善。这也强化了布莱尔对国际主义的信念。"我们生活在一个孤立主义已经没有存在理由的世界里。……不管喜欢与否，我们现在都是国际主义者……如果仍然希望获得安全，我们就不能对其他国家内部的冲突和侵犯人权的行为置之不理。……面对世界大战，孤立主义学说彻底破产，美国和其他国家最终意识到不能选择袖手旁观。"

布莱尔是美国的铁粉。"你是世界上最强大的国家，也是最富有的国家。你是一个伟大的民族。你有很多东西可以给予和教导这个世界，我知道你会很谦虚地说还是有些东西要学。……然而，正如普通人和天才的寓言一样，那些力量强大的国家也有责任。我们需要你的参与。……站在一个国家的角度上，用你天生的远见和想象力向外展望，意识到你在英国还有一个朋友和盟友与你携手并肩，与你一起努力，与你一起打造，规划一个让所有人过上和平与繁荣生活的未来，这是值得人类保护的唯一梦想。"

布莱尔看待世界的思维模式与基奇夫人一样条理清晰。它由几个独立的部分组成，各有各的道理。他对美国的信心就跟基奇夫人的声音一样坚定："无论如何，我都与你站在一起。"在入侵伊拉克前，他在给乔治·布什的信中如此写道。当布莱尔的反对者指责他对公众撒谎，并在齐尔考特的伊拉克调查中作假时，他们其实没有抓住重点。实际情况是布莱尔对任何不符合其信条的情况都视而不见。他的思维模式肯定了他已经相信的东西：绥靖是致命的，干预在道义上是正确的，与美国团结一致是必不可少的。不确定的事实都被布莱尔更为有力的观念所排斥，这些事实有：和平解决问题的手段尚未穷尽，萨达姆还没有构成迫在眉睫的威胁，他也没有大规模杀伤性武器，情报警告说入侵可能加剧恐怖主义，（美国和英国）的军队还没有准备好，等等。

当然，这正是强大而连贯的思维模式的问题所在：**它们对已经确认的事实感兴趣，同时排斥、边缘化和轻视没有经过确认的事实**。思维模式构建了我们的世界，帮助我们理解复杂的事物，并告诉我们应该注意什么。它们会阻止我们质疑那些让我们对自己和世界感觉良好的核心信念，还会让我们感觉自己是正义和善良的。这就是为什么英国紧缩经济学的设计者和支持者将食品银行视为鼓舞人心的基督徒慷慨的标志，而不是富裕国家惩罚性福利意识形态的可耻症状。

正常的表象可能具有欺骗性

经济模型的运行方式大致相同：纳入并整合适合模型的信息，排除无法适应的信息。经济学家和诺贝尔奖获得者保罗·克鲁格曼（Paul Krugman）以能提出漂亮的经济模型而闻名，他认识到模型可能很不全面。在有可能是有史以来经济学家做出的最具爆炸性的评论之一中，他承认："我认为有充分的理由表明，我在模型中强调的样本不如被我遗漏的样本重要，它们之所以没有被纳入模型，那是因为我无法为它们建模，例如信息和社交网络的溢出效应。"

换句话说，模型的问题在于它们暗含着这样的意思：不管什么东西，只要是不适合纳入模型的就是不相关的，可是这个被认为不适合的样本有可能是最为相关的信息。我们将自己的模型和个人的大理念视为珍宝，因为它们能帮我们做决定，包括这一辈子要干什么、谁可以友好相待，以及我们支持什么。它们是"我们是谁"这一概念深刻而与生俱来的一部分，已经与我们生活的方方面面紧密融合在了一起，以至于我们可能忘记了在过滤我们见到、记住和吸纳的样本时，它们的影响有多么深刻。当我们的想法被广泛分享时，它们不会引起太多的怀疑。我们甚至可能不会视它们为意识形态，也不会将它们的支持者视为狂热者。它们看起来很正常。但表象可能具有欺骗性。

"格林斯潘（Greenspan）的视而不见是不可思议的，"弗兰克·帕特诺伊（Frank Partnoy）说，"他把市场运行的机制看得太过简单了，在他的灵魂最深处，他相信市场会自我纠错，金融模型会有效地预测风险。"帕特诺伊并非在轻率地批评美国联邦储备委员会的前主席，也不是保持安全距离，高高在上地观察金融骗局。从1993年到1995年，帕特诺伊在华尔街销售金融衍生品，他亲身体验过这些金融产品有多么复杂、阴险、晦涩不明和充满风险，只是对很深的细节还不是太了解。最终他离开了这个行业，如此充满欺诈的行业风气让他彻底幻灭。但是，今年的华尔街向他展示了衍生品市场到底是怎么回事。虽然帕特诺伊现在是圣地亚哥大学的法学和金融学教授，但打从离开衍生品市场开始，他就一直在关注这个市场的发展。当所谓的"大师"格林斯潘对衍生品市场一筹莫展时，作为一个旁观者，帕特诺伊的失望和怀疑与日俱增。

"格林斯潘对市场中发生的很多事情都不甚了解，因为这与他的世界观不一致。"帕特诺伊说，"这的确可以说明以下做法的危险性：拥有一个特殊的一成不变的世界观，并且非得等到不可救药的时候才会睁开眼睛瞧瞧那些表明'你的世界观是错误的'证据。"

格林斯潘的世界观在他30岁左右时才有效地形成，那时他是美国小说家和经济自由主义者安·兰德（Ayn Rand）的忠实追随者。如今，格林斯潘放弃了随同一个大的巡回演出乐队演奏比博普爵士乐，转而研究经济学。他退出了攻读哥伦比亚大学博士学位的课程，开办了一家咨询公司，并且与兰德及其信仰客观主义哲学的同道中人建立起亲密的个人关系，以及强烈的智识上的联系。安·兰德对男人的吸引力仍然有些神秘，她是一个不贞的妻子和失败的剧作家，是从革命的俄国来的移民，对一个企业巨头和经济权威来说，她似乎不应该成为他的女神。她对市场运行的理解产生自经历俄国革命的惨痛经验，在那场革命中，她的家庭失去了一切。但是，她从未接受过经济学家的训练，从来没有经营过企业，写出的东西也惨不忍睹，经常写一些令人难以理解的散文，却声称是哲学。尽管如此，当她的小说《阿特拉斯耸耸肩》（*Atlas Shrugged*）在一个书评中受到批评时，格林斯潘却是神魂颠倒，挺身而出为她辩护。格林斯潘在评论这本书时写道："正义是无情的。有创造力的人、有坚定不移的目标的人和采取合理行动的人会获得快乐，得到满足。让那些坚持避而不谈目的或理由的寄生虫见鬼去吧，他们就应该消亡。"格林斯潘就没有想到，有着如此特点的一本书可能存在着缺点。

格林斯潘欣赏兰德的地方以及他如信徒般热诚接受的乃是这样的信念：只有从政府强加的管制和限制中解脱出来，人类才会收获前所未有的自由、创造力和财富。

"我反对任何形式的管制，"兰德说，"我赞成一种绝对自由的、不受管制的经济，我拥护将政府和经济分开。"

在兰德的世界里，那些做得好的人是免受所有的约束，并且将他们的天赋充分展现出来的人，他们获得了快乐，并达到了目的。那些不能胜任的寄生虫将会失败，让出道来。这是一个动人的浪漫想法，只要你设想自己将会成为成功人士中的一员就行了。

格林斯潘没有爱上兰德，他爱上的是她的观念，这些观念构建了他所做的一切。在格林斯潘的自传《动荡的年代》（*The Age of Turbulence*）中，他把兰德描述成了他生活中的一个"稳定力量"。格林斯潘把自己看成是一个改变信仰者，他对兰德的确充满了敬畏，当他"在大部分时间里能赶上她的思想"时，他感到自豪。当格林斯潘在1974年宣誓就任杰拉尔德·福特（Gerald Ford）的经济顾问委员会主席时，安·兰德就在现场，紧挨着他站着。当他在1987年8月接管联邦储备委员会时，他的理念一点也没有改变。这个虔诚地相信"管制有害"的人现在掌管着货币供应。

"我确实有自己的思想体系，"格林斯潘对国会说，"我的看法是自由竞争的市场是目前为止组织经济的无可匹敌的方式。"

"他竭尽所能解除对市场的管制，"对格林斯潘的职业生涯进行过多年批评性研究的帕特诺伊说，"但是他非常聪明，没有事先游说官方废除《格拉斯—斯蒂格尔法案》，而是推动了一系列增量式改变。我觉得这很像瑞士干酪：在上面打几个洞，然后打更多的洞，到最后就剩不下奶酪了！格林斯潘深信：如果受管制的市场越来越小，而放松管制的市场越来越大，我们全都会更加富裕。这就是你如何适彼乐土的办法。"

然而，令人吃惊的是，在格林斯潘一点一点地削弱管制时，市场却面临一系列的警告性震荡，这些震荡强烈地证明了管制最松的那部分市场威胁着要摧毁一切，而这些市场正是格林斯潘非常渴望帮助它们成长起来的那部分。

1994年，当格林斯潘将利率从3%升到3.25%时，市场上充斥着假定利率会保持在较低水平而开发出来的金融衍生品。当利率不降反升时，天下大乱。最活跃的复杂抵押贷款衍生品投机商之一阿斯金资本管理公司经营的一笔6亿美元的基金在几周之内化为乌有，不得已在4月7日向法院申请破产。5天后，吉布森礼品公司、空气产品公司、戴尔电脑公司、米德公司和宝洁公司都承认在衍生品市场上损失了几十亿美元，其中许多衍生品就连公司的内部融资人都搞不明白。国会举行了听证会，其中，乔治·索罗斯（George Soros）做证说："衍生品太多了，其中一些太深奥了，有关风险就算是资深的投资人可能都无法完全理解。"

5月份，格林斯潘领导的联邦储备银行又将利率提升了0.5%，华尔街遭到血洗。财产保险和意外保险公司的损失超过了安德鲁飓风期间的赔付，对冲基金、银行、证券公司和人寿保险行业损失了几十亿美元。按照帕特诺伊的说法，实际上，来自各个经济领域的所有金融机构都损失惨重。

1994年，宝洁公司因在金融衍生品上遭受巨大损失而对美国信孚银行提起诉讼。原告律师使用了磁带录制的电话录音作为证据，表明这些银行家是如何蓄意误导宝洁公司的。这一次，金融衍生品这个"黑暗市场"现出了几丝光明，只是并不美妙，也没有相关管制措施。与此同时，金融服务公司基德尔·皮博迪（Kidder Peabody）发现自己损失了3.5亿美元。面对如此混乱的市场，当时由传奇人物杰克·韦尔奇（Jack Welch）领导的一部分通用电气公司也难逃一劫，事实证明没有人真的理解该公司的经纪人都在忙什么。披露亏损的那一财季是52个财季中第一次收入小于前一年。但是，这场极其混乱的状态过后，当1995年国会对证券诉讼加以限制时，出现的唯一一次立法实际上让想要成为原告的人生活更加艰难。

弗兰克·帕特诺伊对这些大崩溃逐一做了记录，从1987年他称为"零号患者"的公司到2001年的安然公司，以及20年以后的银行业危机。他写道："仅仅因为是大型金融机构而不是个人牵涉其中就放松对市场的管制，这是愚蠢的。存在大面积掺杂使假和信息空白的市场是不可能有效发挥作用的，这是一个被人们广泛接受的原则。市场越是被瓜分，风险就越难被密切注意。"

每一次大崩溃都是在强化同一个教训：金融衍生品就是一个"黑暗市场"。

没人知道这些交易是如何进行的，因为没有法令要求提交任何报告，即便是交易双方常常也不知道他们拥有什么。倘若有任何的报告需要提交的话，至少最为利害攸关的人可以在他们自己披露的材料中看出一些门道。相反，什么报告也无须提交则意味着，不仅政府对交易的实际进展一无所知，而且所有人都被蒙在鼓里。他们全都等同于瞎子。

这种情况得以持续之所以是可能的，只是因为太多人持有与格林斯潘同样的观念。英国《金融时报》记者吉莲·泰特（Gillian Tett）将这种盲目的信仰与中世纪的教会进行了比较。"如果这是宗教，那么格林斯潘就是教皇，"泰特说，"他祈求神明保佑金融衍生品。然后，大祭司登上祭坛，并用信徒并不理解的金融拉丁语传达祝福。教皇说这一切是神奇和美妙的，祝福会以廉价抵押贷款的形式降临。"

少许持有异议的人凭着蛮勇站出来直面格林斯潘，他们认为金融衍生品带来了重大危险，需要加以监管。1988年，缪里尔·西伯特（Muriel Siebert）在电信和金融小组委员会面前做证，当时正值1987年市场崩溃之后。她说，市场的主要问题就在金融衍生品。"程序交易和指数套利最终将期货市场的反复无常和猖狂投机行为带到了纽约证券交易所的交易席。期货已经鸠占鹊巢，反客为主了。"

1996年，布鲁克斯利·博恩（Brooksley Born）受命担任商品期货交易委员会（CFTC）主席，这是一个独一无二的管理者，负责整顿价值高达27万亿美元的金融衍生品市场。在1994年发生一连串金融灾难之后，她是少数几个强烈要求加强市场监管的人之一。但格林斯潘对此却毫不理会。当博恩的商品期货交易委员会发布概念公告（Concept Release），概述管制可能如何发挥作用时，格林斯潘立刻发表声明加以谴责。

"对我来说，这令人费解，"博恩事后回忆说，"仿佛其他监管者在说，'我们不想知道'。"

6周后，对冲基金长期资本管理公司破产了，美国联邦储备委员会的前副主席戴维·马林斯（David Mullins）卷入其中。这次市场失灵的规模足以威胁整个美国经济。

"长期资本管理公司确实一直让我担忧，"博恩说，"管理者根本不知道它已经处于崩溃的边缘。为什么呢？因为我们没有市场的任何信息。"

最终，长期资本管理公司的危机成为有些国会议员支持监管的原因。但格林斯潘再次迅速给予回应，撤销了监管。"我知道没有现成的监管措施供我们采用，来阻止人们犯下愚蠢的错误。我认为，很重要的一点是，我们不能为了监管而引入监管。"

格林斯潘和他的朋友们占了上风：场外交易的衍生品市场没有引入任何监管措施。它们得以继续交易，不存在任何资本要求，也没有禁止操纵或者欺诈的法令。格林斯潘的自由市场政策获得了越来越大范围的许可，于是布鲁克斯利·博恩辞职了。

两年后，到了2001年，美国的第六大公司安然走向破产。位于错综复杂的渎职犯罪网内部的是致命的金融衍生品，它们与公司的股票价格捆绑在了一起，结果导致投资者颗粒无收。这些人并非都是安然公司的雇员，许多人是小投资者，比如玛丽·皮尔逊（Mary Pearson），她是一位拉丁语教师，在安然公司破产后，她曾在国会面前做过证。

　　我只是河流中的一颗小石子，一个小小的股东。我的损失没有几十亿那么多，但是对我来说，我的损失就像是10亿那么多。我打算把安然的股票用作我的长期医疗保健……我对几年前委托的那些人感到失望。很短的一段时间过去后，痛苦变成了现实，并且如果你放任不管，它就会活吞了你。但是有时候，我在夜里想起自己的损失时真的会感到心痛不已，因为那是我未来的很大一部分收入，现在我不知道将要如何面对未来了。我所能做的一切就是希望并且祈祷自己千万不要生病。

这不是格林斯潘能看到的讲述。在他看来，"有创造力的人、有坚定不移的目标的人和采取合理行动的人"会继续"获得快乐，得到满足"，并且寄生虫们也会灭绝。更确切地说，那是在2008年银行业危机来临之前。

"这简直是噩梦成真了，"布鲁克斯利·博恩说，"没有人真的知道市场上正在发生的事情。我们最大的银行的不良资产都集中在场外交易的金融衍生品上，由此导致的经济衰退让我们失去了储蓄，丢掉了工作，而且无家可归。"

正如兰德所希望的那样，政府和经济被分开了，格林斯潘生命中的大理念被证实是正确的，但他对生活的现实却视而不见。即使在他有生之年最大的金融灾难过后，当格林斯潘就发生了什么事情向国会做证时，他依然坚守着自己的大理念。它没有错，只是有缺陷。

韦克斯曼（Waxman）主席：你有自己的思想体系。"我的看法是自由竞争的市场是目前为止组织经济的无可匹敌的方式。我们试过监管，但没有取得有意义的成效。"这是引用你的话。现在我们的整个经济为此付出了代价。你是否觉得，正是你的思想体系驱使你做出了你希望没有做出的决定呢？

　　格林斯潘先生：嗯，记住，无论如何，思想体系是一个概念框架，它为人们提供处理现实问题的方法，每个人都有一个。你也一定有。要生存，你需要有一个思想体系。问题在于它准确与否。我要跟你说的是，没错，我发现了一个缺陷，我不知道它有多重要，或者会持续多久，但是我被那个情况搞得很苦恼。我在模型中发现了一个缺陷，我发觉，这个缺陷是反映世界如何运转的至关重要的结构。

　　韦克斯曼主席：换句话说，你发现你的世界观，你的思想体系不正确，它不起作用，是吧？

　　格林斯潘先生：说得没错。这的确是让我感到吃惊的原因。因为我用大量证据表明它运行得非常好，我热恋了它40多年。

　　就像托尼·布莱尔向齐尔考特调查团队提供证据一样，格林斯潘的表现也是一出迷迷糊糊的戏剧：在尖锐而激烈的事实面前，一位骄傲的老人设法免受它的刺激。两人都在极力避免事件中隐含的认知失调，而这些事件是不会削足适履，以迎合他们的观念的。尽管节节败退，两人仍然不否定自己的大理念。格林斯潘承认自己的理念可能存在缺陷，但不承认是错的。这令人恐惧地联想到基奇夫人，格林斯潘同样只准备看到自己在轻微细节上犯的错误。他看不到，或许是不愿意看到他在位期间金融业的"尸横遍野"，反而坚决认为他的大理念40多年来一直运行良好。自由市场经济学家弗里德里克·冯·哈耶克（Friedrich von Hayek）曾说过"没有理论，事实就无话可说"。但对格林斯潘和布莱尔来说，他们固执于各自的世界模型，事实消失于无形。

　　当然，格林斯潘和布莱尔都并非单枪匹马。他俩得到了权贵的支持，前提是一切顺利。你可以说他们视而不见，但是，他们是在一个集体近视的环境里行动，而这种集体近视又强化了他们的思想体系。两人都没有公开承认错误。格林斯潘只承认了"一个缺陷"，而在齐尔考特调查团队面前做证时，布莱尔仍坚信自己的信条没有错，并以战争阻止了在遥远的未来大规模杀伤性武器的生产为由为战争辩护：

"不要问我2003年3月的问题，而是要问2010年的问题。假如我们打退堂鼓呢？我们现在知道的结果就是：在武器核查员离开，以及制裁政策被改变之后，他绝对会有意愿和知识技能启动一个核武器和化学武器计划。"

在这一点上，跟格林斯潘一样，布莱尔也让人奇怪地想起了紧抱着陈旧大理念不放的玛丽安·基奇。布莱尔显然比理查德·多尔更忠于自己的信仰。多尔证明了吸烟和肺癌之间的联系，从而保住了自己的声誉，多尔确实改口了，只不过是最低限度地承认自己错了。1997年，多尔发表了论文《胎儿辐射导致儿童癌症的风险》，等于是无声地宣判了阈值理论的死刑。

"子宫中的胎儿会在放射诊断时受到低剂量的电离辐射（尤其是在孕期的最后3个月），这种辐射与随后儿童患癌症的风险之间的联系为直接否定阈值剂量——低于此剂量不会有额外的风险增加——的存在提供了证据，而且引发了医疗实践的变革。"

但是，等到多尔改变想法的时候，已经有数以百万计的孕妇接受了X光检查。

第四章

你无法控制大脑，是大脑在控制你

对人类大脑来说，注意力是一个零和博弈，如果我们对某个地方、物体或事情给予更多的关注，我们必须减少对其他方面的关注。

疲劳的状态会使人思维僵化

2005年3月23日这天，沃伦·布里格斯（Warren Briggs）钻进自己的车里，动身去上班。到得克萨斯城的英国石油公司（BP）炼油厂平常不过30至45分钟的车程，但今天感觉格外漫长。还不到早晨6点，他就抵达了工厂。他都不知道自己这一路是怎么开过来的。沃伦每周上班7天，每天工作12个小时，他已经连续上班29天，都已经记不得自己最后一次休假是在什么时候了。对于自己的轮班，沃伦可谓百感交集，下班之后有12个小时，这好像意味着他还能有时间陪孩子，可实际上他根本睡不够觉。

他跟上完夜班要回家的操作员简单交谈了几句，之后阅读了值班日记，为开始工作做准备。值班日记中只有一行字："异构化装置中放进了一些残油液，残油液满了。"沃伦觉得这就等于什么也没告诉他，开始工作时，他的性情会有些暴躁。

他的面前安放着异构化装置/网络分配单元/报警输出端口综合控制面板：12个监视器被分隔成24个分显示屏。有一些屏幕还显示着多个数据窗口，以及这些数据信息背后的数据窗口，其他的则是些很简单的警报设置。来参观的人说它很像美国国家航空航天局的那种控制仪器，沃伦倒希望它真有那么令人激动。

沃伦的上司迟到了，在他进屋时，沃伦正忙着。他总是那么忙，因为手底下压着一摞文件要处理，而且还要为一群承包人员操心。很多人都痛恨承包商，说他们靠不住，还偷工减料图省事。沃伦却不以为然。那些家伙跟他一样也要养家糊口。这不是他们的错，因为英国石油公司雇了他们，给的薪水、福利并不高。在得克萨斯城，没有那么多就业岗位让他们挑肥拣瘦。

我们得勒紧裤腰带过日子，每个人挂在嘴上的就是这句话。一开始它意味着管道磨损得薄了，但现在整个厂区都磨损得差不多了。工厂如此，人也是这样。成本开支压缩得太厉害了，你能做的就是填写申请表格，却不能维修。沃伦的主管被埋在了文件堆里，而且还要培训两个新操作员，估计今天他是脱不开身了。

因为中午没人来替班，好让他休息一会儿，沃伦就在控制台前的办公桌上吃了午饭。有几个怪异的压力峰值引起了他的注意，他想留心观察一下这些信号。这是一个毫无趣味的、孤寂的工作，还要窝在一间黑屋子里。他应该负责操纵的设备就矗立在外面，只不过是庞大炼油厂的一小部分，这会儿正沐浴在得克萨斯的阳光下。看到它时，人们会说它看起来像是月球上的东西，像太空时代的一个拓居地，到处是塔体和球罐，绵延数英里[1]。沃伦可没有他们那种奇思妙想。这里不过就是个炼油厂，石油产量占到了美国总产量的3%，这足以加满很多汽车的油箱。

沃伦看管的异构化装置是用来提升炼油厂所产石油的辛烷含量的。易燃的碳氢化合物又称残油液（上文的值班日记中提到过），它要进入一个170英尺高的塔中蒸馏和离析气体成分。辛烷含量越高，则汽油的性能指标越

1.英美制长度单位。1英里约合1.61千米。——编者注

高，当然售价也就越高。这就是这一行的生财之道。启动这套装置总是需要技巧，为了精确，你都恨不得再长出两只眼睛。过去，在这个岗位上有两个操作员，但是削减开支让这一切变了样。接着又增添了第三套装置，即网络分配单元，据说因为它操作简单，用不着再加一个人。所以，原先是两个人管两套装置，现在则是沃伦自己一个人看管三套装置了。

12点40分左右，一个警报响起，但是沃伦却弄不清楚高压是从哪儿产生的。他决定开启一个手动链轮阀将一些气体排放到紧急救援系统，并关闭加热炉中的两个喷燃器。下午1点刚过，沃伦的上司便来视察工作进展。当沃伦向他报告那个奇怪的压力峰值时，他建议打开一个通向放空塔的侧阀以缓解一部分压力。他们都还不知道异构化分馏塔的液面已经太高了，超出正常值15倍。不过在沃伦的控制面板上，分馏塔的流进和流出没有被设置成在同一个屏幕上显示，因此也就没有办法计算塔内的液体总量。这都是节省开支造成的。

有一个伙计说这是在冒险。冒险？确实是冒险，他说："每天早晨走进厂区时，我都怀疑今天会不会成为我的忌日。"但沃伦并不想冒险。

下午1点14分，分馏塔的三个紧急阀被打开，向放空塔释放了将近52 000加仑[1]高温易燃的液体。当这些液体溢流到一个输送管道时，控制室响起了警报，但是高级别的警报没有响。当沃伦坐在他那24个屏幕前时，一个充满热水和热气的加热器在管组的顶端喷爆了，把一个装满高温汽油的油罐推向了高空，然后又落到了地上，就像一个高高的、丑陋的喷泉。短短90秒内，整个装置和承包商的活动板房被大团的可燃蒸汽云吞没了，接着，不远处的一辆汽车也燃烧了起来。

在1英里开外，乔·比兰切西（Joe Bilancich）正在商讨一个新的学徒计

1.英美制容量单位。英制1加仑等于4.546升，美制1加仑等于3.785升。——编者注

划。他在屋内感觉到一阵震动，接着又来了一阵。大家都跑到窗户前。他们看到的全是火光和烟雾，一节一节的管子、一块一块的金属像雨点般噼里啪啦地落到地上。

距离现场55分钟车程远的地方，伊娃·罗（Eva Rowe）听到了爆炸声。她的父母当时都在场，她立刻呼喊他们，但是没有回应。

那天得克萨斯城的英国石油公司炼油厂有15人丧生，全是爆炸带来的"钝力外伤"所致。伊娃·罗失去了双亲。这是美国有史以来最严重的工业事故之一。

当调查员、律师和公司高管人员前去仔细分析发生在得克萨斯城的这场悲剧时，所有人都在谈论管理中的盲区，也就是每个人都能看到，却都想方设法不去注意的问题、工作流程和警示信号。有些原因复杂而且技术性强，但有些不是。发生在沃伦身上的事其实很简单，也很明显，对炼油厂来说也没有什么独特的。正如我们从银行危机中获知的那样，公司置人于死地却不必让自己铤而走险。

美国化工安全与危害调查局（CSB）历时两年对此次事故进行了调查，根据它的调查报告，沃伦是其团队中休息得最好的一个人。夜班的领班操作员已经连续工作了33天，他在约翰（John）当班之前已经在控制间把分馏塔装满了。而白班的领班操作员已经连着上了37天班，他既要培训两个新手，又要跟承包商打交道，还要为实现异构化装置的转换作业而寻找零部件。换句话说，他们都已经筋疲力尽了。化工安全与危害调查局估计约翰每晚只能睡5.5小时，忍受睡眠缺乏之苦长达一个半月，他们称之为欠下了"睡眠债"。这可不仅仅表示他感觉很糟。化工安全与危害调查局称："当一个人感到疲乏时，通常思维会较为僵化，对外界变化或异常情况极难做出反应，

做出正确判断耗时更长。"只关注一件事情，排除其他的一切，这是疲劳的典型外在表现，常常被人称为认知的固化，或认知的狭隘。

沃伦和他的操作员并未发现问题，这只是因为他们太累了。英国健康与安全执行局（HSE）发现主观疲劳感同连续的早班（早上6点左右开始）时间成正比。据称，清早上班所造成的结果是：与第一天相比，第三个连续工作日疲劳感增加30%，第五个连续工作日疲劳感增加60%，第七个连续工作日疲劳感增加75%。这项研究甚至不敢预料，要是人们像这样不停工作30天，会对大脑产生怎样的影响。

疲倦、加班和过劳可不是石油和天然气行业独有的现象。2004年11月11日，电脑游戏公司美国艺电（EA）正忙得焦头烂额，因为它发现自己成了一个叫作"艺电家属"的博主的攻击对象。该博主对艺电公司在其程序员的工作时间上的安排大加抱怨，其滔滔之雄辩让人震惊。针对当时的首席执行官拉里·普罗布斯特（Larry Probst），这个家属在博文中责问道："你知道自己对员工的所作所为，是吗？你知道他们还是人，体力有限，有感情生活，有家庭，是吗？他们有说话的欲望，有才能和幽默感等等，是不是？当你让我们的丈夫、妻子和孩子每周工作90个小时，让他们回家后疲惫不堪、神情麻木，对自己的生活感到沮丧时，你伤害的不仅仅是他们，还有他们身边的每一个人，每一个爱他们的人，你知道吗？当你们计算利润和进行成本分析时，你要知道这些成本大部分是用赤裸裸的人性尊严来支付的，我说的对不对？"

美国艺电公司是世界一流的电脑游戏生产商。2004年是它的丰收年。游戏《模拟人生》《指环王》《FIFA足球世界》和《荣誉勋章》为公司创下了两个最高纪录：收入达到30亿美元，利润实现7.76亿美元。在这一年，艺电公司尤其令万众瞩目的是它实现了几项科技突破：处理器速度的加快和屏幕分辨率的提高，导致掌上游戏机风靡一时。引进索尼PSP（掌上游戏机）使得公司机会大增。但在描写公司迈向2005年所面临的挑战时，对备受煎熬的员工，对创造了近50%营业收入的工程团队，普罗布斯特竟然只字未提。

"艺电家属"的短论《艺电：人的故事》一出，立刻像野火一样席卷了整个电脑游戏界。"我又气愤又痛苦。我在想：要么我要得到一个回应，要么就是这个世界太不对劲了！"博主埃林·霍夫曼（Erin Hoffman）回忆道，"整件事是由学生跟游戏玩家推动的。48个小时内，每个人都读了这篇文章。但恰恰是学生感到最气愤！他们梦想着在这个行业就业，在得知它有多可怕之后顿觉失望透顶。"

现在，霍夫曼没那么痛苦了，但是仍然很生气。她那时发出抱怨的主要原因是艺电公司安排工程师每周工作85个小时，这是它的惯例。当她的未婚夫兰（Lan）去艺电公司应聘时，他俩都已经不再天真。作为电脑游戏的老手，他们深知在推出一个游戏产品之前，多数团队要进入赶工模式，其中就包括了长时间的工作。

"在一次面试中，艺电的人问兰：'对长时间工作有何看法？'当最后期限逼近时，很少有哪个软件部门能够逃避这一艰难的时刻，这是游戏公司的一个组成部分，我们也就没多想。当问到有关'长时间工作'的细节时，面试官咳嗽了一声，转到下一个问题了。现在我们知道原因了。"

赶工只应是项目行将结束时所处的工作状态。在艺电公司，团队开始工作时都是每周上班6天，每天工作8个小时。很快，这变成了每周6天，每天12个小时，最后就变成了每周7天，每天11个小时。赶工并不是一个非常时期的事，它已经成为一种工作规范。看到未婚夫的改变，埃林吓坏了。"几个小时后，眼神开始不能集中；忙活了几周之后只休了一天假，疲惫感开始增加，指数级地积聚。身体、情绪和心理状况开始变差。整个团队很快就进入了解决多少缺陷也制造多少缺陷的状态，软件的缺陷率在赶工这一阶段迅速增加。"

埃林的文章引发了争论，随着争论的持续，她和她的朋友们对人的生产能力有了更深的了解。每周工作40个小时是合乎情理的，它可以使人进入最好的工作状态。**刚开始的4小时效率是最高的，随着时间的流逝，每个人都变得不再那么清醒，注意力不再那么集中，容易出现更多的差错。**

1908年，蔡司镜头实验室的创建者之一恩斯特·阿贝（Ernst Abbe）在其第一个著名研究中总结道：将每天的工作时间从9个小时减到8个小时确实提高了产量。亨利·福特（Henry Ford）痴迷于对生产效率的研究，他也得出了相同的结论。1926年，他想大胆引入每周40个小时工作制，这激起了制造部门同事的愤怒。接下来，1968年福斯特·惠勒公司（Foster Wheeler）的研究、1980年宝洁公司的研究和建筑行业以及其他行业的种种研究都表明，**随着工作日的延长，生产力在下降。**但从未有哪项研究得出令人信服的结论。

一旦每周工作60个小时甚至更长，那就不仅是累，还会出差错。**你用来纠错的时间占用的正是你额外的工作时间。**一个典型的搞笑例子就是弗兰克·吉尔布雷思（Frank Gilbreth），他是《儿女一箩筐》（*Cheaper by the Dozen*）中痴迷于效率的父亲。他发现用两个剃须刀同时刮胡子可以刮得更快，但是，接下来他把省下来的时间又都浪费在给伤口贴创可贴上了。

在软件公司，很多开发人员喜欢工作到很晚。他们很享受销售部和市场部的人回家之后的那份安静。但是，那也意味着他们需要晚一些才能开始工作。否则，在额外的工作时间里，他们只会编写错误的程序。软件错误或意外删除文件会产生连锁效应，再来补救的话，远比写下原始代码更浪费时间。艺电的工作模式不仅没有人性，而且还适得其反。

睡眠不足会使认知能力受损

　　然后便是睡眠因素。单是一个晚上不睡就会对大脑功能产生显著的影响，正如达尔多·托马西（Dardo Tomasi）及其在布鲁克海文国家实验室的同事发现的那样。他们找了14个健康、不抽烟和习惯用右手的男性，然后让其中一半的人整个晚上都不睡觉。到了早晨，得到休息的跟困得头昏眼花的两组实验对象都要接受一个严格的测试，包括用眼睛追踪一个屏幕中的10个球。在他们测试时，功能性磁共振成像仪会扫描他们的大脑，以此观察休息过的大脑和被剥夺了睡眠的大脑有何区别。毫不奇怪，他们发现实验对象越困，测试的准确率越低。不过最有意思的还是其中的细节。

　　科学家们发现，在被剥夺了睡眠的受试者中，大脑的两个关键区域——顶叶和枕叶不太活跃。顶叶整合来自感官的信息，还与对数字的认识和对物体的操控有关。枕叶主要涉及视觉处理。因此，两个区域都与处理视觉信息和数字高度相关。那么，沃伦盯着24个屏幕时看到的是什么呢？视觉信息和数字。跟电脑游戏工程师整天打交道的是什么？还是视觉信息和数字。在这些工作中，高层次大脑活动乃是头等大事。

　　在昏昏欲睡的实验对象中，一方面顶叶和枕叶的活跃性减退，另一方面，丘脑却非常地忙碌。科学家猜想，它是在努力弥补顶叶和枕叶活跃性减退的不足。丘脑位于大脑中央，负责控制意识、睡眠和警觉程度。换句话说，它正在付出额外的努力，以令大脑保持警觉。可能你本想用来集中解决一个难题的所有能量被投入到用来保持清醒这一艰巨任务上了。

从进化论的角度讲，这是有意义的。如果你不得已要去找食物，你就得保持头脑清醒，因为是去寻找，而不是浏览菜谱。但是，对大多数人来说，现在的工作首先不是靠身体的耐力，仅仅是不昏昏欲睡是不够的。这些测试及其他研究表明，我们可以长时间工作，同时睡眠很少，但是我们会渐渐失去思考的能力。**"疲惫员工相当于一个技能不熟练的员工。"** 或者你可以说：聪明的员工开始像愚钝的员工那样做事了。

此外，睡眠剥夺（sleep deprivation）开始让大脑变得饥饿。感到累时，我们就开始吃一些安慰性的食物，比如油炸圈和甜点，原因是我们的大脑需要糖分。若是被剥夺睡眠24个小时，抵达大脑的葡萄糖含量整体上会减少6%。但是损失的速度在各个区域并不相等。顶叶和前额皮质会减少12%至14%的葡萄糖。而这正是我们进行思考时最为需要的区域，我们用它们来辨识不同的思想观念，进行社交控制，并能够区分善恶。

加州大学伯克利分校人类睡眠科学中心的马修·沃克（Matthew Walker）已经证明了睡眠剥夺对人的长期而深远的影响，包括阿尔茨海默病、癌症、糖尿病、肥胖和心理不健康。仅仅是连续19个小时不睡觉——甚至不一定是在工作——就会立刻让我们的认知能力受损，就像醉酒之人一样。虽然大多数公司都不无热情地推行禁酒政策，有时甚至支持那些试图戒掉有害习惯的人，但很少看到它们对过度工作有同样开明的看法。大多数情况下，那些通宵达旦或通宵乘飞机后直接参加会议的人被认为是英雄，而不被认为处于危险之中，但他们的做法实际上是危险的。

　　埃林的未婚夫兰参加了一个反对艺电公司工作惯例的集体诉讼，胜诉之后他离开了艺电。事后看来，那位"家属"有点太超前了：他们从未结婚，而且自那以后就分了手。埃林在国际游戏开发者协会（IGDA）的董事会任职，却表示游戏行业并没有吸取多少教训，因为软件工程师们还是累得没法看清楚问题，而管理他们的主管们还是累得看不到问题所在。

　　"有一段时间，艺电公司做了改变，不过仅仅是因为它把这当成一次机会，用来摆脱那些对疯狂工作时间负有责任的家伙。于是艺电公司便有了一场政治大血洗，并且进入了一个新的统治时期。接下来的6个月情况好转，但之后一切又卷土重来。他们正在摧残那些应该成为顶级开发者的人！很多工作室现在都不想雇用前艺电雇员，因为这些员工已经熬得油尽灯枯了，再让他们恢复要下很多本钱。"

对大脑来说，注意力是一个零和博弈

即使休息得好，而且头脑清醒，你也未必能看清眼前什么事是正确的。在一个最著名且让人震惊的心理学实验中，丹·西蒙斯（Dan Simons）在哈佛录制了一段录像，目的是测试在大脑忙碌时我们能看到多少内容。

丹回忆说："一开始就跟闹着玩似的。之前有人做过视觉认知的实验，但是所演示的所有内容都很离奇，不像是真正的生活。于是我就想，要是我们让一切都变成活生生的东西，情况会怎么样呢？这里面肯定有很多乐趣。我是趣味研究的超级粉丝。我也搞一些无聊的事，但是，这件事的目的是要问这样一个问题：这事你能搞得多极端，并且还能说明问题？"（在继续阅读之前，你可以在网站www.theinvisiblegorilla.com上试着自己做做这个实验。）

西蒙斯与克里斯·查布里斯（Chris Chabris）一起制作了一个短片，在片中，哈佛大学的学生们四处跑动，传递篮球。一队穿白衫，另一队着黑衣。西蒙斯自己也在该片中，但是他说你认不出他来，因为那时他留着头发。做完短片后，他俩让受试者观看，并让其数一数穿白衫的运动员传了几个球。短片放完之后，过了不到一分钟，他们问观看者是否看到了其他什么东西。差不多一半的人都说没有，他们什么也没看到。

他们没看到的是一个穿着一套大猩猩服的女生，她走进现场，停在画面中间，面对镜头，捶胸，然后走开。她在画面中停留了大约9秒。

这个实验在世界范围内被一再放映，观众各式各样。我第一次观看是在都柏林，观众全是执行官。跟他们一样，我只管数传球，没注意到还有个大猩猩出现在画面中。

西蒙斯对这个结果很是诧异，以至于他说在随后的几年里，他仍然期待有人能看到那只大猩猩。但结果总是一样。1999年，西蒙斯和他的同事发表了一篇实验报告，标题为《我们中间的大猩猩》。2004年，因为"乍看令人发笑，之后发人深省"的研究成果，他们获得了搞笑诺贝尔奖（Ig Nobel Prize）。从那之后，西蒙斯继续自己的学术事业，研究我们是如何分配我们的注意力的。

"我们对视觉世界的体验远比我们认为的要少很多。我们感觉自己会注意到身边的一切，其实不然。**我们只是去关注别人要我们关注的，或我们正在寻找的，或我们已经知道的。自上而下驱动注意力的因素发挥了巨大的作用。**时尚设计师总会注意衣着。工程师总会注意机械。但是，我们所看到的极其有限。"

我们看见的是我们期待看见的，以及我们正在寻找的。而且我们还不能看到那么多。我问西蒙斯是否有些人会比别人看到更多的东西。

"对于这件事确实证据有限。经验丰富的篮球运动员在观看短片时会稍微好一点，但是，那可能是因为他们比旁人更习惯于看传球，所以要看懂原委对他们来说没那么难。你可以训练自己同时盯着不止一个地方看，这样你可以多少锻炼一下自己的眼部肌肉。但是人注意力的局限性相当顽固。它永远是身体和进化的一个障碍。你没法改变大脑对人的限制。"

西蒙斯的录像适用于所有的安全培训。"机场安保人员能发现他们正在寻找的目标，但找不到他们不在寻找的目标，不管那有多么危险。"在发现武器方面，经过培训的行李安检员比西蒙斯的测试对象做得要好，但也没好多少：在1/3的时间里，他们发现不了任何种类的武器。

西蒙斯常常对相关的不同团体在他的研究中的发现困惑不已。"这段录像被人谈论，很多谈论是关于国家安全部队，以及他们为何没发现混在人群中的恐怖分子。我最喜欢的是一个浸礼宗牧师的一次布道，在讲道的过程中，他提到这只大猩猩，并说这就是当初犹太教徒没有认出耶稣真实身份的原因所在。但该录像最常用于安全培训，比如在发电厂，员工只关注流程，而不注意与流程无关的其他事情。"

智能手机的出现只是强化了西蒙斯的基本发现：我们能注意到的东西是有限的。只需沿着街道走向沉浸在地图或介绍文字中的行人，你就可以看到他们与周围的环境有多么脱节。在跟其他人做此实验10年之后，西蒙斯得出结论：我们只会看到自己期待去看的，对未期待的事物则视而不见。在任何给定的时间内，我们能注意到的信息量是有绝对的硬性限制的。

西蒙斯说："对人类大脑来说，注意力是一个零和博弈，如果我们对某个地方、物体或事情给予更多的关注，我们必须减少对其他方面的关注。"

目前，西蒙斯在伊利诺伊大学香槟分校进行研究和教学。2006年9月6日，此大学的一名研究生马特·威廉（Matt Wilhelm）在骑自行车时被珍妮弗·斯塔克（Jennifer Stark）开车从后面撞死。接下去的调查证明，斯塔克撞到马特时正在下载手机铃声。这是一个悲惨的警示，提醒人们关注西蒙斯实验背后的现实。

西蒙斯说："在车上安装收音机一事曾经引起过激烈的争论。我仍然不确定是否认同这个行为，但是我假定我们可以关掉收音机。但是，边开车边打电话或发短信就不同了。它们看起来似乎真的不会让我们太费力气，但这些活动都会耗费大脑有限的注意力资源。你不能这么做。你的大脑也做不到。"

这不关手机的事，所以即使设置成免提也帮不了你。它涉及任何一次接打电话时你能够使用的脑力资源。在另外一个听起来也很有意思的研究中，犹他大学的心理学助教弗兰克·德鲁兹（Frank Drews）把40个学生分成3组。第一组专心操作驾驶模拟器，第二组在模拟驾驶时通过手机交谈，第三组在操作驾驶模拟器之前喝了足量的橙汁跟伏特加酒，将他们的血液酒精含量限定在0.08%，这是英国和美国对饮酒后驾驶的法定限量。

将三个组进行对比后，结果让人大吃一惊。使用手机的那组追尾事故更多，刹车反应时间更长。喝醉了酒的受试者开起车来更具有侵略性，与前面的车跟得更近，刹车力量也更大，但却没有发生事故。你可不能从中得出结论：醉酒驾驶比边开车边打电话要安全得多！德鲁兹跟同事的结论是：开车时司机使用手机很危险，因为他们绝对没有把足够的注意力放在开车上。

此次实验后不久，德鲁兹便亲身体验到了这种事情。当时是在高速公路上，一个挨着他开车的司机滑进了他的车道，把这个心理学家挤到了路肩。这两个司机都在下一个出口下道，德鲁兹很气愤地下了车。德鲁兹回忆说："我去敲他的车窗，他竟然还在打电话！"等他终于停止通话之后，那位唠唠叨叨的司机却对自己带来的混乱"一无所知"。他什么都没看见。

自2003年以来，英国法律禁止开车时接打手机，依照最新法规，英国法律对开车时使用手机的处罚变得更加严厉。然而，1/5的司机表示他们会在堵车时查看社交媒体，33%的人会在开车时拍照或录像。甚至英国皇家汽车俱乐部（RAC）也认为这些统计数据低估了问题的严重性。但是，尽管法律和英国皇家汽车俱乐部都非常强调电话是否拿在手中，但问题的核心并非真的在于用手拨打电话。事实证明，认知成本至关重要。人类没有足够的心智能力去做我们认为可以做的所有事情。随着注意力负荷的增加，注意力逐渐减弱。一位感到沮丧的心理学家认为，多任务同时处理就是一个"都市神话"，即它是我们喜欢听的一个愚蠢的故事，但实际上绝对是无稽之谈。这对女人和男人都是一样的。同时处理多个任务是女性对工作场所的独特贡献，这个想法实际上只不过是让工资过低的人过度工作的借口。

尤为重要的是，我们首先失去的脑力其实是我们最需要的，它是我们辨别是非、做出理性判断的能力。还记得坐在24个显示屏前，累得视野变得狭隘了的沃伦吗？他担心着怎样除去压力峰值，因为他已累得无法关注更严峻的问题：起初是什么造成了这个压力峰值？

在接收信息的能力上，我们存在瓶颈，这就解释了面对天空新闻网（Sky News）、彭博新闻社（Bloomberg）或英国广播公司新闻频道呈现在电视屏幕上的信息，我们无法明智地全部吸收的原因。有时我会给商学院的学生播放金融节目的片段，他们会看到屏幕底部滚动的股票价格，右边罗列的天气预报或体育比赛成绩，在屏幕剩余的一个小方块里，一些倒霉的首席执行官正在解释公司的战略。几分钟后，我问学生还记得什么内容？有几个书呆子报出了一两个股票价格。然后，我要求他们对首席执行官的战略展开评论，他们看着我，就好像我疯了一样：你的意思是我们应该看所有内容，并加以思考？这是不可能的。**我们无法做到一边看着匆匆而过的大量信息，一边思考和区分，并做出理性的判断。**

脑力资源枯竭会阻碍认知的精细程度

我们累了，或是心事重重，心理学家称之为"资源枯竭"，这时我们开始精打细算，开始储存脑力资源。**高层次的思维活动消耗的资源更多，质问、怀疑和争论皆是如此。**"脑力资源枯竭尤其会阻碍认知的精细程度"，哈佛大学心理学家丹尼尔·吉尔伯特（Daniel Gilbert）写道，"怀疑似乎不仅最后出现，也好像最先消失。"因为"相信"所费的脑力要比"怀疑"少，当我们很累或者分心时就会轻信。我们都带有偏见，偏见来得迅速而不费力气，精疲力竭让我们宁愿选择我们已知和感到舒服的信息。我们太累了，以至于无法对新的或矛盾的信息进行检视，于是我们转而求助于自己的偏见，以及我们早已信得过的看法和人。

我们在负担过重或者精疲力竭时失去的这种高层次的功能十分重要，这不只表现在炼油厂中。20世纪90年代后期，我在CMGI这家互联网运作和发展公司工作，它在互联网热潮中收购了大量公司。在周一上午，我会定期走进董事会会议室，在那里我看到睡眼惺忪的经理们满脸疲惫，拉着一两个通宵加班的夜猫子以完成最近的一次收购。他们已经累极了，却得意扬扬，他们是英雄，因为交易达成！不过，即使在那时候，有些交易在战略上也是盲目的，最终是白折腾，确切的数目我不记得了。我们为何要收购这些企业呢？由于视野太窄，睡眠过少，毫不夸张地说，没人想过去问：我们最初为什么要这么做？

尽管CMGI的工作环境相当不错，但公司常常在交易中投入大量资源，这些交易让大批的律师和银行家来到装饰着护板的董事会会议室彻夜奋战，以完成最新的收购。主要的投资银行要求那些期望被视为合伙人的员工长时间地工作，且要周末加班，甚至要求只是希望被看重的员工也这样做。很多重要的投资银行家告诉我，不管他们有多痛恨，但这就是客户服务的准则。当我指出要是他们多雇些员工，每个人少干几个小时，就可以解决他们的问题时，他们似乎为这简单的算术题感到尴尬。事实是，很多参与者都乐在其中，他们喜欢期限将至带来的紧张感，堆积如山的文件，交易任务在法律、财务和监管上的复杂性。

然而，这些交易绝大多数比不交易更糟。毕马威会计师事务所（KPMG）的一项研究发现，他们研究的并购中有83%并未让股票持有者受益，实际上有53%是减少了股份价值的。咨询公司科尔尼（A.T. Kearney）的另一项研究表明，在115次全球并购中，股东的总收益为负值的并购占到了58%。当商学院的教授剖析并购交易的每一个失败案例时，记住那些在收购战略上签字批复的、精疲力竭的执行官们可能更为明智。狭隘的视野使我们看不到自己的决策所产生的更深远的后果。不只是控制室中的操作员才是危险的。

多位心理学家已经研究过这些现象，通常，卡尼曼和特沃斯基等人是为了理解我们为什么会犯错，而其他人的做法则更具有策略性，那就是为安全仪表盘设计指导手册。斯坦利·米尔格朗（Stanley Milgram）是最早开展这类研究的心理学家之一，他的"服从实验"更为著名（详见第六章）。米尔格朗是个土生土长的纽约人，对城市居民的行为方式特别着迷。他本能地意识到城市是一个系统，就像身体和大脑都是系统一样，这种认识超前于他所处的时代很多年。在《城市生活的体验》一文中，他指出，大量的城里人以及他们的异质性表明："正如我们所经历的那样，城市生活就是接二连三地出现与超负荷相伴的冲突，以及随后产生的适应状态。"让他感到困惑的是，人们跟如此多的人、如此多的想法和如此多的信息生活在一起会受到什么样的影响。"超负荷非常典型地扭曲了几个层次的日常生活，影响到角色表现、社会规范的进化、认知功能和设施的使用。"

米尔格朗是一位天生的、专业的人类生活观察者，他注意到，乡村的小店主可能会跟顾客交谈甚欢，而城市中的超市收银员还没有完成前一位顾客的结账，就已经在为下一个顾客的结账忙活开了。"当喝得烂醉的人故意穿过人群时，城市居民对这些街道上的醉汉投以蔑视的眼光"，米尔格朗称这并不是因为市民们不友好或不热心，而是因为他们已学会怎样去处理拥挤的城市加诸其身的要求。他们通过减少对信息的接收来适应这一切。如果一座城市是一个系统，它"输入"的信息已经超出了任何人能够处理的程度，其居民采取的应对措施就是接受更少的信息。如果纽约是个系统，米尔格朗就会发现，相比我们的大脑在受到太多信息的狂轰滥炸时管理信息的方式，纽约人管理自己的方式没有什么不同：只对部分信息留有印象，大多数信息都被抛诸脑后。

米尔格朗的观点具有挑衅意味，因为他认为失去的不是随意性，而是精确性，他说，当人们感觉负担过重时，他们就会限制自己的社会参与和道德投入。"通过限制'同情心的范围'，超负荷更容易得到处理。"米尔格朗并不打算激怒全世界热爱城市的人。他只是担心平衡负担的权衡并不仅仅是操作层面的，它们还关乎道德。如果你在疲倦时难以产生怀疑，给予关心就会更加困难。

　　企业的情况跟城市一样，在一些大企业里，个人需要投入大量的精力，其工作方式不啻一种惊人的"资源耗竭"。宣传者和洗脑者知道经理和企业领导选择忘记的是什么：超负荷和缺乏睡眠的人类大脑会无视道德。前进领导力机构开展了一个研究项目，要求来自政府和企业的高管分析自己组织的有意视而不见行为。值得注意的是，他们都可以这样做，但只有在相对安静和安全的住宅中，他们才会找到这种反思所需要的认知能力。在大多数情况下，对工作的持续不断的要求明显阻止了这种思考，他们在精疲力竭的情况下匆忙做决策时，不可能花时间一步一步地预先推演这种决策会导致什么样的道德后果。阿布格莱布监狱就是一个生动的例子，它表明了这种情况会有多严重。

　　"这个士兵不仅要工作整整12个小时（从凌晨4点到下午4点），而且还一周7天连着这样干了整整40天，中间没有休息过一天！我不能想象还有如此的工作，这样的工作时间表却没有被视为非人道的。"

　　心理学家菲利普·津巴多（Philip Zimbardo）担任阿布格莱布监狱一名预备役军人奇普·弗雷德里克（Chip Frederick）的专家证人。尽管他对乔·达比（Joe Darby）给予更多的同情，是他上交了骇人听闻的监狱照片，但是，津巴多比任何人都更清楚监狱环境给年轻人带来的冲击。1971年，他设计并进行了斯坦福监狱实验，24个身心健康的年轻人忍受了为期6天的模拟监狱生活。津巴多对该实验细节的描述简直让人毛骨悚然，不过他也从中学到很多有关环境极大地改变人类行为的方式。作为力量和环境研究的一个里程碑，这个实验离奇地预见了奇普·弗雷德里克跟同事们在阿布格莱布监狱犯下的许多虐囚行为。

津巴多写道："在他的记录里，没有什么我能用来揭露奇普·弗雷德里克的材料，压根就不能从中预见他会做出任何形式的辱骂和虐待狂行为。相反，记录中倒是有多处地方暗示要是他没有被迫在这样一个变态的环境中工作和生活，他很可能就是军队招募海报里的那个代表美国的士兵。他本应成为一筐好苹果中最好的那个苹果。"

恐惧、腐败、资源不足以及缺乏监管、明文规定、正式的政策或指导方针，再加上绝对缺少培训，很多力量暗地里共同削弱了代表美国人的那些品质。但是，正如津巴多观察到的那样，这仅仅是个开始。弗雷德里克不仅每天要值12个小时的班，而且一周工作7天不能休息。连续工作40天后，他只有一天休息时间，而后面还有一模一样的2周在等着他。即使下了班，他也无法离开监狱，而是在6×9英尺大小、又脏又吵的牢房里睡觉。

弗雷德里克周围的同事也是同样训练无素，同样精疲力竭，这意味着没有人清醒到足以认识到还应保留道德感。当然，还有其他因素造成了虐囚行为的发生，但津巴多的分析让人震惊的是，在最简单的层面上，惊恐不安、未经训练的卫兵的认知能力几近丧失。

工作时间看似不是什么大问题，不过，出于同样的原因，对此类小事也要有正确的认识。过度工作会跟"显示勇气的举动"联系在一起。尤其是对男性来说，不论是看起来，还是听上去，抱怨劳累会让人感觉你很虚弱。而且，这种做法也不会产生生物反馈：要是你不吃饭，就会饿死；如果你让肌肉过度劳累，它就会痛。但若我们滥用大脑，却看不到或感觉不到伤害。思考是人体的一种活动，跟其他身体部位一样会受到限制，但我们并没有那样的体验。我们可能会感到很糟糕，却对自己正在失去的东西视而不见，它们包括推理、判断、做出正确和人道的决定的能力，以及预见到后果的能力。

这种损失也不仅仅是糟糕几天、几周甚至几个月的问题。关于工作对生理的影响，历史上最长的纵向研究之一始于20世纪70年代，由迈克尔·马尔莫（Michael Marmot）领导。如今，这项研究可以追踪1万名英国政府公务员一生中长时间工作和面对压力带来的后果。这些数据令人大开眼界。那些每周工作55个小时或更长时间的人到中年后开始表现出认知功能的丧失：在词汇、推理、信息处理、解决问题、创造力和反应时间方面的测试中，他们的表现较差。中年人的轻度认知障碍也预示着他们会较早痴呆和死亡。长时间工作和睡眠不足会用坏我们的大脑，直到累得连自己在做什么都看不清了。

在与我合作过的公司中，很多公司都明确地夸耀自己吸引了多少人在通宵工作，我已经记不清有多少家这样的公司了。金融服务业或许不是最严重的，但很少有高管不认为工作效率与工作时间有关。大多数人都知道这种想法是错误的，却只会盲目地随大流，因为他们担心更益于健康的行为可能被人误认为是在偷懒。没人希望被人看到自己在头脑尚能清晰思考时早早下班。很多人声称客户服务就是要一直在线，但我想知道的是，如果客户知道这种服务必然会导致脑死亡的话，他们会有多么地害怕。

丹·西蒙斯说："你没法改变大脑对人的限制。"但是，我们仍在尝试。为什么呢？它是实际存在的英雄主义的最后残余吗？而这种英雄主义是我们缺乏任何理智的必然结果。若如此，我们最好在更多的名誉和生命被摧毁之前，快些找到新的模式吧。当西方的民主国家拼命地明确某种监管机制，以期保护经济免受未来之灾时，最起码，我们不会提出比"在工作40个小时后大家径直回家"更病态的要求。

第五章

都知道有问题，却没人说出来

他们可能对现状不满，但利用沉默的方式，他们忍耐着，相信（也确信）现状不可能被改变。

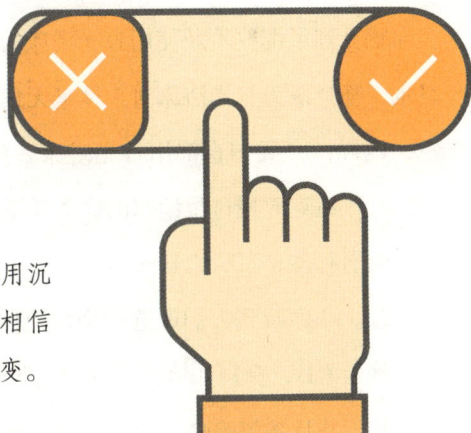

睁一只眼闭一只眼来躲避冲突

"通常来讲，来这里的人们不会满口谎言，怎么说呢，他们只是对真相认识不足。**有些人否认真相，他们自己都为此深感窘迫。没有人能完全做到讲真话。**"

约翰·霍克（John Hawk）不是一位神父，他是伦敦大学国王学院的皮肤病学教授。看到被太阳灼伤的皮肤，他便会询问患者是否做过日光浴。"你感受到了那些不断使用日光浴床的人最为异常的愤怒。他们准备冲着我怒吼，坚持认为日光浴床对人体毫无危害。有一位女士，我们的关系十分友好，她说：'我一直都用日光浴床，我喜欢它，你不要阻止我。我不想知道！'"霍克教授这位愤怒的病人并不是个例。成千上万的人都不愿承认晒黑对他们有害，不认为日光浴床会要了他们的命。霍克教授耳闻过各种争辩的声音。"你听到人们说这会增加他们体内维生素D的含量，但是你不需要补充维生素D，食物和体内平衡会满足这个需要。或者人们会说，它会产生内啡肽，并且缓解疼痛。那可真是无稽之谈。我发起反对晒黑和日光浴美黑沙龙的运动数十载，证据还在不断增加。那些患者最让人感到悲哀的地方在于，他们明知晒黑对人体有害，这也是他们感到困惑的原因，但他们却选择装作不知道。"

这种拒不承认根深蒂固，甚至到了死不认账的地步。

"你可以在自己身边的圈子里转转，问问自己这一切为什么会发生，"彭妮·伯奇（Penny Birch）在谈及她女儿海利（Hayley）之死时这样说道。海利是维珍航空公司的一名空姐。她喜欢阳光，并利用一切闲暇时间旅游，为的是让皮肤保持一种漂亮的棕褐色。"她非常享受日光浴，航班之间闲暇的日子经常被她用来保持她的棕褐色肤色，"她的母亲回忆道，"但她看起来只是天然的肤色黑，并没有过分地晒太阳。"

但在25岁时，海利死于皮肤癌。不管是按照哪一方的标准，这都是过于曝晒的结果。现在我们很难知道为什么保持迷人的棕褐色肤色对海利那么重要，但可以肯定的是，这对她很有意义，否则她也不会倾注如此多的闲暇时间去晒黑皮肤。大家眼中的海利是一个"总是让自己看起来最漂亮的年轻女孩"，也许她与任何想让自己感觉良好的人没有什么不同。

她的遭遇是一个悲剧，然而并不是独一无二的。在英国，每6个小时就会有一个人死于皮肤癌。大多数人现在都认识到过度日晒对身体有害，但是，现实情况是，多数人并不采取措施保护他们的皮肤免受太阳光线的伤害。

"我知道我不应该晒日光浴，但那样让我感觉很棒，让我看起来更苗条了，而且每个人常常说我看起来很健康。"一位有3个孩子的母亲刚从海滨度假回来，皮肤黝黑，向我讲述着她的感受。

晒黑行为的捍卫者争辩说，阳光令人感觉很舒服，将其视为危险是违反人类直觉的。还有人说，黑色素瘤的发病率与臭氧层的减少之间有关联的说法相对较晚才产生，并且不是所有人都会患病。但是研究表明，大多数情况下，我们都知道过度曝晒有多么危险。况且这些辩解之词不能解释当今时代与人的认知最不协调的行业之一：美黑沙龙。

约翰·哈维·凯洛格（John Harvey Kellogg）发明了"白炽光浴"，他是位医生，也是基督复临安息日会（Seventh Day Adventist）的成员。凯洛格经营着一家疗养院，在疗养院里，他利用锻炼、素食和阳光等疗法治疗一系列疾病（他另外的主要成就是发明了格兰诺拉麦片和玉米片）。凯洛格是"阳光有益于人的精神和身体"这一观念的狂热信徒，19世纪末，日光浴和日光灯被广泛应用于医疗。1903年，尼尔斯·芬森（Niels Finsen）因为使用日光灯治疗狼疮，从而获得了诺贝尔奖。随着自然晒黑更为普及，日光灯和日光浴床也大行其道，并且增加了冬天晒黑的项目，或者让人们在暑假来临前提前将皮肤晒黑。晒黑仪器与健康很早就联系在了一起，这证明它们之间的关系非常长久。

莫娜·萨拉亚（Mona Saraiya）说道："晒黑行业喜欢强调美黑沙龙对健康的有益影响，'加入美黑沙龙，预防癌症'，他们会说类似的话。"萨拉亚是佐治亚州亚特兰大市疾病控制中心的黑色素瘤专家。她尽其所能努力保持客观与挑剔的态度，冷静地讨论着最新的研究，然而从她身上，还是能看到科学家对人类非理性行为表现出的茫然不知所措。

"再或者，他们会说日光浴床有助于治疗维生素D缺乏症或季节性情感障碍。为什么它们是合法的，我确实感到诧异。它们实在是不安全。没有哪个级别的日光床是安全的。这是非常令人失望的。它们正在导致越来越多的癌症！"

出于希望减轻他们经历的这种认知上的不协调，美黑爱好者们提出了一些怪异的观点。诚然，消费者认为，如果美黑沙龙对人体有害，它们就不应该被允许开业，可它们为什么没被叫停呢？事实在于它们是可行的、有利可图的买卖，而且它们受到监管这一事实就是它们安全无害的证明，否则，它们早就被取缔了。这是人们能发现的最有力的一种社会认可形式。美黑沙龙的真实存在使得沙龙顾客们更加确信自己需要打败结论性的数据。当然，他们是盲从的，但促使他们固执地成为睁眼瞎的，正是美黑沙龙正在蒸蒸日上这一事实。

"真是不可思议，人们提出一些主张，用来长久保持他们内心深处明知对自己有害的东西。"霍克教授说，"他们认为，将皮肤晒黑能显示他们既有闲又有钱，而人们喜欢让别人感觉自己富有，而且有大量的自由时间。可现实是悲哀的，他们已经沦为了习惯的奴隶。他们不想改变。因此，他们便装作不知。"

老普林尼（Pliny the Elder）被认为是最早记述鸵鸟的自然学家。在他的《自然史》（*Historia Naturalis*）一书中，他对这种鸟十分无礼，贬低它们，认为它们很愚蠢："当它们将头和颈伸进灌木丛时，它们想象着整个身体也被隐藏起来了。"现在，自然科学家认为鸵鸟将头和颈贴在地面上，是在躲避猎食它的动物。但无论你怎样描述鸵鸟的行为，有一点是我们都没有异议的，那就是它们没将自己的头埋进沙子里。

真是惭愧啊，因为我们需要用鸵鸟作为隐喻来折射人类的所作所为。法官肯定会需要这种鸟。当他们在诉讼案件中应用视而不见的法律概念时，人们就说他们发出的是"鸵鸟指示"。无论在科学上准确与否，我们都得承认，**人有时会喜欢无知而不喜欢认知，他们通过想象某种情况不存在，去应对冲突和变化。**

当缴税期限到来时，当我们知道我们有应当改变的坏习惯时，或者当汽车开始出现奇怪的声音时，我们每个人都想将自己的头埋进沙子里。对它的存在不理不睬，它就会离你远去，眼不见为净，这就是我们所想的，也是我们所希望的。这只不过是我们的一厢情愿罢了。利用将头埋进沙子里这种方式，我们试图假装威胁并不存在，假装我们不必做出改变。**我们也在竭力避免冲突：如果威胁不在那里，我就不必为此而斗争了。由于对安于现状的偏爱，再加之厌恶冲突，我们被迫对那些我们不想处理的问题和冲突睁一只眼闭一只眼。**

　　所以，我的孩子们会径直走过放在楼梯上的洗衣篮，因为他们不想停下正在做的事情，转而处理洗衣篮。而我并没有因此而责罚他们，因为我无法面对另外一次争吵。当我懒得倒垃圾时，我抱着侥幸心理，希望我老公能心领神会，意识到垃圾需要拿到外面去，这样我们就不用争吵。当然，这种事情部分是因为人的惰性，可是很大一部分原因在于，**对让我们感到不舒服的东西，我们选择眼不见心不烦。**

有意视而不见

1965年进行的一项有趣的研究显示，我们会对吸引我们的东西盯着不放，而对没有吸引力的东西则避开视线。在实验中，受试者众多，有男有女，包括学生、家庭主妇和秘书等，按照要求，他们要观看10张不同的图片，其中有几张含有情色内容。相机拍下了他们的眼球运动，之后将这些运动标注到图片的相应位置上，以此显示观看者注视的路径。后来，每个受试者被问及他们记住了图片的什么内容。毫不奇怪，对于同一张图片，每个人给出的描述大相径庭。

实验结束十分钟后，R太太记得10张图片中的6张。在提示下，她最终记起了所有的图片，除了第七张图片似乎有些困难外。

实验者：有一个男人在一个裸女旁边读着什么。你记得那张图片吗？

R太太：没有印象，我一点也想不起来。

实验者：请再想一会儿，一个男人在一个裸体女人旁边阅读。你一点印象都没有吗？

R太太：一点也记不起来。

实验者：一个男人坐着读报。

R太太：我记得有窗户。

实验者：你应该能看到她的侧影，你能看到她的胸部。

R太太：是的，现在我记起来了。只是上半身，女人的脸扭过去了，看不到腰身。那个男人在读报纸。这就是我看到的所有内容。

这些就是R太太能记起的全部内容了，因为这与她实际上看到的内容一致。她的眼球运动的照片显示她的眼睛一直盯在报纸上，目光坚定。

但是，I小姐的记忆则有所不同。"有一个男的正在读报纸。桌子旁边有个女的袒胸露乳。我觉得太搞笑了，因为他根本就不盯着她看。"

I小姐眼球运动的照片证实她的视野更宽泛，目光在整个图片上四处游走。

许多心理学家对为什么我们的行为会是这样的争论不休：不先看一眼，我们怎么能够知道不要看哪里呢？但是，没人否认我们确实做到了：**我们极力避免看到或记起那些令我们不快的事情。同理，我们不自觉地被和自己投缘的人吸引，我们的眼睛和思维会集中到那些认可我们自己感觉的信息、物体或观念上。**

这种现象虽不如得克萨斯城炼油厂控制室里的视野狭隘现象那么极端，但道理是相似的，二者都是应激反应。在别人的眼中，R太太是一个羞怯含蓄的女士，对她来说，那幅图片中的尴尬场景和潜在冲突构成了一种威胁：为什么她被要求看这张照片呢？而对于I小姐来说，她是一位标致的年轻女士，曾经受过艺术的熏陶，那么这张图片就不会对她构成任何威胁。

畏惧改变和害怕冲突具有同样的作用。并不只有皮肤科医生才会不得不应对被他们自己的习惯害得仓皇失措的病人。在医生的诊所里，你会看到排成长队的病人，他们明知应该早点来看医生，却错过了预约、扫描或检查。在债务咨询服务中也会看到相同的鸵鸟式行为。

"我们见到人们带着装满未启封信件的塞恩斯伯里手提袋走进来。"安德鲁·斯图尔德（Andrew Steward）说道。他在英国布里斯托尔市的公民咨询局工作。"我在这里遇到过一个绅士，他是一位财务顾问，他的职责是管理别人的钱财！但是，当他陷入困境时，他没有勇气打开银行和信用卡公司邮来的信件。直到他要面临财产被查封的庭审时，他才来到我们这里寻求帮助。我们尽力说服法庭推迟对他的案件的审理。但很显然，这位专业理财人士已经因为他的债务问题被完全剥夺了相应的权利。类似的鸵鸟现象我们时常看到，这说明某种惰性在盛行。人们长期背负着债务，直到东窗事发，经常是情况坏到法警来访或账户被冻结时，他们才想起搬救兵。但是，尽管如此，他们仍然要等到最后。"

在英国，每天都有277人被宣布无力偿债或破产；2017年，不包括抵押贷款在内，英国家庭的平均债务约为8.4万英镑。自2016年以来，英国人已经成为净借款人，这意味着他们的支出超过了收入，2018年的英国储蓄是自1963年以来的最低水平。金融危机在一定程度上扼制了我们对贷款的沉迷，但对消除房地产泡沫导致的巨额债务却帮助不大。

"人们签署了还不起的抵押贷款协议，"斯图尔德说，"因为他们是大量热情的销售技巧的攻击对象，是有销售定额的销售员的推销对象，他们也是宣传活页的俘虏，上面写着'恭喜你，你已经被选中获得一个特别利率贷款'，他们信以为真，只想着那些条款或条件的好的一面。他们只是不想知道那些对自己不利的部分而已。"

"他们中很少有人曾经计算过自己的收入和支出。米考伯（Micawber）

先生的看法是这样的：如果他们能够蒙混过关，那么万事大吉。这是一种会要命的乐观主义。"

"当我决定将抵押贷款展期时，我认为我是有意视而不见的。"保拉·戴利（Paula Daly）告诉我。尽管她事业有成，既是公共部门出版物的自由编辑，又是一名市场营销和设计顾问。戴利一直觉得自己没有人尽其才。开始挣很多钱后，她决定追随自己的梦想，推出时尚品牌Mouse to Minx[1]：脱衣舞娘遇到了马普尔小姐。她深入研究了自己的想法，并在朋友的商店内进行了非常成功的试销。她承认自己"被零售迷住了"，决定赌一把，在布里斯托尔名为"圣诞节之路"（Christmas Steps）的街道上开了一家店，并且住在了店铺的楼上。

"几乎就在店铺开张的那一刻，我便知道我犯了一个错误，没有足够的过路客生意。但我只能继续做下去了。"商业贷款用完之后，她又签署了一份抵押贷款协议。

"我从一家叫'商界第一'（Commercial First）的公司那里获得了实际上百分之百为高息的抵押贷款。当我开始拖欠贷款时，这家公司毫不通融，对我还不上的部分每月加收接近125英镑的罚款。"

最终，戴利的房产被这家公司收走，她现在靠政府发放的救济金生活，她手里还有一大堆未打开的信件，因为她知道，那是些催她还钱的信，而她已经身无分文了。

1.Mouse to Minx的意思是"腼腆害羞的姑娘变成性感轻佻的女子"，mouse指不擅长社交、腼腆害羞的人，minx指狡猾轻佻的年轻女子。而品牌解释中提到的马普尔小姐是阿加莎·克里斯蒂侦探小说中的人物，终身未嫁，跟脱衣舞娘是截然相反的两类人物。——译者注

债务顾问们说，**这与一个人的智力或教育无关，有时恰恰是那些学识最渊博的人最盲目，因为他们认为他们知道自己正在做什么。**

"我认为生活在这个国家里的人在理财上都是谨小慎微的。"斯图尔德说，"没有典型的债务咨询客户，我们观察每一个人，从不懂英文的人到社会精英都有。在他们身上可以看到共同的鸵鸟情结。一旦遇到麻烦，他们的眼界就变得狭窄。他们指望着下个月，观望着明天，甚至依赖接下来的几个小时，并且会找出一种不致负债的办法以挺到那个时候。很多人只是不能面对这样的现实：他们所设计的交易根本就撑不下去。"

在商界，这被称为"保持现状陷阱"（status quo trap）：**人们喜欢所有事物保持不变。**现状的引力强大，"满足现状"会让人感到舒服，不会感到险象环生，而且也不需要消耗太多精神和情感上的能量。因为现状让人感觉更安全，人们熟悉它，我们对它已经习惯了，所以没有人喜欢改变。改变感觉就像是重新规划河床的走向：既费力又冒险。而臆想"我们不知道的东西不会伤害我们"则要容易很多。

企业经理们对保持现状陷阱忧心如焚的原因是惯性在组织内部施加了一种影响，形成了毫无节制的吸引力。凡是改变，便可能带来冲突、不确定性和危险。而企业的运营环境是动态的，已经够困难的了，不想再找麻烦了。

这种现象在2008年全球金融危机前几年的金融服务业中表现得最为真实。在此之前，但凡还在喘气的每一个人都知道楼价和按揭贷款已经失控了。到了2006年8月，努里埃尔·鲁比尼（Nouriel Roubini）将金融服务市场描述为"处于自由落体"的状态。那年年底，崩溃的势头如此强劲，以至于有一位非常谦虚的观察员阿龙·克朗恩（Aaron Krowne）开始建立自己的网站"内爆测量仪"（Implode-O-Meter），跟踪记录每日次级贷款债权人的消亡，其实他并不具备经济学和金融方面的专业知识。不难看出，美国经济中一个庞大而基础的部分即将崩溃。而所有这些贷款和抵押出自银行又回到银行，这也不是什么国家机密。因此，银行怎么可能不知道它们自身的风险呢？

平心而论，有些银行是知道的，高盛知道，摩根大通也知道。2007年初，坎特·菲茨杰拉德公司悄悄地缩小了它的按揭贷款业务。但多数大银行并没有这种先见之明。原因纷繁复杂，其中一个原因便是，它们没有意识到风险，因为它们不希望危机发生。风险评估方式的任何改变都会引发权力斗争。

帕特·刘易斯（Pat Lewis）率先发现了这一点。刘易斯是一名受过培训的工程师，来自美国中西部，性格直爽，深受人们的喜欢和尊重。他的朋友和同事说他是一个"够义气的哥们"。他于1998年加入贝尔斯登公司，在司库部门工作，最终成为副司库长。一直以来，他尝试着设计一种方法，用来捕捉每个业务部门相对其收益的潜在风险。他希望并假设若是风险和回报比例严重失调，那就表明有些风险被低估了。刘易斯所追求的就是让监控之光照到对公司来说风险较大的每一个领域。你会觉得此举会有帮助，但是，刘易斯却没有得到很多支持。

"因此，我与业务部门的讨论将会是这样的：'我们想搞清楚贵部门的业务风险。'他们会问：'为什么？'如果你说：'是这样，它会提高你们的部分风险补偿金，也是评价你们业务的另外一种方式，净收益之外的一种方式。'然后他们会说：'你指的是风险指数过高。'他们知道一个较高的风险指数会影响他们的薪酬。相反，如果你说：'好吧，我们只是好奇，并希望用另一种方法审视你们的业务。'他们则认为你那是瞎耽误工夫。那么，你会怎么做？"

刘易斯是一名长跑运动员，他不会轻言放弃。整整3年的时间里，他坚定而缓慢地开展着这个项目，他建立了一个数学模型，可以实时观测到各业务部门相对于它所利用的资本的风险。最终，经过千锤百炼，刘易斯和他的上司萨姆·莫利纳罗（Sam Molinaro）将他们模型的简化版呈送给了公司的首席执行官吉米·凯恩（Jimmy Cayne），但他以过于复杂为由拒绝了它。

"首席执行官不理解这个项目的初衷，所以他不想在企业内部推行。这也太过于替自己考虑了。我年事已高，有些事情多做无益，所以，我就放弃了。也没有其他的人想接受它。"

凯恩之所以拒绝刘易斯基于风险的资本配置项目，并不是因为它的复杂。他心知肚明，推行该项目可能会在公司政治味道很浓的组织内部引发巨大的改变和冲突，这足以构成威胁：员工可能会损失钱，他们可能会拿不到奖金，也可能会失去现有的地位。

由于缺乏直面冲突的勇气，凯恩的决定造成他的银行在组织上失去了辨识的能力，无法洞悉银行当前所处的状态。贝尔斯登的银行家们（他们喜欢拿别人的钱冒险）不愿意检视自己的风险，这种心态和亲爱的R太太在看到裸露的乳房时的心态如出一辙。

在贝尔斯登公司崩溃之时，帕特·刘易斯已经在参加面试，他现在是坎特·菲茨杰拉德公司的总经理。对于迟钝到令人沮丧的老东家，他没有丝毫的留恋。"在贝尔斯登，"刘易斯回忆说，"员工对无秩序心存畏惧，如果有人干涉某个业务部门，他们会撒手不管。没有人想成为混乱的煽动者。想被炒鱿鱼的话，最可靠的方法就是做一个捅娄子的人。"

当然，帕特惹的唯一麻烦就是他试图更加清晰地了解公司的业务。他的与众不同之处在于，他准备好了要忍受重重的阻力。但我们中的多数人没有帕特这种毅力，大都选择沉默，而沉默则是一种惰性。在一项开创性的研究中，斯特恩商学院的两位教授研究了一种现象，她们称之为"员工沉默"：对于她们在自己周围看到的问题，员工不愿意明确地表达或讨论。伊丽莎白·莫里森（Elizabeth Morrison）和弗朗西丝·米利肯（Frances Milliken）则挑战了整个学术上的陈规陋习，她们既不古板，也不迂腐，而是在日常工作、生活中找到了丰富的素材。

"我们部门有了一项新计划，并召开了一次大型会议来讨论它，"莫里森回忆说，"每个人都在谈论此事，以及它有多么糟糕。"

"新计划激起很多人的反感，大家议论纷纷，焦虑万分。"米利肯补充道。

"之后我们赶到了会场，计划提出来了，然而，全场却鸦雀无声！沉寂，真空，啥也没有。一个抱怨的词也没有人说。计划直接顺利通过。当时我们就觉得这也太有趣了。我想知道在别的场合是否也会这样。"

她们设计了一个研究项目，尝试理解组织中的沉默现象，而她们的发现令人震惊。在对跨部门的经理进行访谈时，足足有85%的人表示他们有时会觉得无法向上司提出问题或表达担心。只有51%的人表示他们对提出问题或者将问题挑明真的感到愉快，不过也有15%的人说他们感到从来无法公开地表达自己的想法。

一位在非营利组织工作的受访者说道："当在研究过程中出现漏洞时，我们一般跟这个项目的负责人啥也不说。"

"我对一些政策表示担心，"另外一位受访者说道，"却被勒令闭嘴，我变成了一个找麻烦的人。这让我以后做事变得冷漠、超然，让我变成了一个好好先生。"

其中一位受访者给人的印象特别深刻，他说起一位从事金融服务业的同事正被逐步淘汰，他感到不公平。

"我觉得从道义上应该有所行动，"他回忆道，"但是最后，我啥也没做。"

在米利肯和莫里森的研究中，有一个反复出现的主题，**那就是人们在工作时保持沉默，像鸵鸟将头埋进沙子里一样，把自己想说的话咽到肚子里，因为他们不想激发冲突，变成惹是生非的人（或被人贴上这样的标签）。他们可能对现状不满，但利用沉默的方式，他们忍耐着，相信（也确信）现状不可能被改变。**

当我复制莫里森与米利肯的方式对欧洲雇员进行研究时，得到的结果总体上大同小异。但比较突出的是，受访者对沉默原因的解释有所不同。美国的经理人沉默是因为怕被打上刺头的烙印，而英国的高管则认为说出自己的想法也是徒劳，不会改变什么。我不太确定哪种情况更糟，忧虑还是徒劳感？但两者都意味着大量的洞察力、意识和知识每天都在世界各地的组织中流失。

解读这些调查研究是一件极其痛苦的事情：在某种程度上，几十个聪明的、有归属感的和有良知的人放弃了自己的话语权。他们认为自己无法改变现状，于是就俯首投降了。这种做法最可怕的地方在于，他们假装看不见的决定反过来又导致他们的上司也变成了睁眼瞎。上司怎么能看到员工不想向他们展示的问题呢？他们的沉默只能产生一种结果，那就是盲人骑瞎马。

让人感到同样悲哀的是，此项研究是如此真实。写这些文字时，我正担任一个组织的董事，但这个组织已经胎死腹中了，因为它不能面对一个单一的、关键的问题。每个董事会成员在私下都会谈论这个问题，但从来没有人在会上提及。谁都不愿意面对争执。所以整个组织就这样随波逐流，耗费着时间和资源，却没有取得任何进展。对这个组织来讲，经济衰退反而带来了福音，它分散了人们的注意力，帮助每个人讨论衰退的后果，而有意地忽视让人痛心的旧伤，这些伤口是溃烂的脓疮，没有人想触碰。多位董事会成员表示不愿把问题提出来，因为他们不知道该怎么解决它。但是，只要问题不暴露，就肯定无法被解决。这就是鸵鸟行为的隐性成本：不管你的头是埋在沙里，还是只贴在地面上，"顾头不顾尾"的行为根本无助于保护你自己。你不可能解决一个每个人都拒绝承认的问题。

都知道有问题，却没人说出来

2001年，我不得不解雇了一位一直为我工作的高管。我记不起所有的细节了，但我清楚地记得接下来发生的事情。几名员工走过来说，他们很高兴他离开了。但他们高兴的原因对我来说就是个新闻。他们很高兴摆脱了一个性骚扰者。我完全不知情。我们在一间大型开放式办公室里工作，我几乎可以随时看到每个人。我竟然什么都没察觉。我本可以知道的，也应该知道；我要对这种有意视而不见负责。但为什么没有人告诉我呢？

认识我的人都不会认为我会容忍性骚扰。但当我问为什么没有人来告诉我发生了什么事时，我得到的答案很复杂。忠诚的同事看到我手头上有很多工作要做，不想加重我的担忧；他们喜欢这家公司，不想破坏它的稳定；他们不确定其他同事的感受，也害怕在一个相当和谐的组织中引发分裂。没人想成为冲突的预告者。就在莫里森和米利肯做研究时，我却在现实生活中看到了他们所写的事情，而且就在我的办公室里。

梅里埃尔·申德勒（Meriel Schindler）告诉我，"有关性骚扰的法律是明确的"。作为伦敦一家大型律师事务所的律师，她定期就这些问题向客户提供建议。《2010年平等法案》（*Equality Act 2010*）明确规定：侵犯他人的尊严，或制造恐吓、敌视、贬低、羞辱或冒犯他人的环境，这些行为都是违法的。违背他人意愿发生性行为或因性要求遭到拒绝而对他人不利也是违法的。

"一般来说，人们明白有法律，知道发生在他们身上的事情可能是违法的。"申德勒说，"但很多人很少觉得自己有足够的影响力或信心坚持自己的立场，尤其是资历较浅的人；人力资源部门可能会建议他们罢手，忘记这段经历，就像它从未发生过一样，甚至帮助他们这么做。"让加害者离开是非常少见的。实际上，提出索赔需要索赔人强烈坚持才行。

在一生的大部分时间里，女性经常遭受某种形式的骚扰，但很少有人做出激烈的举动。这一现象就像紫外线一样，看似无害，却是暗中为害。

"在学校时，一切都是从小事开始的，"一位大学生告诉我，"若有人朝你吹口哨，老师会叫你不要理会。你的那些老师啊！然后你参加现场演出，那帮家伙围在你身边，触摸你，你无法移动，也无法真正阻止他们。在大学里，男生从你身边冲过去，张开双臂，手指轻轻掠过你的胸。晚上走路回家时，那些家伙会对着你露出他们的私处。而这些事情每个都是可悲的小事，你觉得没有必要大惊小怪。因此，你学着避免这些情况。"

"你知道我们为什么要喝烈酒吗？因为你会一饮而尽，这样就不会留下足够长的时间让别人往里面放东西。我们都知道这一点。这就是有时跳舞时我们会把饮料拿在手里的原因，不过，这样也有危险，因为你不会一直盯着你的饮料。"

"面对这些侮辱和冒犯，你告诉自己这并不重要，但这只是意味着你不重要。或者你才是问题所在。你没有那么重要，不太像人。当你这样想时，你就不可能是那个站出来说有问题的人。你为什么要这样做？你的看法不受重视。"

一些在别人看来可能轻微的冒犯，却会伤害受害者的尊严和自尊，让他们毫无防备。他们知道随和、开朗、容易共事是每个人都想从自己身上得到的。当我和医生、律师、学者、工程师、演员、技术人员、机组人员、管理者、政客和金融家交谈时，他们都说同样的话：我们不想吵架，不想总是成为抱怨者，也不想让人当成难以相处、动不动就生气的泼妇。仅仅去捍卫自己拥有一个安全的工作场所的权利就让他们感到了与众不同的危险。在看到少数（如果有的话）案件得到解决，并对受害者有利时，他们断定提出自己无法获胜的抗议是没有意义的。恐惧和徒劳感使得性侵犯长期存在。

在娱乐和金融服务等行业，性骚扰一直是一个公开的秘密。很明显，多年以来，好莱坞的很多人视哈维·温斯坦为猎艳者，但只有少数几个受害者互相谈了谈，其他人什么也没做。在互联网发展的初期，网络企业数字娱乐网（Digital Entertainment Network）被认为是一个恋童癖圈子的窝点，甚至它就是这些变态的一个幌子，以名利为诱饵，承诺将有希望的年幼的孩子带进好莱坞。曾对该公司进行过调查的约翰·康诺利（John Connolly）称其为"盲人产业园"，因为对未成年人赤身裸体泡在热水浴缸里的镜头，微软公司、戴尔公司、戴维·格芬（David Geffen）、迈克尔·赫芬顿（Michael Huffington）和布赖恩·辛格（Bryan Singer）[1]等投资方全都刻意视而不见。直到1999年临近公开发行股票时，该公司才第一次遭到公开指控，美国联邦调查局的调查迫使其关闭。但很多参与其中的人至今仍在好莱坞工作。

1.戴维·格芬，美国娱乐业大亨，梦工厂创办人之一。迈克尔·赫芬顿，美国石油大亨。布赖恩·辛格，美国知名导演，代表作有《X战警》《金刚狼》等。——编者注

在这种情况下，受害者的沉默会被认为是顺从，反而让伤害雪上加霜。"#MeToo（我也是）"运动[1]揭示出性骚扰一直普遍且持续地存在。在英国，2/5的女性和1/5的男性表示在工作中经历过不受欢迎的性行为。那些处于弱势地位的人情况更糟，比如零工时合同[2]工、自营职业者、实习生或初级职位者，其中弹性工作者中有43%的人报告在工作中遭遇过某种形式的性骚扰。例如，酒店服务员很少抱怨客人在他们面前露阴或自慰，因为害怕丢掉工作，从而失去养家糊口的收入。我曾经住过伦敦酒店，当我询问房间清洁工的经历时，她说这是一个长期存在的问题，这就是她在工作时总是设法敞开门的原因。她为什么不向她的经理投诉呢？"因为我是个无名小卒。"

尽管"#MeToo"运动和"#TimesUp（到此为止）"运动[3]让人看到了改变的希望，但需要过一段时间我们才能知道它们是否足够强韧，从而让受害者不再对讨论性骚扰有强烈抵触，让管理者也不再不愿面对性骚扰。我跟医生、教师、教授、政治家交谈过，尽管他们获得了专业上的声望，也是成功人士，但仍然不知道该做什么或如何应对。他们必须牺牲自己的地位和来之不易的成功来大声疾呼吗？他们很不愿意被人设定为一个受害者的角色，以至于自己及其年轻的同事都得不到保护。他们不瞎，但有些人还是愿意

---

1. "#MeToo"运动是从美国兴起的反性骚扰运动。2017年10月哈维·温斯坦性骚扰事件后，社交媒体上开始广泛传播这一主题标签，用于谴责性侵犯与性骚扰行为。社会运动人士塔拉纳·伯克（Tarana Burke）在此之前数年便开始使用这一短语，后经女演员阿莉莎·米拉诺（Alyssa Milano）的传播而广为人知。米拉诺鼓励女性在推特上公开被侵犯的经历，以使人们认识到这些行为的普遍性。——译者注
2. 零工时合同（zero-hours contracts）指雇主没有义务为雇员提供最低的工时数，可自由改变雇员的工作时间，甚至无须保证有任何工作时间的合同。该词主要在英国使用。据2016年9月《卫报》的报道，英国国家统计局估计有超过90万零工时合同工，占就业劳动力的2.9%。——译者注
3. "#TimesUp"运动是2018年数百位好莱坞明星发起的反性骚扰运动。——编者注

装瞎。

2017年，随着"＃MeToo"运动的势头高涨，不少知名人士似乎以令人难以置信的速度失去了职位。这让我感到诧异，大型企业是如何做到迅速、安全地解雇高级人物的？受到指控后的离职速度远比任何调查允许的速度快。怎么会这么快就发生如此多的事情？

"'档案'，一位美国律师向我透露说，'我们有档案。自始至终都有。当你的业务依赖某个著名人物时，你需要知道他们在做什么。他们是一种投资，这意味着他们也可能是一种风险。监控你的风险是你的事。而你视而不见，直到问题显现出来，然后，你就做好准备吧。'"

我的知心女友不会也不可能对每一个案例都有权威的说法，但她坚持认为她看到的足够多，所以知道。除非迫不得已，没有人会愿意牺牲一个超级明星或一个表现出色的人。

管理层不想知道，很多受害者自己也宁愿其他人不知道。就像深切渴望不失尊严和尊重一样，感觉"自卑"也是一种有效的让人闭嘴的消音器。那些遭受性骚扰的人不希望自己的余生始终背着一个"受害者"的标签。按照林赛·雷诺兹（Lindsey Reynolds）的说法，"没人想成为扫兴之人"。她和她在美国约翰·贝什（John Besh）餐馆的多个同事描述说："几乎每天都被性骚扰和言语攻击……遭受粗俗无礼的评头论足、带有挑衅的不受欢迎的触摸和性挑逗，而经理和主管会宽容，有时甚至是鼓励这些行为。"这些事件大多发生在公共场所，而且不是没有人看见。但扮演扫兴者的角色让人望而却步，多年来，雷诺兹和她的同事们都守口如瓶。作为角色楷模（role model），她们想起了美国律师兼学者阿妮塔·希尔（Anita Hill），她投诉最高法院大法官提名人克拉伦斯·托马斯（Clarence Thomas）性骚扰，但她遭到人格诽谤，托马斯反被任命为大法官。看到她公开痛斥施害者却落得如此下场，人们不会再想冒风险步她的后尘。

没有人想终其一生被人当成一个受害者。这让很多有正当理由和动机保护自己、朋友和同事的人保持沉默。忍受性骚扰的耻辱，从而挽回尊严和自尊的强烈愿望使受害者转而生自己的气，并失去了行动的名义。悲剧在于，在试图避免公开受害者的身份时，付出的代价是个人成为无声的、无形的受害者：他们产生一种认为自己不值得保护、不配拥有尊严或获得尊重的感觉。

如今，没有人可以声称对性骚扰一无所知，也没有任何能让人原谅的借口可以解释一个组织为什么没能消除性骚扰。但我仍然对人们没有兴趣解决这个问题感到惊讶。一位咨询顾问向我表达了自己的担忧，他说："我希望电影明星不要只关注下一个热门事件。"他欣然承认在他的职业中存在性骚扰，但他的话暗示名人应对我们现在无法装瞎的事情采取行动，不应是他，也不应是我们。我能听出有意视而不见是他说的核心内容。

没有人想知道真相

美国蒙大拿州的利比镇地处偏远。它在加拿大南部65英里处，距蒙大拿州的首府海伦娜有7个小时的车程，离它最近的大城市是华盛顿州的斯波坎，距离也有3个半小时的车程。但是，当你跨越爱达荷州的边界进入蒙大拿州时，令人屏息的郊外美景便映入眼帘，覆盖着茂密松树林的卡比尼特山脉从冰封的湖面上升起，直入云霄。这就是传说中的美国：辽阔的蓝天、雄浑的景色和原始的旷野。

说到利比人，大家都认为：当你到达利比镇时，你就不会觉得它很遥远。小镇生活着大约2500人，但他们把它建设成了一个让你流连忘返的地方。利比人对游客的欢迎是热情而自豪的。他们并不因缺少交际而对见到你感到高兴。他们高兴的是看到你足够幸运地与他们分享了这个城镇。旅店指南上说，利比的资源包括清洁的水源、清新的空气、秀丽的景色，以及可以近距离接触的自然旅游胜地。可是，我要说，这里的资源是利比的人。

当谈论利比人时，人们用得最多的词是"坚忍"。因为利比虽然风景优美，但也是一个生活艰难的地方。直到20世纪20年代，多数利比人还以伐木为生。这是一项危险的工作，季节性强，很难养家糊口。所以当山中发现蛭石时，情况得到了好转。这里开始常年有人雇工，有些工作在家里就可以做。盖拉·贝尼菲尔德（Gayla Benefield）仍然记得她的父亲珀利（Perley）找到工作的那一天，因为那天恰好是她的生日。

"我爸爸在1954年以前一直没有工作，"盖拉回忆道，"他度过了困苦的一年，生活艰难，突然有一天，也就是1954年的9月17日，他回到家，说他有个生日礼物要送给我：他找到工作了！"

盖拉看上去就像是应该属于这片山区。她有最金黄的秀发和最白皙的皮肤，挪威人的血统非常明显。她属于这里，而且了解它。在她两岁时，父母就带她迁到了利比，在干过一连串令人失望的工作之后，采矿成了她家的一个意外之喜。珀利喜欢这份工作和他的同事，他产生了一种正在做重要事情的感觉。但是，最重要的是他有机会拿到定期发放的薪水、社会保险和退休金。他先在干磨厂做清扫员，并希望有机会升职，直到有一天能够驾驶其中一辆大型卡车。但是，最重要的是，珀利为他自己和他的家人找到了一个有保障的未来。

通用蛭石公司为房屋保温、混凝土、墙板、屋顶甚至土壤改良剂生产原材料。这种原材料似乎无所不能。全美国90%的蛭石供应来自利比镇，而且该镇的原材料被运送到美国各地。尽管这家公司仅仅雇用了大约100个工人，但它貌似是一家重要的企业，帮助了美国的成长。在那里工作还会享受特殊待遇：1959年，珀利吹嘘说这家公司是非常好的雇主，他们给每个人做免费的X光检查。

"爸爸工作起来很是开心，"盖拉回忆道，"所有的工友都喜欢这份矿区的工作，他们情同手足。我父亲非常喜欢操作机器，他奋力开出了一条通往山顶的道路，并且把它平整好。冬季来临时，我们都盼望着下雪，因为这意味着他可以领到双倍的工资。"

但有一件事情珀利并不知情，因为没有人告诉他，那就是早在3年之前就有人担心的矿山的安全问题。当时，国家卫生部门的工程师本杰明·韦克（Benjamin Wake）进行了一项卫生研究，检测了矿山的空气质量。这里尘土飞扬：空气中的扬尘浓度太大，连韦克的真空泵中的过滤器都被扬尘堵塞。这可不仅仅是人们所说的"滋扰粉尘"。

"空气中的石棉具有非常大的毒性，"他写道，"可以预期，吸入石棉粉尘或早或晚必定患上肺纤维化。"

尽管在1964年之前，石棉的毒性尚未确定，但韦克已经知道石棉肺"是一种渐进性疾病，预后不良"。在1958年、1960年和1962年，他又返回了该矿区，每次他都会建议改善可能会保护工人的通风系统和工作条件。但空气中的石棉含量持续增加，雇工数量却升至了150人。没有人告诉工人他们吸进了什么或者它有多么危险，虽然州政府当局正在监督矿山，但他们也从来不将发现的情况告诉任何人，而只是将情况反映给公司的高管。公司提供的X光检查曾经被珀利夸耀为真正免费的礼物，但是，检查结果证实了韦克的预测：在接受X光检查的130名员工中，82位已经有肺部疾病的症状。但是，这些情况没有被告诉工人，也没有被告诉医生。

1961年，盖拉嫁给了加里·斯文森（Gary Svenson）。当时他还是一名军人，在返乡之后，他也来到矿山工作。但与珀利不同的是，他讨厌矿山。

"当我退役后，盖拉的父亲帮我在那里找了一份工作。我不喜欢这个工作，我讨厌扬尘。你要把矿石装进麻袋，然后将麻袋重重地扔到地上，扬起的尘屑都钻到鼻子里了。我们发了防尘口罩，但是没有人用那玩意儿，因为不消15分钟，它就覆满灰尘了。"

加里仅仅在矿山干了4个月，在离开后加入了汽车特许经销商的行列。

但就在那一年，在纽约证券交易所上市的美国大型公司格雷斯（W. R. Grace）收购了该矿山，生产真正开始迅速发展。当时，医疗机构和格雷斯公司都知道石棉有毒。利比镇的蛭石销往美国各地。公司的防火涂料"火力克"（monokote）到处被使用，即便是在一些地标性的建筑如世界贸易中心，它的钢支撑梁也用上了这个产品。1969年，世界领先的石棉权威估计，喷涂石棉的人在从事这项工作后没有能活过20年的。但是在利比镇却没有人知道这一点。1969年的一个试验表明，这家干磨厂的大型堆垛每天产出24 000磅[1]灰尘，空气中的石棉含量高达20%至40%。利比镇的矿山有几个这样的堆垛，而且产量在持续增加。

但是，珀利在工作中的快乐并没有给他带来幸福的生活。1964年，他去看医生，被告知有心脏病，应当在矿山换一份较为轻松的工作。他当时只有52岁，但经理还是设法为他找到了一份更轻松的工作。在他胸部疼痛加剧的日子里，他在矿上的朋友给他捐款捐物，帮他渡过难关。

盖拉告诉我，"他说：'我很幸运，患了心脏病后他们还让我继续工作。'"他真的非常感激。工友们会帮助爸爸上台阶或者帮他搬工具箱；他们一直都在帮助他，因为他不能走路，连两级台阶都上不去。他最大的心愿就是能在矿山待够20年，这样他就能拿到退休金了。但是从1968年起，他的胸痛进一步加剧，他得的病越来越多，之后得了肺炎，开始耽误上班。

1969年，矿长厄尔·洛维克（Earl Lovick）对员工们进行了一项研究。

1.英美制质量或重量单位。1磅合0.45千克。——编者注

据精确的统计数字，他发现工作"1至5年的员工中虽然有17%"患有或疑似患有肺部疾病，但是在此工作了11年的员工患病率显著上升（45%），工作了21至25年的那批员工患病率则攀升至92%。

这时珀利已经在矿山工作了15年。1971年，厄尔·洛维克戒了烟，并且做了一次手术，将胸膜斑从肺部切除。但他手下的人继续在矿山工作，丝毫不知道他们正在装卸的是什么，或者它有多么危险。59岁那一年，很快就可以领取退休金时，珀利去世了。盖拉开始寻思，一定有什么事情不对头。

"让我感觉事有蹊跷的是员工离世的悲惨方式，以及公司从来没有寄过一张明信片这种对待方式。我开始调查，开始和我朋友的父亲们攀谈，还有另外一位工人，他去世时才49岁。我想也许格雷斯公司不知道正在发生的事情。我真的不知道原因是什么，我不知道它就是石棉。"

当时，盖拉在一家电力公司做抄表的工作。她利用白天的时间走家串户，和人们交谈，与每一个人见面。令她震惊的是，有那么多的工人待在家里，坐在后门廊上，用着氧气罐。她与人交谈得越多，她就愈发了解了格雷斯公司是如何发点工资就把他们打发了，并且还与他们私下达成和解，要求他们不得透露消息。这些患者都在矿山工作过。

"随后我妈妈也病了。她去找律师谈我爸爸的案子时，律师听到我妈妈咳嗽，便要求看她的医疗记录。他把她喊了回去，说她患有典型的石棉肺。多年来，她一直去当地的医院看病，把她的病当成肺炎治疗的医生知道是怎么回事，却没有一个人告诉她实情。"

"然后，我想起来了，爸爸活着时，妈妈曾摔坏腿住院两周，我想起医生为她的腿拍过2张X光片，为她的胸腔拍过9张X光片！格雷斯公司进行过一项秘密研究，当时还在进行，通过胸腔X光片了解病情的进展。但问题是：她从来没在矿山工作过！"

玛格丽特（Margaret）从未在矿山工作过，但是这无关紧要。每天珀利下班回家并且拥抱他的妻子时，他都是满身灰尘。他总是把家里搞得到处是灰尘，家里的汽车里也满是灰尘。你不必直接和蛭石打交道也会受到它的污染。整个镇上尘土飞扬，每个人都身处险境。

1990年，格雷斯公司关闭了矿山。产品需求量的下滑，加之持续增加的负债让企业难以为继。但是，这并不表示格雷斯公司与这个小镇的关系就结束了。他们知道他们给原先的雇工及其家人留下的是长达几十年的负担，几十年前他们就知道。

盖拉的母亲应从格雷斯公司得到10万美元的庭外和解费，而最终只收到6.7万美元。单单是把医药费的收据进行加总，盖拉就发现，直到去世，她母亲已经花了100多万美元的医药费。

"早晨她还好好的，一到中午，她的肺就肿了。这很可怕，因为她会咒骂爸爸，咒骂这个矿山，"盖拉回忆道，"那时，我的外婆已经99岁了，还接受了一次髋关节置换手术，而我的妈妈连呼吸都困难。她的兄弟直到今天还活着，跳交际舞。我们家的情况就是这样。我们不会善罢甘休的。"

盖拉当然不会就此罢休。她告诉她认识的所有人，几乎是镇上的每一个人。他们中的许多人和格雷斯公司私下达成了协议，该协议不允许他们参与讨论。石棉肺和间皮瘤在利比镇遍地都是，格雷斯公司从收购该矿山的那天起就知道这一点。

就在1996年母亲去世之前，盖拉为母亲的死亡起诉格雷斯公司的请求得到批准。玛格丽特·贝尼菲尔德希望她的死能为女儿带来财富。盖拉说在某种程度上她设法做到了。但是她想要的并不是钱。

"当然，他们费尽周折阻止我。提出给我30万、40万和50万美元。但常常要求我必须守口如瓶，这不是我想要的。我想把它公之于世。我想让每个人都知道这个镇上正在发生的事情。我想能够讨论它。"

"最后一次开价时，他们说给我60.5万美元和一封道歉信。我问他们我是否可以将这个协议发布在网上，他们说不行，于是我也说不行。我必须得到一个他们有罪的判决。陪审团返回时，判给我25万美元的赔偿费，但我得到了那个有罪判决。不过你知道，当地的新闻界没人现身。根本没有报道，只在报纸上有一个文字很少的简介。我们正在起诉一家财富500强的公司，而且这是唯一一次关于间接接触致人非正常死亡的有罪判决。它竟然没有成为新闻。"

对于格雷斯公司给她的家人和她所在的社区造成的伤害，盖拉愤愤难平，并且见到愿意听的人就说上一通。但是大多数人不会听她讲。她已经说服了当地的媒体，但它们受到了格雷斯公司的恐吓，不敢有任何动作。大多数当地的政客也胆小怕事，不敢多言。举目四望，盖拉看到人们正在慢慢死去，受尽病痛的折磨，他们花费巨额医疗费，仍然难逃死去的厄运。即便如此，却没有人想知道真相。

不要当一只鸵鸟

但在1999年，她撞上了好运。一名外地来的调查记者安德鲁·施奈德（Andrew Schneider）从西雅图来到了利比镇，调查研究1872年《通用采矿法》（*General Mining Act*）的一个条款。他偶遇了盖拉，并且耳闻过格雷斯公司以前的一些渎职行为。他注意到了盖拉的故事。当《西雅图邮讯报》的头版报道了此事后，舆论一片哗然。

它先是杀死了一些矿工。然后，附着在辛苦工作的那些工人布满粉尘的衣服上，溜进了他们的家庭，杀死了矿工的妻子和孩子。现在该矿山已被关闭，但是利比镇中的杀戮还在继续。格雷斯公司在1963年收购该矿山时就知道利比镇的人因何死去。但是在拥有该矿山的近30年里，该公司没有阻止它的发生。政府也没有阻止，利比镇也没有阻止，林肯县也没有阻止，蒙大拿州也没有阻止，联邦采矿、卫生和环保机构也没有阻止，对保护公众健康负有责任的其他任何人也没有阻止。

美国环境保护局（EPA）也被请来加入这项最终成为美国历史上最大的

超级基金污染场址[1]的清理工作。

就在盖拉揭露格雷斯公司对该镇的污染知情这一行径的同时，她还发现了令人震惊的情报：不只有被隐藏的X光片，还有偷偷进行的尸体解剖。医生对此三缄其口，政府当局封锁了消息。盖拉发现她的很多朋友和邻居并不想知晓她所发现的真相，没有什么比这更让她感到震惊的了。"若是看到我走过来，人们会穿过街道而去，"她回忆道，"他们躲着我，好像我得了什么传染病似的。他们还说我疯了，或是律师给了我回扣。而说这些话的人，他们自己的家人可能正在把氧气罐拖过来拖过去呢！"

"人们心里有一条防线，他们会说：如果医生认为有什么异常，他们会告诉我们。但是，他们私自扣下了那些X光片，没有告诉任何人！镇长说：'我知道情况真的很糟，可是我们又能做什么呢？'我希望镇上的人挺身而出，把这个问题解决了，但他们反而什么都不说。只管把头埋进沙子里。"

当镇上的人反对该地被列为超级基金污染场址，反对石棉诊所的建立时，盖拉愤怒而且沮丧。她正努力帮助镇上的居民，带给他们知识和金钱，但是，镇上的人不想知道。

"商人和镇上的人都在从矿工身上赚钱！我不明白为什么没有人站出来说：没法再忍受了。可是他们没有这样做。这个社区会让人毙命。我真是百思不得其解。"

尽管现已离婚，盖拉和加里·斯文森仍是朋友，加里听盖拉的话。"这件事情让镇子分裂了，人们不想相信这件事。喜欢这个公司的人和那些讨厌这个公司的人之间产生了真正的敌意。时至今日，仍有矿工相信格雷斯公

1.超级基金污染场址指美国包含有害废物的废弃或非受控区域。——编者注

司没有做错什么事。他们领着工资，有活干，他们得以谋生，对此他们感到满意。"

即使在自己的家庭成员中间，盖拉也遭到了反对。"我姐夫过去常常吹嘘他赚了多少多少钱，说他可以为自己买一个新肺。他这番话可是在我妈妈和爸爸死于肺病之后讲的。6个月之内，他死于一种可怕的疾病。"他的儿子和妻子随后也被诊断患有石棉肺。

"老伐木工会说：'我可以进林子里，然后明天就死了。'但是我会对他们说：起码树木不会回来杀死你的孩子和妻子！制作保险杠标贴的人甚至会说：'不会的，我没有得石棉肺！'没有人有勇气与我面对面，他们只是喃喃自语，不想帮忙。他们只是想否认整个事情。"

"很长时间以来，我赞同总体上'没有那么糟糕'的态度。"勒罗伊·汤姆（Leroy Thom）说道，他现在是盖拉最坚定的支持者。"我有个朋友，明明在家输氧，却要装作安然无恙，我们过去常常一起打保龄球。可是，突然之间，他就那么死了。这真的让我开始思考：也许我对整个事件的评价不是我应该有的。"

勒罗伊在该矿上工作了16年。现在，尽管他被诊断患有石棉肺，但仍经营着一家机械修理店，并且对镇上的"与石棉有关的疾病研究中心"投入了大量的精力。他亲切友善、轻松自在，但他自己说他也经历过认识上的急转直下和情绪上的调整。

"反对诊所的声音很大。过去，有些人去诊所常常走后门。他们不希望被人看到去诊所！但是好在人们相信诊所，尤其是那些病号。还有些人存在着鸵鸟心理，他们不想承认诊所的存在，因为承认了它就等于承认了疾病的存在。这种态度使得社区四分五裂。即使在今天，还有一些工人说这样的话：你又没有缺胳膊少腿。"

盖拉可不是遇到反对就畏缩的人，即使是多年来在利比镇遭遇的沉默的抗拒也没有让她止步。来自老朋友和邻居的坚定支持使她能够坚持将这一有害的事实公之于众。最终，在2000年，美国环境保护局和美国有毒物质与疾病登记署（ATSDR）同意对格雷斯公司所有原职工及其家庭成员，还有1990年前在利比镇住过6个月以上的人进行健康筛查。他们预计约有2000人，结果来了6000多人。然后，他们将筛查的范围扩大到了在利比镇居住或工作过的所有人。盖拉最早的一位朋友和最坚定的支持者莱斯·斯卡拉姆斯塔德（Les Skramstad）已被确诊为石棉肺，他的妻子诺丽塔（Norita）和他的儿子布伦特（Brent）也患有此病。他对镇上每一个居民的感受有着切身的体会。

"这就像是战争期间你在等征兵通知一样，"莱斯·斯卡拉姆斯塔德说道，"就像是你出门走向邮箱，走过很长的一段路，希望那里没有政府寄的那个白色长信封。"

2000年12月，有毒物质与疾病登记署发布《蒙大拿州利比镇石棉肺的死亡率》（"Mortality from asbestosis in Libby, Montana"），报告显示利比镇的石棉肺死亡率是该州其他地区的40倍，是美国其他地区的80倍。

时至今日，盖拉还会收到攻击她的信件，但这只会使她坚定继续斗争的决心。支撑她坚持下去的是一个信念，那就是矿工的妻子和儿女需要帮助，而且必须得到帮助，得到足够的补偿金以及良好的卫生保健。有一个希望激励着她，那就是下一代人不会被迫经受她的父母遭受过的痛苦，她热诚地希望，小镇上的人了解得越多，给住在这里的孩子们带来的好处就能越多。但当她发现利比镇的学校也受到石棉的污染时，她的这种奉献精神遭受重创。

"格雷斯公司曾在1983年检测过普卢默学校（Plummer School）的跑道，发现跑步的人带起来的石棉浓度达到了危险的水平。露天看台的下面被污染殆尽，可那是孩子们游戏嬉闹的地方。到了夏天，溜冰场没有冰，那时它是孩子们玩耍的去处，可是它的底座四周到处是蛭石的痕迹。这是我见过的最让人气愤的事情！这个小镇上的人让人生气，镇上那些了解这种原料的父亲竟将蛭石倾倒在这里，这更让人气愤。那所学校的校长现在已经退休，他非常喜欢孩子，你认为他会站出来说道：也许你们应该检查一下学校。可是，他只字未提！早在1999年，这故事就已经广为人知。可是现在已经是2002年了，我们还是这样，没有一个人提及此事！整整3个年头了，那些孩子就暴露在有毒的环境里。我的孙子踏入幼儿园的第一天便是这种疾病开始潜伏的第一天。

同年夏天，盖拉和她的第二任丈夫双双被查出肺功能异常。他们俩谁都不曾在矿山工作过。

多少年过去了，环境保护局还在不断地在利比镇的各个角落搜寻残留的蛭石，并努力将其清除。2009年6月，联邦政府终于宣布利比镇为突发公众卫生事件现场。早在2002年，同样的努力被美国行政管理和预算局（OMB）的前任官员阻挠。

今天，如果你行至利比镇中心，驻足喝咖啡的话，你坐着就能看到环境保护局的卡车在马路上驶来驶去，将利比公园受到污染的表层土拉走，将新鲜的表层土运回。然而，时至今日，并不是所有人都参与到了清理工作中，仍然有人不想承认。如果你家的庭园得到了清理，而你的邻居却拒绝将他的庭园清除干净，这意味着什么呢？环境保护局是不能阻止风吹拂的。

"仍然有很多人怪我多管闲事，"盖拉说道。她现在宅在家里，基本上不再参与她发起的那些为这个镇带来帮助、带来环境保护局和诊所的活动了。"人们仍会患病，会死亡，企业也一如既往地经营着。当孩子们在学校里玩耍时，仍然要冒着受到损害的危险！但我想让人们得到我父母没有得到的东西。我不想让他们只是回家等死，倾家荡产而死。我认为，正视它要比假装它不存在更有好处。"

她如何解释那么多生活在镇上的人像鸵鸟一样的行为呢？矿山已经关闭，没有了危险的工作，通过忽视健康危机他们能够期待得到什么呢？

"依我看，"她开始说，因为习惯于先有答案，她停了下来，"我觉得，"她欲言又止，"也许他们觉得如果你不谈论它，如果你不看它，它就会离他们而去。他们不想争取。这就如同'皇帝的新装'：如果我们说没问题，可能就真的没问题。"

已经在利比镇住了很长时间的人都在评论当地人的坚忍。他们从不抱怨，他们也不把自己当成受害者。依照盖拉的理解，当他们得了肺病时，他们就是格雷斯公司的牺牲品，但如果他们袖手旁观的话，他们就是自己装聋作哑的牺牲品。

利比镇的故事是一个有重大历史意义的人间悲剧。重要的是要记住，故事的主角是格雷斯公司，是它将它的员工置于危险的境地，继而向他们隐瞒了危险的真相。它掌握了石棉肺、间皮瘤和其他肺部异常疾病的发病率和风险，却不让任何一个受害者知道他们的身体状况。而在2001年，面对堆积如山的、显然无休无止的诉讼，作为一条脱身之计，格雷斯公司宣告破产。在某种程度上，利比人拒绝正视发生在他们身边的事情，因为他们难以相信一家美国上市公司会如此无视员工及其家庭成员的生命，该公司不但草菅人命，而且还侥幸逃避了惩罚。但是让这个悲惨的故事雪上加霜的原因在于，就算真相已被揭露，仍然有许多受害者拒绝正视发生在他们身上的事情。

当盖拉·贝尼菲尔德的母亲同意她起诉格雷斯公司时，母亲是希望打这个官司可以让女儿致富。通过斗争，盖拉知道了自己的力量是多么强大，发现了她能够让自己变得如此聪明，如此见多识广，并能将她想让利比镇变成一个更富有、更健康的社区这一梦想和诉求明确有力地表达出来，这才是她的财富。她渴望改变，并且不畏冲突。仅仅因为她的决心，每个人最终看到了真相，看到了如何能够改变自己的命运。

老普林尼一定会为盖拉感到骄傲的。尽管我们会责怪老普林尼最早描绘了鸵鸟将头埋进沙子里这一错误的形象，但我们不能责备他也是一个这样的人。公元79年，维苏威火山爆发，掩埋了庞贝古城，该城得以保存下来。当人们竞相逃离维苏威火山时，老普林尼径直走进了危险地区，观测、研究并拯救幸存者。他因为一次尝试而丧命。不过，为了纪念他，最猛烈的火山喷发（如印度尼西亚的喀拉喀托火山喷发）被命名为"超级普林尼式"，借以向这位喜好求知而厌恶无知的人致敬。

第六章

服从命令最容易，也最危险

服从是另一种捷径，因为我们相
信他人的水平比我们的高。这样
做既容易又简单。

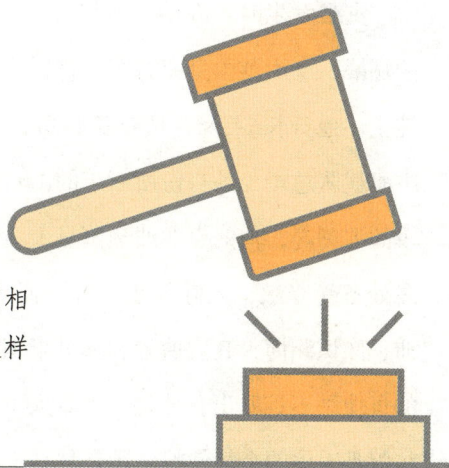

无条件服从

2004年，英国皇家海军舰艇维多利亚号的残骸在的黎波里海岸边被发现。其船首深埋沙中，船身如摩天大楼般笔直挺立。这艘万吨铁甲舰成了358名英国水兵的葬身之所，他们死于英国海军史上最离奇的疏忽铸就大错的事件之一。

灾难发生时，乔治·特赖恩（George Tryon）爵士61岁，正处于其权力的巅峰，身为英国皇家海军中将，他看起来完全是一位维多利亚女王时代的绅士。他身长6英尺，留有长鬓角、络腮胡子和小胡子，其权力并非只是地中海舰队总司令的身份所赋予的。自16岁以海军军官学校学员的身份加入海军的那刻起，他的事业便蒸蒸日上，畅通无阻。他在世界各地服过役，所到之处备受尊敬，人际关系良好，而且大家一致认为，他和蔼可亲、精力充沛、知识渊博，其因博爱和远见卓识受到称赞，但他喜欢恶作剧。从同时代的肖像画不难看出，他是一个令人十分生畏的人，不过现在难以知道这样的相貌是因他的个性使然，还是拜其身份所赐。

显而易见的是，特赖恩真人与他照片中展示的维多利亚女王时代的形象大相径庭。长期以来，他对英国海军的传统进行了深刻的反思，并试图恢复英国海军曾经名噪一时的活力和创新精神。作为海军上将纳尔逊（Nelson）的手下，特赖恩认为，士兵应当受到使命的激励，受托在战斗最激烈时做出自己的决定；唯有如此，指挥官才能对激烈海战所需的灵活性和自发性做出反应。单纯服从命令是危险的，因为海战的很多方面常常是不可预测的。纳尔逊在1805年特拉法尔加之战中的牺牲并没有危及英国的胜利这一事实，正是这种独立性和主观能动性的实证。这就是纳尔逊将军想灌输到海军部队中的主动精神，也正是特赖恩渴望重新获得的军队之魂。

尽管没有给他手下的长官们贴上此类标签，但特赖恩知道他们可能会成为鸵鸟一样的人，他们回避冲突，渴望职业生涯一帆风顺。他采取了不同寻常的措施，鼓励更大程度的开放，特别要求他们要将正常工作过程中可能不会引起他注意的任何风险或者对英国舰队构成的威胁全部告知他。他坚决认为军舰及其水兵的安全永远是首先要考虑的问题：仅仅服从是不够的。在一个充满服从和恐吓的年代，他拼命想要激发部下树立足以应对海军遭遇战中最严重的威胁和不可预测之事的自主意识和独立意识。用今天的话讲，你可能会说他喜欢开放式管理，而不是事无巨细的控制。他的主张备受争议，甚至有些激进。很多和他同级别的人坚持非常详细地发号施令这种做法，通过旗语发布信号，但这种方式冗长、缓慢，而且在硝烟弥漫或混乱的战争中难以被看到。对特赖恩来说，这个问题不是理论性的，而是一个生死攸关的大事。他有时会故意沉默不语，相信这是让他的部下学会在不可预测的环境下如何为自己着想的最好方式。

1893年6月，特赖恩参加了一场演习，他指挥英国皇家海军舰艇维多利亚号，并率领6艘战舰组成的纵队；他的副手海军少将马卡姆（Markham）

率领第二支舰队，这是由5艘战舰组成的纵队，与特赖恩领导的纵队平行航行。特赖恩发出的命令是每个纵队进行180度的转向。但是每艘战舰完成转向至少需要730米的空间，当时，空间不足以让两个纵队完成转向还不发生碰撞。因为命令模棱两可而且危险，马卡姆犹豫不决，他确信命令的意图不会是将战舰调转到对方的航线上。当看到舰队没有后续行动时，特赖恩发出信号，实质上是说"你们在等什么？"，这种有点公开的谴责促使马卡姆不得不采取行动。据说，直到灾难到来前的1分钟，他都希望命令会改变，但他还是照命令做了。

命令没有被撤销或者改变。 两艘巨型战舰在劫难逃，撞在一起，造成了皇家海军历史上在和平时期人员伤亡最惨重的事故。短短13分钟的时间，维多利亚号倾覆，乔治爵士也被它带走。他最后说的话显然是"这全是我的错"。两艘战舰和两舰上经验丰富的水兵怎会如此视而不见呢？军事法庭永远无法充分地做出令每一个人感到满意的解释。死去的特赖恩当然无法解释或为自己辩解了。马卡姆幸免于难，因为服从命令，他既受到了责备，又被证明没罪，"如果马卡姆将军拒绝执行转向的命令，维多利亚号可能就不会出事。"当时的两位将领这样写道，"然而，马卡姆将军理应接受军事法庭的审判，没有人会对他表示同情，因为没有人认为他避免了一场大灾难。简而言之，无条件的服从是在军队服役之人所要遵循的唯一准则。"

亚历克·吉尼斯（Alec Guinness）在伊林喜剧[1]《仁心与冠冕》（*Kind Hearts and Coronets*）中饰演了一个类似特赖恩的角色，该角色兴高采烈地撞坏了自己的船。这种拙劣的模仿在今天的我们看来可能荒唐可笑，而对维

1.伊林喜剧，20世纪四五十年代出现在英国的喜剧类型。其代表了英国式喜剧风格与传统，对英国电影影响深远。——编者注

多利亚号而言却是一桩悲剧。特赖恩肯定会这样认为。马卡姆未能发挥主观能动性，而是盲目地服从了命令，这正是问题的核心。特赖恩曾经相信的一切被这场灾难所证实。但与此同时，他的这种荒唐的死亡又让他代表的一切名誉扫地。喜剧也好，悲剧也罢，该事件首先应该被人记住的是服从命令所固有的紧张与困难。

当然，诸如此类的盲目服从并不是军人的专属特征。等级制度及其所需要的行为规范已经在自然组织和人创组织中扩散开来。对人类而言，我们的等级制度具有明显的进化优势：**一个有纪律的组织比一群吵闹而混乱的乌合之众更有所作为**。在组织内部，对各个成员的角色和地位的认同确保了内部的和谐，而不服从命令则会产生冲突和摩擦。相比混乱、争论不休又达不成任何共识的组织，纪律严明又和平共处的组织更能够保护自我和推进自身的利益。青睐等级和服从的传统论点当属于社会契约的范畴：为了确保集体的安全和特权，在某种程度上牺牲个人利益是值得的。

心理学家意识到这种社会契约不仅仅是功利主义的。人类的幸福很大程度上取决于我们能否为一个超越自身追求的目标做出贡献，但很少有人能凭一己之力实现这种宏大目标。我们需要别人帮助我们建造美术馆或棒球场，取得科学突破，解决有挑战性的问题。因此，我们要将一些自主权交给拥有更大目标的权威，这样一来，我们就对它负有责任了。这听起来可能不像是一种激烈的转变，事实上，我们甚至可能没有意识到变化的发生。但当我们一切行动听指挥时，我们的行为和所见所闻就会发生深刻的变化。

服从是本能吗？

　　斯坦利·米尔格朗（Stanley Milgram）是研究服从的出色心理学家，作为一名社会科学家，他对超负荷的城市生活有着深刻的思考。由于对大屠杀的描述迷惑不解，米尔格朗试图弄明白一点：若任务在道德上令人憎恶，而且照做没有奖励，拒做也不会受罚，此时，个人是否仍会对权威人士言听计从，服从或不服从的原因又是什么。用现在的专业术语来说，他可能是在问："服从是一种本能吗？"

　　20世纪60年代，通过著名的19个系列实验，他验证了这一点，每个实验都是第一个实验的衍生品。一位受试者应邀来到米尔格朗在耶鲁大学的地下实验室，并被告知他所参与的实验是为了测试惩罚是否会对学习产生影响。受试者在实验中扮演"老师"的角色，要读一些常用词组给"学生"听，实际上"学生"是由演员扮演的，他们必须指出哪些词组是成对的。如果"学生"答错一次，"老师"必须对"学生"实施一次电击。每次电击的强度渐次增强，从15伏开始，逐渐增加到450伏，而450伏足以致人死亡。"学生"会装出痛苦的样子，以让"老师"相信电击是真的。米尔格朗想要知道的是：在指令与自己的良心逐渐产生矛盾时，这位自愿参与实验的"老师"能将一系列指令坚持执行到多久？即使电击明显造成了痛苦甚至也许是死亡，"老师"还会继续电击"学生"吗？由于停止电击不会受罚，而继续电击也没有奖赏，那么，在拒绝服从命令之前，受试者会实施多长时间的电击呢？

由于这个实验如此知名，重申几个关键点是很重要的，因为这些重点容易被人遗忘或误解。该项实验的初衷与暴力或攻击无关，米尔格朗想要测试的是人对权威的服从。尽管与"老师"和"学生"之间的距离是有关系的，但受试者并没有明显的暴力倾向。实验中也不存在较大的刺激让"老师"继续这项实验。每个受试者只能获得4美元，外加报销差旅费。这项实验的核心在于它"受合作情绪影响"，受试者不会有畏惧或受到任何威胁。任何受试者都可以在任何时候停止实验，或者离开实验室。在现场的权威人士是穿着白大褂的彬彬有礼的科学家，而不是公司老板，也不是军队长官，他们只是假装成研究的客观观察者，而受试者是在为研究提供帮助。

在着手进行这项实验前，米尔格朗问过三组成员他们预期受试者会如何表现，这三组人分别是精神病医生、大学生和中产阶级的成年人。"他们预测几乎所有的实验对象最终都会拒绝执行实验者的命令，只有不超过1%至2%的病态的极端分子会将电击控制板推到极限。"

尽管这只是一个在大学环境中进行的一项学术实验，但对所有受试者来说，这个实验"生动、紧张而且真实"。而米尔格朗的发现让他非常震惊，深受困扰，以至于10年后他才将这项实验的完整记录公之于世。实验结果表明65%的受试者完全服从指令。"在40个实验对象中，有26个人服从实验者的指令直至结束，他们持续对扮演受害者的人施罚，直到发电机产生最大电击电流。在实施了3次450伏电压的电击之后，实验者叫停了实验。"米尔格朗所发现的不是攻击，因为他观察到"那些电击受害者的人没有愤怒，没有报复心或者仇恨。人的确会发怒，他们的确会做出可恨的事情，并对其他人怒气冲天。但是这里没有。实验揭示的现象更加危险：**人类具有泯灭人性的能力，当他们将独特的个性融入更大的组织结构中时，他们确实会不可避免地做出这样的事情**"。

　　这个实验在多次变换形式之后继续进行。米尔格朗的一些同事得知他的实验结果之后非常吃惊，于是他们也尝试进行自己设定的类似实验。在对米尔格朗的实验的批评中，有一种观点认为米尔格朗的实验情境过于依赖演员的表演技巧。也许实验结果可以用这样一个事实来加以解释：演员的演技并不真的很有说服力，因此受试者自始至终都在怀疑他们并没有做出真正的伤害，一切只是不够真实。为了验证这个批评，查尔斯·谢里登（Charles Sheridan）和理查德·金（Richard King）招募了13名男学生和13名女学生参加了一次类似的实验，这次他们不用演员去装疼，取而代之的是一只毛茸茸的惹人喜爱的小狗。在这次改版的实验中，电击的强度在用来演示的配电柜上被夸大，但真正的电击（虽然较轻）确实施加到了小狗身上。"三级电压中的第一级造成小狗爪弯曲和偶尔吠叫，第二级使得小狗跑动和狂叫，最高一级导致小狗连续吠叫，甚至嚎叫。"这里不存在表演差劲毁掉实验真实性的风险。

　　其他条件保持不变：违抗命令得不到支持，也不会受到惩罚，而且实验小组也采用了米尔格朗的脚本，以确保两个实验的可比性。同米尔格朗一样，这个实验小组也询问了一个班的男生和女生（非实验参与者），让他们讲讲期望得到什么样的结果。每位学生都认为参加实验的人不服从命令的可能性非常高。谢里登和金也有兴趣查明男性和女性在实验中的反应是否大相径庭，他们假设"女性可能比男性更不忍心对可爱的小狗施加伤害"。

　　他们又一次错了。男性受试者的服从程度与米尔格朗最初的实验结果接近。但是，100%的女性受试者"自始至终听从电击小狗的指令，直至最高电压"，无一例外。

服从是集体所必需的

米尔格朗的实验经常在多个国家被反复进行（米尔格朗本人希望能在德国将这一实验重做一次，但无奈他英年早逝，不能达成所愿）。在完全服从指令的比率方面，服从率排名前两位的国家是南非和奥地利，而服从率排名末两位的国家为澳大利亚和西班牙。尤其值得一提的是，其中一个版本的实验（实验5）是以安排"学生"抗议为特征的，其服从率从70%上升到了82.5%；抗议的号叫并未使受试者质疑自己的所作所为。时间的流逝也未引发不同的行为。2008年，迈克尔·波蒂略（Michael Portillo）为英国广播公司的一个电视节目重做此实验。他误解了这个实验（他用此实验来提出关于侵略的论点），但实验结果却与米尔格朗的结果出奇地一致。2010年3月，法国的一个电视节目制片人似乎认为重做米尔格朗的实验可以打造一个很好的电视游戏竞赛节目。他们的动机也许不同（而且米尔格朗不喜欢将自己的实验用作此类用途），但他们得到的结果是一样的：大部分受试者会一直进行下去。

米尔格朗的内心挣扎了很久，难以理解自己这个非常令人不安的发现。

而他得出的结论是：**当我们成为集团或者组织中的一员时，我们会改变关注的重心。**

> 尽管（他写）一个受命做事的人其行为似乎有违良心的准则，但就此说他丧失了道德感也是不正确的。恰恰相反，他只是有了和之前截然不同的侧重点而已。他对道德的关注重心现在转向了考虑如何做才能不辜负下达命令一方对他的期待。战争期间，士兵不会过问轰炸一个村庄是善是恶，他也不会因为摧毁一个村庄而感到羞耻或产生负罪感，相反，他会根据完成分派任务的程度感到骄傲或羞愧。

关注重心的转移是问题的根本。它既让我们无视服从之外的其他选择（参与米尔格朗实验的每个受试者都拥有中止的自由），也让我们忽视对自己的作为应负的道德责任。我们如此专注于命令，以至于我们对其他的一切都视而不见。服从命令时，我们只关心自己如何成为一名好士兵，它意味着我们再也看不到自己其实还有其他选择，或者再也看不到我们该为此承担道德责任。马卡姆少将认为他必须服从特赖恩的命令，而当他照做时，该为随后导致的死亡负责的是命令，而不是马卡姆。

换一种方式来思考这个问题，当我们为了追求更大的利益而同意服从权威时，我们会将"个体自我"（负责我们的良心）转变成对整体负责的"社会自我"。最传统的说法是这样的：个体自我生活在家里，社会自我赶去上班。但是，如果你想一下独处时的自己，然后想一下处在伙伴中的自己，你会认识到同一个人却扮演着不同的角色，有着不同的态度、风格和关系。个体自我是一个行动者，有责任心，且独立自主，而社会自我则是一个代理人，与他人共事，并代表着他人的利益。同一个人，不同的角色，不同的重心。

米尔格朗得出的结论是：**重心的转变不是个人的失败，而且服从的问题也不完全是心理上的问题，它是从属于一个集体所必需的和无法避免的问题。** 当个体独自做事时，良心会发挥作用。但是当个人在一个等级体制中做事时，良心就会被权力取代。这是不可避免的，因为如果不这样，等级体制就会形同虚设：良心会过多，群体优势会消失。似乎良心不再是衡量的尺度，而是让位给了权威。这或许可以解释为什么消防员被叫去处理格伦费尔塔公寓楼火灾时做出了悲惨的错误决定。

起初，楼内的居民被告知待在原地，消防员也接到了不准疏散居民的指示。消防员丹尼尔·伊根（Daniel Egan）后来回忆说："这就像是一部电影，人们大喊大叫，惊慌失措，希望有人来帮忙。我的第一个想法是我们需要把所有人都救出来。我能听到塔的轰鸣声。太清晰了。"

很明显，直到凌晨2点47分，"原地待命"的命令才被撤销。而消防队是在 12点54分被召集的。在随后的调查中，伊根说他没有向高级官员表达自己的意见，因为他认为他们已经控制住了火势。

甚至可以说，我们越是把实现一个组织的道德目标作为己任，我们就变得越顺从。**服从被视为承诺的标志。**

在俄亥俄州，一群精神科医生决定弄清楚护士是否会服从医生的命令，即使医生的命令明显会危及病人的生命也照做不误。这项研究有一点非常有趣，它让一个在等级森严的组织中工作的具有高度责任心的团队参与进来。接受询问时，护士们十分清楚他们对病人应负的首要责任，这份责任无疑是他们选择这份职业的初衷。所以，他们怀有高度的使命感和热情，不只是为了他们所从事的工作，还为了他们工作的宗旨。但结果表明，这些并未让他们避免因为服从命令而陷于进退两难的窘境。

在该项研究中有22名护士，其中12名来自市立医院，10名来自私立医院，他们要按照指示将剂量明显过大的药物拿给病人服用。药物本身并未经过审批，也就是说，此药不在病房的药品库存清单上，而且也没有被批准使用。吩咐使用此药的医生将通过电话向护士下达指令，而护士并不认识这个医生（当然，给病人服用的药物只是安慰剂罢了，这样才能保证病人不会有什么危险）。同米尔格朗一样，俄亥俄州的研究小组也招募了33名大学毕业生和护校的护士生，询问他们在这种情况下会何去何从。其中31名学生表示他们不会给病人服用该药物。

但是，实验结果证明，参与实验的22名护士中有21名准备给病人服用该药物。此外，他们并没有对医生的指令表现出真正的抗拒，没有明显地表现出内心经历过任何挣扎，他们甚至没有意识到这样做可能会有问题。只有1名护士拒绝执行，对给出错误用药指令的医生表示了抗拒。其余的护士只是感到有些不高兴或困惑。俄亥俄州的研究小组写道："就护士而言，这种情形下的心理问题在相当大的程度上是在意识阈之下运作的。"最令实验小组感到吃惊的并不是护士服从医生这个事实，而是他们的服从致使他们完全忘记了护理病人的首要职责，以至于他们根本看不到有任何冲突。

俄亥俄州的护士们只参与了一次实验，也只有一次机会可以不遵从医生。但是在米尔格朗的原始实验中，受试者可以多次拒绝执行电击。然而，实际情况是他们正掌控着一个变压器，电压变动区间为15伏至450伏，事实上这可能为他们的服从行为提供了帮助。从来就没有这样一个时刻，让他们突然感到电击的施行似乎是一个绝对的错误。相反，就像婴儿学步一样，受试者是一点一点地学会实施致命电击的。

"从来没有某个时刻会让你觉得这太恶劣了,你必须停止。"这种感叹并非来自参与米尔格朗实验的一位受试者,而是来自美国微波通信公司的一位中层经理沃尔特·帕夫洛(Walt Pavlo)。与医院的情形不同,这家长途电话公司并没有灌输承诺和服从这类高尚道德目标。它真正拥有的是一个高度竞争的文化,并对遵守规则的员工进行大肆奖励。但是帕夫洛说,最重要的是,它让人想成为好员工。

"刚开始时,我30岁,热情而且野心勃勃。事事进展顺利。我找到了一份新工作,有了一个美满的家,而微波通信是一家锐意进取的大型公司,里面全是像我一样既聪明又年轻的人。我很兴奋。"

帕夫洛现在50岁了,他是一个和蔼可亲的人,说话轻声细语,但谈起话来却是滔滔不绝。如果你不了解他的背景,他的严肃可能会让你担心,好像他正被一个挥之不去的问题所困扰。他心绪不宁,即使谈及旧事,他也仍然在寻找新的见解。当我们坐在华盛顿特区一家酒店内时,我们看起来只不过是另一对进行商业会晤的经理人。但是,这场交谈与众不同,因为帕夫洛是一个已经被判决有罪的白领罪犯。

"我的上司拉尔夫·麦坎伯(Ralph McCumber)以前是海军指挥官,曾在越南服过役。他一身军人作风:非常整洁,做事有条不紊。你正好知道他很固执。我不知道你是怎么知道的,你就是知道。"

帕夫洛的工作是确保长途电话运营商偿还微波通信公司的未偿债务。实际上他只是一个讨债人,但是,新创立的公司和新解除管制的行业给他带来的兴奋让他感觉自己比一个讨债人厉害得多,工作也重要得多。他非常敬业。

"每天早晨我4点半起床,大约5点半开始着手工作。大约7点半,我和麦坎伯碰一下头，仔细检查一下有问题的账目。成为麦坎伯的'海军上尉'花了我3个月的时间。"

帕夫洛对微波通信公司很多的运营做法都不理解：他们怎么会允许客户积欠如此大额的债款呢？他们为什么能接受客户发送色情聊天和心灵研究这样的垃圾信息呢？他们为什么会给没缴清欠款的客户回扣呢？但是，帕夫洛是个新人，他相信公司这样做终究有它的道理。同时，他最在意的是给人留下好印象。所以，当麦坎伯来告诉他公司即将实施RIF时，帕夫洛感到焦虑不安。

"什么是RIF？"他问道。

"说白了就是裁员，"麦坎伯解释道，"我们在秋天会解雇一些人，省下几个月的工资，然后到明年1月再招聘。每年都会折腾一次，这样，微波通信就可以捣鼓一下它的年终收益数，也把没有用的人打发走。"

在入职3个月后，帕夫洛接到一项任务，就是解雇一位记账员艾丝莉娜（Eslene）。她年过半百且患有眩晕症。但是，他接到的命令是她必须走人。从帕夫洛的角度看，他不得不在一位亲切的、上了年纪的女士面前做一次坏人，她需要这份工作，至少需要这份工作提供的健康津贴。他还是按照命令解雇了她。

"振作点，"艾丝莉娜离开时对他说道，"你会成为一名优秀的管理者的。"

帕夫洛说他感觉自己像个刽子手，但他并未选择辞职。这样一来，他既可以做一名好员工，又可以赚钱养家。几个月之后，帕夫洛和麦坎伯想出了一个主意，让欠债不还的客户签署本票，这是一种在法律上具有约束力的承诺，保证客户偿还所欠债务。而这些本票代表着微波通信公司的应收账款，因此它们可以被记作资产，于是公司的坏账便消失了。帕夫洛知道这是一种蒙混过关的招数，但是这种方法似乎挺奏效，他也就按照要求继续做下去了。

"当然，从来不会有直接要求做假账的命令，"帕夫洛向我解释道，"其实这只是一种有意忽视罢了。没有人会过问坏账怎么不见了。所以，既然没有人叫停，那你就继续做吧。我们接到的唯一指令便是：别让我再看到那些欠账。不要向我反映问题，把解决方案给我。没有人会深究这些细枝末节。"

"还有一种说法就是：看起来没有人受到伤害。公司运转良好，股东表现很棒，客户仍然在经营着他们的破烂企业。伤害谁了呢？你看不到任何危害，你看到的全是奖赏：升职、奢华的酒店和美丽的度假胜地。因此你只管扭头别看就是了。让你做什么，你就做什么，不必太较真。"

两年以后，帕夫洛开始吸烟，这是他过去所鄙视的行为。他对那些难以清理的烂摊子开始熟视无睹，事实上，他在让这个烂摊子进一步恶化。这已经变成了一个可怕的经历，令他在认知上出现了错乱。做好人和做坏事是不能共存的。他的处理方式就是麻醉自己。

"我恨自己，我恨客户，我也恨公司。因为，那时我心里想：是他们让我做这些的。微波通信把我变成了一个吸烟喝酒和乱签本票的人。不是我，是他们。怎样才能回头是岸呢？我怀着崇高的理想进入这家公司，很快我就不知道如何全身而退了。"

就这样20年过去了，现在帕夫洛已经在监狱里服刑两年了，可是他仍然十分痛苦，试图解开他的一个心结：为什么他明知是错的却还要去做那些事情。多年来，他致力于给大学生及商学院的学生讲授他是如何步入歧途的，希望能帮助他们识别曾经让他跌落的陷阱。他指出，问题不在于你被要求去做一件大坏事，而是一路走来，你都是在迈小步，次数太多了，以至于你从来就没有机会简单地说出一个"不"字。

"我不觉得自己是个坏人。我分得清对错。但是我却对一些非常不理性的行为振振有词，现在那些行为让我震惊。以前我为什么会认为那是正确的呢？我以为我是在做自己分内的事，我做的都是别人让我做的。"

如同婴儿学步一样，帕夫洛越陷越深，开始时他还是在做坏事，后来他就在做非法的事了。他的经历并不多见，不过鉴于白领犯罪的成本惊人，估计占全部营业收入的2%，这种现象并不如我们想象得那样罕见。但在大多数情况下，服从不仅指的是做明知违法的事情，也可能只是简单地听从命令，就像帕夫洛对待本票一样，只是不要想那么多。

起初，服从这些命令似乎并不是什么大问题，也无关屈从，但实际情况比看起来更重要。每一项未受惩罚的违规行为都得到了默许。在剑桥分析公司运用脸书公司的数据之前，脸书公司的大量数据就已经泄露，而利用用户数据的实验是在未经用户许可的情况下进行的。但是，只要没有人抗议或禁止此类举动，它们有什么不妥之处呢？在安然公司，谢伦·沃特金斯（Sherron Watkins）的说法是：连环杀手都是从杀猫开始的。轻微的违规行为没有受到惩罚，这一现象表明该组织对准确性或道德没有警惕。就在安然公司倒闭前几周，沃特金斯是第一个对它可疑的会计方法提出严重担忧的人。但这家美国第六大公司并非一开始就腐败，而是通过放任轻微的违规行为而逐渐滑落至此的。当你做了一件你真的应该知道是错误的事情，却没有因此受到惩罚时，实际上，就像帕夫洛一样，还有可能因此得到奖励，那么，下一次违规就比较容易了。然后是下一次违规。服从一个有害的命令，你就会服从另一个。

帕夫洛的痛苦是个人的，但其困境比你认为的更加普遍：忠诚、敬业的员工走捷径、去冒险，不是因为他们贪婪或残忍，而是因为他们不顾一切地想让别人看到他们的工作很出色。表面上看，富国银行是美国业绩较好但较为保守的银行之一，但在狂热追求增长时，它决定发起Going for Gr-Eight[1]倡议，即要让每个客户都购买其8种产品。大多数员工意识到，这个目标往好了说是过于雄心勃勃，往坏了说是愚蠢至极。从整个行业看，客户通常购买银行的3到4种产品，而不是它的2倍。在无法达成这些目标的情况下，销售主管找到了实现目标的方法：主要是为从未要求或同意购买产品的目标客户创建约300万个账户。一年后，人们发现银行员工也在签发没人要的保单。

1.Going for Gr-Eight是一个双关语，据富国银行前首席执行官理查德·科瓦塞维奇（Richard Kovacevich）的说法，之所以选定"8种"产品，乃是因为gr-eight的发音与great相近，它既表达了努力推销8种产品之意，又暗含了going for great之意，即"成为一家卓越的公司"。——译者注

真实的自我何去何从

在伦敦，奎库·阿多博利（Kweku Adoboli）也落入了同样的陷阱。他是加纳黑人，在约克郡的一所贵格会寄宿学校接受教育，该校的校训是"不是为自己，而是为所有人"，他把它奉为自己的座右铭。作为唱诗班的少年歌者和学生代表，他热心、勤奋，全身心地为支持、鼓励他的机构（学校和企业）做事。实习成功后，他很幸运地获得了在斯德哥尔摩和香港为瑞士银行工作的机会，然后进入了瑞士银行在伦敦金融城的交易大厅。由于看上去和感觉到英国企业热情地接受了自己，阿多博利不禁有了盲目奉献的冲动。

在北岩银行倒闭、全球银行业危机加剧的情形下，瑞士银行的多数高管离职。虽然阿多博利和一位新主管只有30个月的交易经验，却被要求管理一个资产超过500亿美元的交易账户，其数额大致相当于加纳的GDP。做好这项工作意味着管理资金、信贷、外汇、对冲、股息、短期借款和其他产品的风险。你必须了解不同地区监管差异的复杂细节、每个供应商的规则，以及如何交易每种资产类别。毫不奇怪，阿多博利很快就力不从心了。

"由于账户中的一种或另一种结构性问题，我们在前一天损失了几百万美元，很多次我都鼓起勇气向我的一位高级交易员报告，"阿多博利告诉我，"我们做什么可以解决这个问题呢？"答案无一例外是："你是这方面的专家，你需要找到一种可行的方法。"

为了取悦老板，阿多博利利用银行资金进行未经授权的交易，不但输入虚假信息掩盖自己的行踪，还放宽了分配给每位员工的每日交易限额。他声称自己只是想帮忙。只要他让银行看起来很健康，就没人看，也没人关心。

"有时人们会问我们是怎么做到的！但他们只是被告知不要管我们，让我们继续做。而你确实这样做了；你允许它继续存在，因为你是一个好士兵。你在一个舞弊的系统中成了共谋，但你认为你是忠诚的！其他银行都想挖我，但我一直说：我不能离开瑞士银行。我觉得我必须留下来；他们依赖我！"

阿多博利觉得自己已经力不从心，但他认为除了忠诚之外他做不了什么。他只能照吩咐做事。三年后，他发现自己又陷入了困境。他认为市场即将崩盘，为保护他的客户，他想出售资产，却被告知不要这样做。

"该行的研究团队发表了一篇147页的长文，解释了市场为什么会在即将到来的夏季上涨。当然，这是投资银行天生的偏好，因为只有不断上涨的市场才会带给它们更高的佣金和利润。越来越多的高层人士向我施压，要我守规矩。"

他又一次照吩咐做了。"疲惫，迷茫，再加上我现在理解为'资源枯竭'的状况，我屈服了。基于市场会反弹的预期，我们开始交易。这是在7月1日。不幸的是，从7月1日开始，我们持有头寸的一些市场出现高达40%的抛售。由于头脑不再清醒，我们做出了一系列越来越绝望的决定，试图止住不断增加的损失。就像沸水锅里的青蛙一样，我们只是看不到事情变得有多糟糕。"

当阿多博利再也无法隐瞒高达20多亿美元的损失时，他被解雇了。这个好士兵、唱诗班少年歌者、学生代表被逮捕，接受审判后被判处7年监禁。宣布判决时，几位陪审团成员哭了。

遗憾的是，奎库·阿多博利和沃尔特·帕夫洛并非形单影只。他们有很多共同的特点：略显外向，服从自己内心的渴望；信任自己所在的机构，并极力为之奉献；为了获得认可、成就和成功，愿意做任何事情。这都无关乎钱，而是要让人觉得你是可靠之人。后来，当他们意识到自己的过度劳累和不堪重负是一种迷狂时，他们感到茫然，就像从恍惚中大梦初醒，但就在恍惚之时，他们看到或想到的只有老板的需求。只盯着一个方向时，他们完全看不到自己是谁，或者作为个体他们本来应该信仰什么。对于自己的所作所为，他们压根不想推卸责任，即使这么多年过去了，他们似乎仍然感到迷惑不解，自己怎么会如此专注于领导和组织的需求，而不知道真实的自我何去何从了呢。

"失去自我，"阿多博利告诉我，"意味着牺牲我所珍视的一切：我不再秉持自己的理想主义和希望；我不再渴望帮助建设社区和成为家庭的一部分；我不再认为自己可以做出改变和改变他人的生活。"

阿多博利安排了大量抵押贷款，但也于事无补。21世纪初的信贷狂潮造就了历史上可能最听话的劳动力。提出尖锐的问题损失很大，而服从的收益（显然）很大，这是一个能辨识挑战和异议的罕见组织。零工时合同工和因为无固定工作而朝不保夕的人的出现使这种现象得以延续：这部分人完全依赖老板的一时兴致和市场的波动，因此，这种依赖并不牢靠，他们随时有被辞退的可能。即使是为了帮助公司，但当工人冒着失去一切的风险而跨越界限时，不能指望哪个老板的警惕性会提高，或创造力会提升。因此，处于危险之中的不仅仅是绝望的工人；通过确保在质疑或直言不讳时没有人能获得足够的安全感，整个组织将自己置于风险和无关紧要的境地之中。当你为孩子提供衣食住行的能力不断受到威胁时，就不可避免地会牺牲仔细检查、创造和反思的能力。

服从为大公司带来了一个麻烦。1998年，当英国石油公司收购美国阿莫科石油公司后，新公司的首席执行官约翰·布朗（John Browne）下令旗下所有炼油厂要削减25%的固定付现成本。这个命令是一刀切，没有考虑到各炼油厂的具体情况。因此，在之后的3年里，负责得克萨斯城炼油厂的管理层对此进行了全面的复审：维修、服务协议、人员、设备测试和工具。每项费用都在削减，据说连铅笔的数量都在削减之列。

削减25%并不是一个目标，而是一个"指令"，而负责得克萨斯城炼油厂的管理层却执行了它。尽管他们知道该炼油厂在归属阿莫科公司时就已经压缩开支了，但他们还是照做不误，并且置针对工厂安全的再三警告于不顾。英国石油公司2002年的一个内部PPT（演示文稿）是这样说的："如果我们不能在得克萨斯城炼油厂的安全方面取得明显的改善，某位同事或者一位合同工便会死于非命。"一个显示过去20年死亡事故的图表有力地说明了这一点。一份深度报告则显示了基础设施的落后状态，还指出该厂存在较高的缺勤率和大量逾期未检验的存货。第二年，一份安全报告称：得克萨斯城炼油厂的大部分厂区普遍存在"支票簿心理"，即有多少预算就办多大事，而不是为了解决问题而要求增加预算。出了事就归咎于预算，上级推卸责任成风，这些现象的盛行限制了工厂在健康、安全、环境和整体上的表现。预算和健康、安全、环境优先原则并不一致。

缩减开支、裁减人员和减少培训使得克萨斯城炼油厂的每一位员工压力倍增。1994年至2004年间，该厂发生了8起放空罐事件，只有3起得到了调查。仅2004年一年，就有3起大事故致3人丧命。不过，就在同一年，在讨论缩减开支的会议召开之前，一位经理发出了如下邮件：

> 关于25%这个目标，你还有什么地方搞不明白？除非你准备好了保证削减25%，否则我们就要在周一浪费时间来讨论这个问题。我要用我的时间做更多有意义的事情，而不是凌晨3点起床，赶到芝加哥，就为了开一次无关生产的会议！

即使面对再三的警告，伦敦下达的削减成本的命令还是获得了完整而有效的执行。这些警告有的称工厂的基础设施存在安全隐患，有的正如某报告所述，"我们已经将常规预算削减到无法进行日常维护以保持设备的良好状态。我们削减10%，再削减10%，又削减10%……丝毫不考虑这样做带来的风险。"当在得克萨斯城工作的顾问询问其经理，他们是否感觉有任何安全问题未被处理时，那些高管回答说"我没发觉有任何问题"。他们只是遵命削减成本，这是他们的工作重点。

就像没人告诉富国银行的销售人员开立虚假账户，没人指示帕夫洛或阿多博利做假账一样，英国石油公司伦敦总部也没人下令说："削减成本，我们不关心是否有人会死。"他们当然不会这样讲。但是要求削减成本这个指令带来的效果是，人们不再考虑其他方面。当员工就什么是公司优先考虑之事接受调查时，他们都说赚钱第一，成本和预算排第二。尽管现场的经理知道存在安全问题，而且曾经因为事故而极度悲伤，也确实为如何让炼油厂变得更安全而焦急,他们还是假装没有看到问题,并且服从上级的命令。出于同样的原因,被要求削减格伦费尔塔公寓楼包层预算的承包商也没有预见到他们的服从会带来致命的悲惨后果。

当然,这是目标及目标管理的问题。如同帕夫洛的上级一样,他们心照不宣地交流了相同的信息:只要目标达成,我们不关心目标是怎么实现的。服从的力量使得其他方面的考虑(道德标准、合法性、安全性)在那些想做贡献的社会人眼前轻易消失不见了。当阿布格莱布监狱没有经验的监狱看守受到指使要让犯人"服软"时,他们也不知道自己将要做的事情有什么用处。他们只是按照命令去做。即使他们的残酷虐待没有诱取出哪怕是一条有价值的军事情报,那也没有关系:他们服从了那些让人心无旁骛的命令。

即使在巨大的危险面前,等级制度和服从命令也会继续存在。国家运输安全委员会对37起空难的调查结论是:多达1/4的飞机失事是由驾驶舱内部的"破坏性服从"造成的。在一项让人心惊胆寒地想起乔治·特赖恩爵士和皇家海军舰艇维多利亚号灾难的研究中,许多机组人员犯的错误被认为是接受了机长的权威所致,即使机长犯错,他们也盲从。商用飞机的机长享有巨大的权威,他们的驾驶经验(飞行时长)比副驾驶多出3至4倍,许多机长来自军队,不习惯受到质疑。在紧急情况下,只有机长才有明确的权力可以违反常规。这造成的结果是,挑战他们的权威变得极其困难。国家运输安全委员会的研究分析了飞机失事前飞行记录器获取的驾驶舱中的交流,发现如果机长做出错误指令时驾驶员能够表示反对的话,那么,将有25%的空难得以避免。

服从是另一种捷径

服从的力量十分强大，足以让我们对自身的利益视而不见。经典的极端案例是神风特攻队的飞行员，或者说人体炸弹。对这些人来说，服从于一项事业（以及在有些情况下，服从于对无形的未来荣誉的允诺）是一种力量，该力量可以强大到压制住他们的生存本能，让他们视死如归。这些案例常被引证，用于说明文化，即士兵对天皇的爱戴或宗教极端主义的决定性影响。但是在更温和的学术实验中，受试者若被命令去伤害的不是匿名的"学生"，而是他们自己时，结果是一样的。受试者宁愿自残也不愿意抗令不遵。

公司很少为服从问题苦恼，但几个世纪以来，军方一直纠结于此事。从法律角度看，军法规定士兵必须服从命令，除非命令明显违犯法律。如果命令违法，发布命令的长官就要负责任。但若士兵对命令的合法性产生疑问，当优先考虑服从命令。有趣的是，同样的行为规则也适用于律师。我们可能倾向于认为军队中存在盲目服从的文化，但事实远非如此。在米尔格朗实验的志愿者中就有几个人拒绝服从命令，其中一人说他是受到军事训练的启发，因为他接受的教育是：在军事训练中，他有权不服从非法的命令。

第二次世界大战之后的纽伦堡审判不允许以"服从命令"为借口，因为在那里受审的战犯既是高级军官，也是高级政府官员。时间再近一些，设立前南斯拉夫国际刑事法庭和卢旺达国际刑事法庭时，其所依据的宪章也不允许将"服从命令"作为辩解的理由。

伊恩·斯图尔特（Ian Stewart）说："当我们训练年轻军官时，会谈论职责、角色和责任，但从不谈论服从。"他在桑德赫斯特皇家陆军军官学校任教。我感到奇怪，为什么在他们那里不谈论服从呢？

"尽管一些军队外的朋友有时会这样认为，"斯图尔特说，"但服从对我们来说意味着盲从，不用动脑子就可以敷衍塞责，也不用考虑自己所处的实际情况。那绝对不是个好方法，尤其是在目前。如果你像一个齿轮那样做事，就会变得非常容易被人预测将要干什么，那么，他们很容易就可以对你造成不利。"

2017年，英军公布了领导守则，其中没有出现"服从""遵从"和"命令"这些词。相反，它强调的是目的导向型指挥[1]：领导及被领导者之间要相互信任，坚持要求所有人必须做自己应该做的事。总参谋长尼克·卡特（Nick Carter）将军是该守则的编写者，他认为彼此理解和信任是防止盲目服从的根本屏障。

"我们区分训练和军事演习。如果你看到的是精心安排的动作，比如皇家骑兵卫队游行，那是一种训练。它是可预测的，可排练的，不需要个人立即做出决策。演习是切实需要决策的，也是目的导向型指挥理念的用武之

1.目的导向型指挥也称目的导向型战术，它是一种军事指挥风格，其重点是完成任务，而不是完成任务的具体方法。命令专注于提供意图、措施和目标，下级指挥官有较大的行动自由。——译者注

地。它需要你与团队相互信任，达成共识。如果你认为他们有能力释放自己的潜力，就可以在给他们的指示中保持开放的态度。但若没有相互信任和共识，你就只能依靠服从和命令。如果不了解他们，你就不知道是否可以信任他们。所以，导向型指挥是领导能力的基本要素。"

伊恩·斯图尔特说："在桑德赫斯特军校或西点军校，这是一个不断进行的社会化过程。这几乎是更大规模的戏剧性变化。我们把他们带到这里待一年，我说的是志愿者，他们心甘情愿而来，步履轻盈。我们实行军事化管理，将价值观、信仰以及生存之道灌输给他们。不是服从，而是要与团体合而为一。在商业领域，你可以称之为'可靠性'。我们乐意认为我们从事的工作是在鼓励真诚的领导者，如此一来，他们的个人价值与团体价值就会一致。"

在一个同伴压力巨大的环境中，顺从心理与生俱来。军队是如何教导年轻的军官为自己着想，处理可能令他们十分不自在的命令的呢？

"我们非常擅长训练及角色扮演，"斯图尔特说道，"所以我们会故意将他们放到让他们感到不舒服的环境中。军事训练的目的是将一个经过整理的、符合道德规范的行为变成自觉的行为。施加压力、减少睡眠，这正是我们的训练发挥作用的方式。10天之内可能每晚只睡3至4个小时，接受评估，他们可以批评指责，而威胁始终在变化。上周，我们在一座清真寺附近进行了一场训练，命令他们搜查这座清真寺。在场的人明白搜查清真寺并不正确，他们决定采用另外一种方法来应对当时的局面，而又不至于火上浇油。这正是我们希望他们思考的内容。这里不是阿富汗的赫尔曼德省，我们却能够让整个训练非常接近那里的情况。我们如此这般一次又一次地演习，直到达到我们希望的程度，当假戏真做时，人的第二天性便开始发挥作用。这就是军事训练要做的事。"

"他们应该学到的东西是：如果你觉得很不舒服，那就不要做你认为你应该做的事。我们给人们的选择越多，他们参与的积极性就越高，效率也越高。如果你只是让人们按下一个按钮，我们不可能期待他们会认真思考。从来不应服从有违道德的命令。道德层面的尺度必须成为我们行为准则的一部分。但我并不是断言我们总是能在任何时候做出正确的事。"

困难之处在于如何识别不道德或非法的命令。虽然士兵拒绝执行他们确信非法的命令会得到法律的支持，但事实上，很多冲突的模糊性意味着没有人可以确信他们的决定会得到认可。大多数士兵都不是训练有素的律师，而且尽管进行了所有的训练，他们仍然对责任感到迷惑。但至少斯图尔特正在与其学生一起探索。在商业环境中，这种对话很少发生，很多高管愚蠢地以为，推行军事化的指挥与控制会让他们的生活更加轻松。

"我在商学院时也参与过一次类似的讨论，"弗雷德·克劳楚克（Fred Krawchuk）回忆道。他是一位美国陆军中校，在我们交谈时，他刚抵达喀布尔，那里是"摩什塔拉克行动"（Operation Moshtarak）的中心地区。不出你所料，正如在一个高度动荡不安的环境中工作的人一样，他对服从有自己的慎重考虑。

"我是商学院里唯一一位现役军官。我们正在讨论领导力的问题，有人说：'对你来说，弗雷德，领导很简单。你发号施令，部下服从就是了。'可不是那么简单。如果人们不尊重你，不信任你，不用'不理会命令'，有很多方式会让你的命令消失于无形。它可不是非黑即白。"

在前往阿富汗之前，克劳楚克中校曾经是一名特种部队军官，受命于夏威夷的美国印度-太平洋司令部，负责亚洲地区的通信、安全及发展战略。这意味着他要与东道国、当地居民、非政府组织以及当地政府一起工作，在当地非常不安定的环境中进行基础设施建设，包括水、医疗、教育等方面。他说，快速或者简单的解决方案在这里不适合。

"服从命令太简单了。在非常复杂的形势下，比如目前这种处境，过于简单的处理方式根本就行不通。坐等有人告诉你做什么，那是消极怠工。当然，你可以按照命令去做，不过，还有一些别的事，涉及保持正义的勇气，涉及对正确之事的坚持。它可能意味着，你设想一些风险，并且拟写一份表明立场的意见书，或者安排发一份简报，以帮助解决我们眼下正面对的一些困难。你不要只是等着有人告诉你做什么。何时你会选择挺身而出？你能坚持己见到什么时候？作为一个认为我们需要综合性解决方案以面对复杂形势的人，我认为仅仅做要求做的，或者等着有人告诉我们做什么是不够的。我的经验是，我们应花费更多精力解决问题，而不是努力与违法的命令做斗争。"

克劳楚克正在奋力解决的并不是服从命令本身，而是它所产生的副作用，即识别力的丧失。**当你所做的一切只是为了服从时，你就变成了睁眼瞎：看不到后果，看不到可替代的方法，看不到更好的解决方案**。那个深受折磨的英国石油公司经理发出的电子邮件萦绕在我的心头："关于25%这个目标，你还有什么地方搞不明白？"这句话给人的感觉是，如果削减成本的命令没被照做，结果会是多么令人绝望，多么可怕。在这种情况下，克劳楚克所推崇的独立思考是绝对不现实的。工业化的管理方式以及完全陷入官僚主义的岗位说明书、工作目标和关键业绩指标（KPI）将逐级下达，但这是以个人的诚信和责任感为代价的。当内政部宣布要采取不利于移民生活的措施时，该政策会被迅速转化为数字，只要达到这个数字就可以了。当然，这些数字使人们更容易忘记其背后所代表的人付出的代价。甚至在发现这些目标破坏了很多完全有资格留在英国的人的生活之后，那些负责任的人仍然没有想到要质疑这项政策。

前国务大臣赛义达·瓦尔西（Sayeeda Warsi）后来承认："在那些年里，不幸发生并且持续存在的是我们对数字有一种不健康的痴迷。我们执着于不切实际的目标……而最终的结果是，我认为，我们现在实施的政策产生了意想不到的后果。"

只要我达成目标，怎么做有关系吗？这些做法的实际含义重要吗？如果销售团队需要每个客户有8个账户，谁在乎它是如何做到的，或者它是否不对？如果大楼着火了，而我又不是消防局长，拨打999就不是我的活。

米尔格朗的实验表明，不管我们在多大程度上认为我们不会服从命令，多数人还是会照做不误。**服从之所以变成了一种默认行为，至少部分原因在于服从的对立面是反思和独立思考，它们都需要费点劲才能做到。服从是另一种捷径，因为我们相信他人的水平比我们的高。**这样做既容易又简单。特别是当我们感到疲乏、心烦意乱或者不想惹是生非时，我们更易于选择服从。它将导致我们视而不见的所有因素加以放大，并且使其得以彰显。

从纳尔逊提倡的主动性一直到无条件地服从命令，军队必须全力以赴完成各种类型的服从。从英国皇家海军舰艇维多利亚号的沉没，美军在越南美莱村的大屠杀，一直到阿布格莱布监狱的虐囚事件，很多悲剧或惨案的发生迫使军人就服从命令对理智提出的巨大挑战进行反思。这使得他们对服从所赋予的力量充满戒心，对公司的执行官来说，这是他们应该考虑的一种谨慎。因为每天都在与生死打交道，军人们认识到犯错的代价太大，而且损失无法弥补。但是，弗雷德·克劳楚克关于自己就读商学院的故事是在告诉人们：他的商学院的同学似乎羡慕他们想象中的军人服从模式，即只管做告诉你的事，不用考虑它的危险性，以及是否合乎时宜。

尼克·卡特将军的目的导向型指挥理念与服从大相径庭，它的优势在于高度信任，士兵可以在距离中央指挥部数英里的地方现场做决策。但它所依赖的相互理解需要长期的承诺。临时工甚至可能彼此不认识，更不会在乎老板是谁，他们担心的是如何付房租和养活孩子，这样一群高度不稳定的劳动力无法采用这种方式工作。这就意味着服从将会接管一切，也就能解释为什么在一月的一个寒冷夜晚，医院保安公开把一个神志不清的生病的女人扔在了巴尔的摩的雪地上，而她只穿着医院的病号服和袜子。弱势工人的危险在于，他们很可能完全按照指示去做，不管指令是对还是错。

在军队中，盲目服从不被看成一个令人钦佩的目标，这足以让执行官们三思而行了。将责任归咎于少数几个"害群之马"恰恰不是一个人领导能力的体现，承担领导责任才是其核心要义。如果商业和政治领袖们想知道为什么他们失去了公众的信任和尊重，不妨考虑一下自己的指挥和控制系统离一线有多远；自己痴迷目标到什么程度；自己是否强迫员工追求经济和财务的增长，从而为破坏法律、毁坏生活和撕毁社会契约创造了条件。在商界和政界，大多数最严重的错误都缘起于执行官的急功近利，他们热切地讨好别人，渴望得到奖励，并且深信无条件的服从是他们取得成功的必由之路。谁更容易有意视而不见呢，是相信盲从的执行官，还是纵容他们盲从的领导？

第七章

所有人都听话，这个组织就完了

我们都会在一定程度上被同化，如果我们不能被同化，社会便会停止运转。从众的最大危害是归属感会让我们对危险视而不见，而且还会鼓励我们冒更大的险。

从众行为是自愿的

　　沃尔特·帕夫洛一刻不停地写着本票。随着美国微波通信公司的坏账数量激增，他发现自己和骗子、冒充内行的人待在一起的时间越来越多。

　　"无论你朝哪里看，"帕夫洛回忆说，"每个人都在拼命弄钱，为自己捞油水。在微波通信公司，销售部门在网络上偷偷揭发那些赖账的人，财务部门写些没有价值的本票，会计部门则负责隐匿公司过期未付的余额。公司网络上的客户正在敲公司的竹杠，而我为了公司的利益还要为他们掩饰。"

　　和帕夫洛共事的每一个人好像都在敲诈别人。这些人中最引人注目也最危险的要数哈罗德·曼（Harold Mann），他梦想着有朝一日能经营一个将上下游业务垂直整合的大型色情帝国。曼欠着微波通信公司的钱，因此他才和帕夫洛见过面，当然，他也欠一个叫TNI的小公司60万美元。而TNI欠微波通信公司200万美元。有一天，曼找到帕夫洛，充满热情地告诉他一个想法。曼将会接手从TNI公司那里讨债的活。但是他拿到的钱不会给微波通信公司，而是留给帕夫洛和曼自己用，而帕夫洛再写一张本票就可以掩盖此事。正如曼指出的那样，帕夫洛被骗子包围着；而他是唯一一个还没有想出如何利用这种情况赚钱的人。现在，如果不能摆平他们，为什么不跟他们联手呢？

帕夫洛抵挡不住诱惑。"我也想过：我在讨债这条路上已经走了多年了，我又有什么可炫耀的呢？我没有时间陪我的家人。别人一个个都发了大财，我拿回家的还是微薄的薪水，什么时候我能……"

在加入微波通信公司4年之后，帕夫洛和妻子坐在开曼群岛的沙滩上，抽着高希霸雪茄，想着生活从未像现在这般甜美。他终于美梦成真了。

在微波通信公司，帕夫洛学会了服从命令，即便这些命令让人反感，比如开除某个职员；或者很愚蠢，比如发放本票。他的大部分时间是和搞欺诈与欺骗的人待在一起，他学会了顺应他们的要求。他们能诈骗公司，他也会做。他们做事只考虑自己，从不关心别人，他也能做。帕夫洛只是一味地顺应他周围的骗子，而把接受过的道德教育放到了一边，也不顾及做坏事给自己带来的不得安宁的感受。他说，那个时候他就仿佛丧失了所有的见解，丢掉了所有的主张。

斯坦利·米尔格朗对"服从"和"从众"进行了明确的区分。"服从"包含了执行一个正式权威者的命令，而"从众"是指某人"接受同类的习惯、惯例和语言，这些人没有特别的权力可以控制他的行为"。米尔格朗了解他正在谈论的内容，他曾是美国从众行为研究领域著名的心理学家所罗门·阿施（Solomon Asch）的学生，这位心理学家在20世纪50年代曾做过一系列实验，证明**个体会毫不犹豫地遵从一个群体**。

在他的实验中，阿施召集一些大学生做了一个简单的测验：给出一条一定长度的黑色垂直线段，大学生们需要辨别出其他3条线段中哪一条和它的长度相等。除一个人外，所有人都被提前告知要选一条明显"不对"的线段，而那个不知实情的学生要最后一个给出答案。在这种情况下，被蒙在鼓里的学生选择那个明显错误的答案的概率接近40%。将这一实验反复进行，结果显示只有约8%的少数人总是会遵从别人的选择，而大约有1/3的人从来都不从众，但我们中的大多数人，即约58%的人在某些条件下会从众。迫于社会压力，我们大多数人宁肯随大流，哪怕是简单地做出错误的选择，也不愿意落单。

从众行为的显著特征在于它是隐性的，而且是自愿的。 毕竟没有人告诉我们要选那条错误的线段，也没有法律或礼节要求我们那么做。只是因为我们喜欢和与自己相似的人共度时光，所以我们喜欢适应它。当发现自己不能融入其中时，我们就会改变其他人，或者改变我们自己。从众是一种改变我们自己的选择，它有时是有心栽花，有时是无心插柳。

阿施的实验之后，人们又进行了大量实验，尝试发现是不是有些人比别人更容易从众，是否存在一种从众人格。结果不出所料，研究发现，**人们往往更容易遵从比他们的地位更高的人，而不是遵从与他们地位同等的人，也就是说人们更喜欢追随成功的典范。** 当少数群体成员发现他们是小团体中唯一的异类时更有可能随大流。与阿施的实验不同的是，当这个实验于1979年在俄勒冈大学重做时，研究人员发现男性比女性更有可能从众。也许最有趣的是，那些从众之人可能更相信诸如运气、机会或命运这样的外部因素；那些相信自己凭借一己之力就能掌控人生的人不太可能选择错误的答案。但是，正如阿施首次进行实验时那样，当有人指出那些从众者的错误时，他们的反应全都是大吃一惊："哦，天啊，我一定是瞎了！我到底怎么了……"

每个组织和行业都有自己的文化，它是一系列规范、规则和行为的积累和沉淀，从而定义了文化的范畴。文化提供了巨大的力量：共同的使命感以及完成使命的方式，一个友爱、互惠和彼此理解的环境。拥有健康文化的公司不需要详细阐述规则，因为每个人都知道如何完成工作跟完成什么工作同等重要。但强大的文化也有缺点：它们可能是排外的、傲慢的、大男子主义的或与其所服务的社会隔绝的，俨如人们批评金融服务和高科技企业时经常说的那样。等级森严的组织或行业可能会将高层神化，使之不容易受到挑战或批评，其文化就是要教会其他人遵守共同的规则。这种批评经常针对的是世界各地的医疗保健系统。

"在布里斯托尔找到工作时我很高兴，"斯蒂芬·伯尔辛（Stephen Bolsin）回忆道，"特别是因为布里斯托尔有一个名声：不用外来的人；他们倾向于任用自己队伍里的人。他们看起来不喜欢外来人，或者，至少不会很爽快地接纳外来人。"

伯尔辛并没有理会这一名声，1988年9月，他搬到了布里斯托尔，一开始他很喜欢这座新城市和自己的新工作。他对儿童心脏手术特别感兴趣，而布里斯托尔医院做了很多这样的手术，这也是该医院吸引他的地方之一。但是很快他就有些担忧了。

"我记得从很早的时候开始，手术似乎要花很长的时间才能完成。我回家也较晚，然后还要再返回重症监护室，去给一个生病的小男孩查房，他在手术室里待了大半天了。我妻子玛吉（Maggie）会问：事情应该是这样的吗？我以前在布朗普顿医院工作时，这样的手术在下午三四点钟就能完成。但是在布里斯托尔医院，我们却要在晚上7点或8点完成手术。"

手术时间太长意味着带给孩子的危险更大。在治疗先天性心脏缺陷的手术中，心脏必须停止跳动。要让心脏停止跳动就要用冷心脏停搏液，这样一来，心脏大概可以在40分钟之内不需要氧气，手术就是在这一段时间内进行。

"如果花的时间较长，"伯尔辛说，"心脏细胞的存活就会有危险。而如果花的时间特别长，心脏细胞就会开始死亡，孩子可能就活不过来了，或者术后很长一段时间身体会非常虚弱。所以，时间非常关键，专业技能至关重要。现在呢，事实是这些手术花费的时间太长了，很让人担心。"

伯尔辛指出，有两个原因导致手术太慢。有些外科大夫没有接受过这种外科手术的正规培训，而要不早不晚恰好做完所有的事情，每一台手术都既是一个巨大的机遇，同时也是一个巨大的挑战。在儿童心脏外科手术中没有一成不变的患者，先天性异常都略有差异，所以没有丰富临床经验的外科医生就不可能具备处理手术中细微变化的能力。这是一个可能在任何医院都普遍存在的原因。但是第二个原因却是独一无二的。"说到主刀医生维西哈特（Wisheart）先生，他的技术能力真的成问题。"

伯尔辛试着委婉地提出这一问题，而不是从正面抨击维西哈特，当时，维西哈特既是医疗总监，又是医院医学委员会的主席。这意味着多年来，他一直是"三贤士"之一（如果不是两个的话），三贤士是一个人为设计的制度，旨在应对处于英国国民医疗服务体系内的医生对同事的担忧。

"1991年，我们召开了几次联合审核会议，心脏科医生、外科医生和麻醉师都要到场。我们探讨了心脏穿孔手术。外科医生们承认我们院的死亡率比全国其他医院的高。而他们认为要做的事是提高对患者的管理水平，改进我们为儿童手术做准备的方式，提高重症监护室的医疗条件。他们什么办法都想到了，就是没想到他们真正需要做的那一点！"

伯尔辛收集了相关的手术数据，资料显示布里斯托尔医院的手术死亡率高达27%，相比而言，全国其他医院仅为5%至8%。因此，伯尔辛召集了更多次会议，想把问题研究个水落石出。但是当他传阅会议记录时，他被告知："不要传阅这些记录，这可不是我们做事的方式，我不想你再做会议记录了。"因为他在会议记录中说儿童心脏病手术已经"出现危机"。伯尔辛发现，这个问题的部分原因在于医生古老的宗派观念。

"那时候，英国国民医疗服务体系发生了很大的结构性变化，关于麻醉学应该成为外科学的一部分，还是应当成为支持服务的一部分，布里斯托尔医院内部掀起了一场大讨论。当然，两者都不是我们想要的！众所周知，外科医生不喜欢让麻醉师来告诉他们该怎么做。有那么几个场合，有人向我提到麻醉师不想把自身的形象提高得太多，因为他们现在已经引火上身了，有人正想把麻醉部门封杀呢。所以对于麻醉学的地位问题，人们往往各执一词。当时发生的事的特点是冲突和宗派观念。"

从1989年到1992年，伯尔辛一直都在收集数据，这本身就不是一个简单的任务，因为跨学科审核并不是惯常的做法，并且会招致相当程度的抵触。正如《肯尼迪报告》（*Kennedy Report*）所述："他们（医院）正在积极地收集和研讨数据。但是他们又很快用'病例组合'这种貌似有道理的理由，否认从数据中得出的任何不利的结论。对有些人来说，这可以被看成一种有意视而不见；而对其他人来说，手术很困难，其所呈现出来的数据低于在一个理想环境中的表现，如此一来产生这样的反应也情有可原。"伯尔辛也在继续找他能想到的每一个人来帮他处理这个问题。很多地位较高的同事都向他保证这个问题会提交给维西哈特或者是首席执行官赖伦斯（Rylance）先生，但这些努力都没能推动公开的讨论。伯尔辛的大部分高级同事都认为人们应该信任他们，让他们继续做事。

伯尔辛非常灰心丧气，因此他建议他的麻醉师同事们直接停止麻醉工作。他是这样想的，毕竟，不进行麻醉就意味着不会有手术。但是他的同事们不予理会，麻醉部门受到的批评已经太多了。如果再惹出更多的麻烦，他们就可能直接归并到外科部门了，没人想这样。

伯尔辛继续四处找寻盟友。到1991年，布里斯托尔医院的死亡率已经是全国平均水平的两倍了。1992年，伯尔辛和菲尔·哈蒙德（Phil Hammond）谈起自己收集的一些数据，伯尔辛之前并不认识这个给《私家侦探》（*Private Eye*）杂志写稿子的人。哈蒙德的文章在杂志上一刊出就引发了很大质疑，人们还为此召开了很多会议，但是始终没有实际行动。到了1994年，有一个新的大夫被任命为儿童心脏外科医生。1995年1月6日，这个医生找到维西哈特，要求维西哈特不要给一个18个月大的男婴乔舒亚·洛芙迪（Joshua Loveday）做手术。维西哈特声称这是他第一次听到有人对这些手术感到忧虑，但他坚持要做，最后小婴儿死了。

"维西哈特是你能想到的最顽固的人，"伯尔辛说，"他不应该再做儿童心脏外科手术了，可这样的话他从来都听不进去。他的顽固令人难以置信，是你想象不到的顽固。"

医院里人人都知道了这件事。伯尔辛感到沮丧，失去了信心，想到别的地方找工作，但很快他就意识到：在英国国民医疗服务体系内的每个人都知道布里斯托尔医院发生的事了。加的夫市的医护人员希望拥有自己的儿童心脏手术部门，因为威尔士的医生不想把他们的病人送到布里斯托尔。全国各地的人都知道维西哈特是个危险的医生，但没有人打算阻止他。

"我妻子玛吉在这家医院当护士，"伯尔辛回忆说，"她在急诊室工作，经常能看到外科医生。有一天，她看到心胸外科的一位住院医生下楼来，在他看完病人并同意病人住院后，她挡上有自己姓名的工牌，过去和这位医生聊天。她问他：'心脏外科出什么事了？儿童心脏外科手术中都有些什么乱七八糟的事？'他回答说：'人人都知道维西哈特不会开刀，但所有的麻烦都是由一个对他怀恨在心的人惹起来的。'她就说：'但是你说他不会开刀啊！'这个医生看看她，说道：'我知道，不过我要告诉你原因：你不能把自己的同事卖了。'然后玛吉亮出了自己的工牌，他看起来真的很尴尬，但是他已经泄露了医生们玩的花招：你可以要很多小孩的命，但是不能出卖同事。"如此从众的行为，哪怕是阿施做的最疯狂的噩梦也难以企及。

倍感沮丧、受人排斥，并且背负了"惹麻烦的人"的名声，这些已经影响到伯尔辛在英国国民医疗服务体系内获得任何其他的任命了，他只好移民到了澳大利亚。布里斯托尔医院又任命了一个新的心脏外科医生，问题可能还是不为人所知。但是，伯尔辛决定首先帮助英国第4频道制作一部关于医院的纪录片《破碎的心》（*Broken Hearts*），最终，他向英国的医学总会（GMC）告发了维西哈特。

"医学总会敷衍了事地对我说：'我们必须告诉人们你正在申诉。'我说我能经受住这种事。其实他们一点都不想调查，但是他们又不得不这么做。在他们的调查员中，有一位是伦敦警察厅的老侦查员，他约我见面，我记得他告诉我的是：'你明白你是唯一提出申诉的医生吗？'我不知道！简直难以置信，这件事情等于是告诉了你有关医学界等级制度的一切。他们只是不想看到有可能真实的情况。"

小团体带来归属感

《肯尼迪报告》指出存在一个"心脏病小圈子"，但事实上，布里斯托尔医院的小团体成员完全超出了心脏科医生的范围。很多管理人员、临床医生和护士都知道这几年发生了什么。报告称死亡婴儿数为30至35个，可是意外死亡儿童的准确数字永远无法确切知道。在这个团体里，从众的代价是相当高的。

6年来，英国国民医疗服务体系受到了一系列丑闻的冲击，它们发生在弗内斯综合医院、卡迪夫大学、皇家格拉摩根医院、莫克姆湾大学医院、戈斯波特战争纪念医院、泰赛德区、斯塔福德郡中部，表现出的模式与《肯尼迪报告》在布里斯托尔发现的丑闻模式类似。低劣的病人护理方式不可能永远不为人所知；它们发生在公开场合，很多人可以看到，甚至可以拍下视频。那些地位较低的人会变得心烦意乱，并可能试图表达他们的担忧。但团体成员对此视而不见。

识别出像帕夫洛或者布里斯托尔医院的医生这样的人，谴责他们，并且设想他们跟我们是完全不同的人，这些都很容易做到，或许还令人感到欣慰。但让他们想屈从的强烈的归属感并不是一种犯罪式的冲动，而是人性使然。受到排斥时，我们会真切地感到痛苦。在某种程度上，社交排斥造成的不舒适的感觉和生理痛苦产生自大脑的同一区域，而调节生理痛苦的神经化学物质也能控制社交失败导致的心理痛苦。当我们建立并且确认自己的社会关系时，这会刺激阿片类物质的产生，让我们感觉良好；同样，关系破裂时，阿片类物质就不会产生，我们就会感到难受。正如精神药理学先驱雅克·潘克塞普（Jaak Panksepp）所说："从基本的神经化学意义上讲，社交影响和社会关系的建立是阿片类药物成瘾。"换言之，我们寻求与他人建立社会联系的欲望既来自化学的奖赏，也源于社会的奖赏。

我们都会从学生时期的经历中回忆起这种感受是怎么样的：**成为小团体成员的乐趣，或者被小团体忽视的痛苦**。无论我们多么独立（或者想要独立），我们都知道单凭一己之力做不成多少事，被排斥不但会让人感到孤单，也会让人软弱无力。但是当我们与志同道合的人成群结队时，我们变得效率更高，学到了做事的快捷方法，并且感觉自己被人认可。从众具有强制性，因为我们对人生意义的理解多数都取决于其他人。帕夫洛感到自己很愚蠢，因为他没有找到让周围人看重自己的成功方法；但在能加入他们的圈子时，他感觉自己很了不起。尽管他完全知道自己的所作所为是错的，但他需要这份归属感，这让他的双眼被蒙蔽，看不到还有其他的选择，也看不到后果。因此，我们想要过有意义的人生，而这由自己是否被圈子接纳而定。

《机器人橄榄球大赛》（*Cyberball*）是20世纪80年代的一款街机游戏，它最早由美国电脑游戏机厂商雅达利公司（Atari）发行，至今仍为怀旧的电子游戏爱好者所喜爱。多名玩家每人使用一个独立的电脑控制器，可以把球来来回回扔。但是，这个游戏还有另外一个版本，由心理学家进行了改进，目的在于模拟社交排斥。利用这个软件，你可以安排受试者相互对抗，也可以让受试者和已经编好，能按照我们的需要做动作的电脑程序进行竞争。如此一来，你可以和多个玩家玩这个游戏；或者像在某次实验中一样，只有一个真人参与游戏，而在被短暂接纳之后，这个真人慢慢地却明确地被排斥出游戏之外。因为电脑程序不再抛球给他。设计这个实验并不是为了让学生为大学生活或者医学研究做准备，而是为了评测121个人在他们不再是游戏的一个玩家时会如何反应。

在这个实验中，经历过被排斥之后，受试者要做一个测试，即昆岑多夫无意义量表（Kunzendorf No Meaning Scale），用于评估人们觉得生活毫无意义的程度，比如其中有"人生是一个残酷的玩笑"，或者"我不在乎自己的死活"等选项。不出所料，那些被排斥的游戏玩家更可能觉得他们的人生没有意义。有一个相似的实验，不过是让人们讲述积极的或者消极的反馈，它显示出了相似的结果：那些被拒绝的人不仅觉得生活没有多大的价值，也感到没有了寻求新意的欲望。这种被排斥的经历导致他们感到没有希望，失去了动力。

进行这些研究的佛罗里达州立大学研究小组又设计了几项实验，不过都得出了相同的结论：排斥让个人感觉失去了目标，他们对人生的掌控力减轻，道德感下降，并且自尊感缺失。那些中学生拉帮结派的青春期经历并不是独一无二的：人类都讨厌被晾在一边。我们从众乃是因为这样做似乎能赋予我们生命以意义。这是我们人类进化出的一个非常基础的构成部分，以至于足以让我们对问题给出错误的答案——就如阿施的线段实验一样，也足以让我们不再理会从小接受的道德教育。有所归属的胡萝卜和被排斥的大棒十分有力，足以让我们对自己的行为后果视而不见。

融入一个组织的文化规范中是一种意义深远的经历。它并不总是像沃尔特·帕夫洛的经历那样丰富多彩，但是却总是能让人深深地铭记。当然，从众的第一步就是选择一个特定的职业或组织，它们都是被他人选择过的，重要的是，是自己选择要适应的职业或组织。在医学界，将新生作为研究对象的专业学者发现，如果年轻的医学生看到一些不道德的事情，一般不大可能会揭发。但是让人更震惊的是，上了3年的医疗训练和道德伦理课程之后，他们就更加不会打破现状了。换言之，这些学生进来时是从众者，到了最后，从众的程度更加严重。

"读医学院时，其实你是经过预先挑选的，你被认为是可能会屈服于等级制度的人。"斯蒂芬·伯尔辛如是说，"直到训练结束，在4年的时间里，97%的人不会捣乱。来自美国、德国、英国乃至全世界的调查都证实了这一点。我们都知道医疗事故是医学界的一个大问题，有人估计美国为此每年要损失170亿到290亿美元，但是整个行业对这个问题却没有半点的紧迫感。'我想待在正确的圈子里'是很重要的原因之一。我不想让人们觉得我不支持我的同事们。何况每个人都想成为群体的一员。"

2017年4月，顾问外科医生伊恩·斯图尔特·佩特森（Ian Stuart Paterson）被判有罪，因为他为17个人做了不必要的胸部手术，给他们造成了伤害。但最令人关注的是，患者在很大程度上形容他"像上帝一样"，甚至把他推荐给自己的朋友。不过，他的手术不是秘密进行的，而是在英国国民医疗服务体系信托基金会心脏病专科医院和私人医疗服务提供商尖塔医院做的。他已经被伯明翰附近的好望医院停职，病人和全科医生对他都有抱怨。尽管如此，在将近20年的时间里，他仍被允许进行数百次不必要的危险手术。虽然没人教大家从众，但潜移默化的影响正在努力发挥作用。

从众会获得回报，即使是非从众者也容易受到这种回报的影响。在计算机发展的初期，整个行业是由艺术家、科学家和反传统人士组成的，他们热衷于创造一个生态系统，以取代自成一体的文化，但随着时间的推移，硅谷最终形成了自己的自成一体的文化。它颂扬的是一心想要成名和致富的不成熟的年轻人，这足以成为笑话和情景喜剧的笑柄。但这并不意味着它是一个有趣的生活或工作之地。

特德·科登（Ted Corden）告诉我："一件事导致另一件事，继而导致另一件事，直到你进入一个以前从未想象过的奇怪地方，我被这种工作方式以及程序员的思维方式弄得眼花缭乱，所以，我进入了这个行业。我一直都喜欢鼓捣小装置，我有一台时期很早的电脑，似乎它是最激动人心、最古怪的事情的发生之地。"

科登从事计算机行业，赚了很多钱，其中大部分投给了一家风险投资公司。20世纪90年代，我在美国经营第一家软件公司时遇到了他。他因善于表达、深思熟虑、富有想象力而脱颖而出。当然，他想赚钱，也确实赚钱了，但他的追求似乎远不止于此。

他回忆说："加入公司时，我做了几笔早期投资，回报还不错。"他很谦虚。他投资了一些最大、最早的互联网公司，出乎意料地成功。"我赚了足够多的钱，这让我有生以来第一次感到舒适、安全、生活无忧。这意味着我可以放松一点，享受一下生活。"

科登享受一下生活的理念并不疯狂：这意味着他要及时离开办公室去接孩子们放学，或者在其中一个孩子生病时待在家里。有时他的妻子会过来带他出去吃午饭。他的行为并没有特别之处，却引起了人们的注意。

"有一天，公司老板问我是否愿意晚上去东海岸，参加公司不能错过的交易会议。我拒绝了，因为那天晚上我儿子在学校有演出。他看着我，好像我在开玩笑。然后，他的脸色变得很阴沉：这是哪门子玩笑？你以为我们是开养老院的吗？他的不愉快令我吃惊，我无法复述他说过的一些话。不管怎么说，我错过了演出，上了飞机。我去开会了。"

这笔交易花了几天时间才完成。回到办公室，每个人都像欢迎英雄一样欢迎他。直到现在，回头看，他才明白到底发生了什么。整件事就是一场考验：他是其中一员吗？他会为公司牺牲家庭吗？

随着互联网泡沫的膨胀，考验也随之扩大。长途旅行，漫长的夜晚，在顶层套房与摇滚明星一起举办的盛大发布会派对，女孩，男孩，毒品……现在，他说他并没有真正参与其中，但并没有远离。

"现在回想起来，我觉得我们都是人渣。这是我们对自己的称呼，也是我们要成为的那种人。我们讨厌每个人。我们比任何人都聪明，比任何人都坚强。我们可以比宇宙中的任何人更努力地工作，更擅长谈判，而且抽更多的烟，购买更多的东西。"

但是，难道他不是一个热爱家庭、疼爱妻子的两个孩子的父亲吗？他不无懊丧地承认："是的，我曾经是。我是。可是……"他停顿了很久。"我害怕了。我们的立场是：最大，最快，最聪明。我们要豪华轿车、私人飞机。但我害怕也许我没那么好，也许我没那么聪明。当我和同事们出去玩时，所有的恐惧都消失了。我是说，还挺有趣的。"他说这话时，声音里听不出有一丝乐趣。

但这种享乐很容易一呼百应，因为科登的同事都是男性。如果他想做点别的事情，就会发现几乎没有群众基础。当时，只有不到5%的风险投资合伙人是女性，到2016年，这一比例仅为7%。硅谷的大男子主义文化还处于萌芽阶段，完全没有引起非议，但就是在这个地方，你感受到的是"男人总归是男人"，这种文化并不全是潜移默化形成的。在大约40家公司中——我自己的软件公司只是其中之一——除一年外，我是唯一的女性首席执行官。在我们的"峰会"上，所有的首席执行官齐聚一堂，在晚餐和大量饮酒之后，他们最喜欢的消遣就是开着租来的汽车围着酒店的停车场比赛。当我告退并躺在床上看书时，这就是他们不可避免要做的事。

高科技企业一直以来都是年轻男人的俱乐部，值得注意的是，它对其先驱的崇敬程度不亚于它对原创的崇敬程度。史蒂夫·乔布斯（Steve Jobs）以对员工大吼大叫和虐待第一任妻子和孩子而闻名，但却成了硅谷的守护神，为那些混蛋们提供了完美的托词。我已经数不清有多少有志之士很严肃地争论说：天才和虐待行为必然要结伴而行，友善和聪明是不相容的。你不会因为遵守规则而改变世界，所以必须打破成规；遵守它们的人一定是个失败者。电影《社交网络》（The Social Network）中的马克·扎克伯格（Mark Zuckerberg）有青春期厌女症，粗鲁的性别歧视反倒成了他有可能创业成功的一个标志。文化偶像们发出了最清晰的信号，告诉我们什么是重要的，什么是可以被接纳的。不管隐藏得如何深，硅谷的英雄们都以极不敏感和极其富有而闻名，而非以任何战略上的敏锐洞察力。他们变得如此富有，如此出名，吸引了更多具有同样思维的男性加入其中。雄心勃勃，但不成熟，甚至情商低，成为这样一群聪明年轻人的写照。于是在众人的眼中，他们就是这样一类脑力劳动者，他们也以此自我标榜。

"快速开发，破旧立新"，这是扎克伯格的一句口头禅，它与科登那代人的格言"要么做大，要么回家"没有太大区别，而高科技市场过于激烈的竞争加剧了从众的吸引力。在硅谷，每个人都在为投资、规模、人才和财富展开角逐，赢家和输家悬殊，没人想成为失败者。相反，卷入野心和速度的旋涡之后，那些被其前景和刺激吸引的人会感到晕头转向。

"太令人兴奋了！"科登回忆说，"它的速度、激情让人疲惫不堪！那句话怎么说来着——用消防水管喝水。我们从未回过家。跨时区工作，满脑子想的是：现在的任何一天，上市，几百万，数十亿。我们都失去了理智。"以科登为例，失去理智意味着与妻子和孩子分离，不跟朋友联系，从来没有时间思考。2001年，互联网泡沫破裂，他终于解脱了。他不明白自己怎么会变成这样一个混蛋。

"我不寒而栗地停下来，就像从露天游乐场的飞车上下来一样。当我有时间减压时，我记得有些事情让我战栗，现在仍然让我战栗。这是我吗？怎么会这样？我妻子说，我差不多用了两年的时间才找回自己。这次我经历了令人难以置信的高潮。或者说低谷……"

科登去了一家投资银行工作，并尝试利用这份新工作来重新安排自己的生活。看孩子在学校的演出又回到了日程上，他还会跟妻子共进晚餐。直到5月的一个周一，上班后他在桌子上发现一张卡片。那是一张母亲节贺卡，签名的人是他的男同事，这一行为带有一丝侮辱和含沙射影。他辞职了。他说，现在他对自己已经很了解了。如果他留下，他最终会顺从这种文化的。

硅谷的性别歧视表现在女性的薪酬低、晋升机会少，以及性骚扰、刻板印象和粗俗下流的幽默，科登对此并不感到惊讶。他声称行业在他那一代人时并不像他今天观察到的那样危险；他辩称他只是在建立电子商务网站，没有什么比人工智能或破坏民主更复杂或更具潜在性的危险了。当我说这听起来像是一种诡辩时，他欣然承认现在成为这群人中的一员可能和他年轻时一样有趣。但是，现在的有意视而不见表现为缺乏辩论、两极分化、二元思维和缺乏洞察力等，它们的风险更大。

从众使人丧失自制力

在描述从众体验时，特德·科登和沃尔特·帕夫洛都说那是一种几乎完全失去自制力的体验：似乎他们与有意识的、理性的自我不知怎么就分离开来，从而导致视而不见。事实上，当我们中的任何一个人从众时，所发生的事情在生理学上都是很有趣的。多年来，阿施的从众实验一直让心理学家和神经学家迷惑不解，但现在，功能性磁共振成像技术的发展使他们可以就大脑如何激发从众行为展开研究了。

2005年，神经系统科学家格雷戈里·伯恩斯（Gregory Berns）和一组研究人员在埃默里大学让32名"身心健全且惯用右手的受试者"进入功能性磁共振成像扫描仪里，这次不是让他们比较线段，而是比较三维物体。在其中一个版本的实验中，他们必须自己决定哪两个物体是相同的。在另外一个实验版本中，他们在知道了其他受试者的决定之后再做决定。在第三个实验版本中，他们要在知道电脑的决定之后进行投票。科学家想要研究的并不是受试者会不会从众，他们现在已经知道受试者有多大的可能会从众。相反，他们想要知道什么样的大脑活动会参与其中。在从众行为中，如果前额皮质的活性占主导地位，这就意味着从众行为是有意识的决定的结果。但是如果大脑活动集中在枕叶和顶叶区域，这就表明从众行为是一种感知活动，也就是说社会影响改变了受试者所看到的内容。

三维实验比阿施的实验更难，所以，受试者做了更多错误的选择，即使在没有外界因素介入的情况下也是一样。但是他们从众的比率却是一样的。当他们做出从众反应时，前额皮质没有活跃，也就是说，大脑当时并没有做出有意识的决定。换言之，知道了群体成员的看法之后，受试者也改变了自己的看法，他们对差异的存在视而不见了。他们并非在为自己考虑。

科学家们得到的结论是：**大脑中负责知觉的区域被社会影响改变了。我们所看到的取决于别人所看到的。**这真是一个相当惊人的发现。不过从这个实验中我们也获得了其他几个认识。知道群体的决定似乎减轻了受试者的心理负担；当他们知道别人是怎么想的以后，自己就不怎么思考了。一个好伙伴也会因为感觉别人是正确的而停止思考。所以，群体不会从众人的集体智慧中受益，实际上，群体成员认真思考的活动减少了。

当在汇报式的调查问卷中被问及他们如何解释自己的从众性错误时，受试者们根本就没有意识到自己做了从众的选择。他们相信所有人做出相同的决定纯属偶然。他们可能认为自己做出的是完全自由的选择，但事实上不是。正如阿施和米尔格朗推测的那样，从众的决定没有被发现，或者完全没有被感觉到，它是完全隐性的。

而且，在一些更罕见的案例中，当受试者独自对抗整个群体时，其大脑发生了一些其他的变化：杏仁核是大脑中掌管情绪的区域，它变得非常活跃。一些等同于悲痛的情绪产生了。似乎拥有一颗独立的心需要付出很高的代价。

伯恩斯的发现有各种各样有趣的应用，从意义深远的大事，到鸡毛蒜皮的小事。在研究青少年在流行音乐上的品味时，相同的研究人员发现：对和圈子里的人的品味不一致心存焦虑是一个重要的决定因素。同样道理，我们可以将这一发现应用到各种时尚和品味之中：你读《五十度灰》（*Fifty Shades of Grey*）是因为你就是想读，还是因为你担心别人在讨论时你无从插嘴？你是仔细考虑了脸书的隐私政策后才加入的，还是只是因为你的朋友都加入了？那些把投资交给伯纳德·麦道夫的客户之所以这样做，是因为他们仔细考虑了自己的选择，还是因为他们想要加入同一个俱乐部？在生活中，我们有多少次真的只是跟着凑热闹？

从众让我们对危险视而不见

当然，**我们都会在一定程度上被同化，如果我们不能被同化，社会便会停止运转**。但根据心理学家欧文·贾尼斯（Irving Janis）的观点，**从众的最大危害是归属感会让我们对危险视而不见，而且还会鼓励我们冒更大的险**。他引用皮彻镇发生的悲剧作为例证。皮彻镇是美国俄克拉何马州一个以矿业开采为支柱的小镇，这里一度拥有世界上最大的铅锌矿。但是那里的矿山开采延伸得太广了，以至于有些矿都挖到了小镇的地底下。

1950年2月，大约200名居民被告知需要搬离，因为那里有即将发生塌方的危险。但政府官员对此只是一笑了之，其中一名甚至背着一个降落伞去参加狮子会（Lions Club）的会议，只是为了表明那些流言蜚语有多么愚蠢。不幸的是，皮彻镇的其他居民都追随着他们的领导，他们付出了惨重代价，几天后小镇坍塌，有几户家庭家破人亡。

贾尼斯在20世纪70年代开展工作，当时功能性磁共振成像扫描仪尚未问世。但是，他假设缺乏警惕和过分冒险是"群体精神错乱"的一种形式，而且他还提出这种形式的行为存在于任一类型的群体中。最为著名的是，他在对许多军事灾难的详细研究中概述了自己的假设，这些军事灾难主要包括：猪湾事件、朝鲜战争、珍珠港事件，还有逐步升级的越南战争。就在神经科学能够支持他的理论之前，贾尼斯相信在一个群体内保持一致的压力会导致人们减少思考。群体中的成员不会去寻找肯定的信息或者否定的信息。"选择性偏倚（selective bias）体现在群体对事实信息、大众传媒、专家和外界批评做出反应的方式中。他们很少花时间考虑计划实行中可能遇到的障碍，因此，他们不会制订应急计划。"贾尼斯对一种群体思维的"法则"进行了概括，这种法则对所有企业文化来说颇具讽刺意味，据此他得出结论："在一个具有决策性质的小集团中，各个成员之间越是和气，越是具有团队精神，独立的批判性思维被群体思维取代的危险也就越大，这就有可能导致针对群体之外的人的那种非理性和非人道的行为。"家庭聚会般温暖舒适的感觉也有缺点，即人人放松警惕，更容易做出不明智的危险决策。

受群体思维影响的群体通常会想象自己是无懈可击的，比如皮彻镇的政府官员和硅谷的年轻人（以及首席执行官们）。他们将警告信息合理化，视其不存在，并狂热地相信自己所在群体的道德优越性。敌人和局外人往往被妖魔化：女性"不懂"科技或不能做技术活；艺术专业的毕业生过于柔弱，多受情绪或本能的驱使，而不单纯受数据的影响。群体中罕有不同的意见，而且即使有也难以为继，因为群体的自我审查机制多半会把这种异议抹杀掉，还因为保持一致和统一被群体成员认为是至善。在大多数组织里，好的团队成员被隐性地定义为：与团队其他人和谐相处的人，而不是那些老是提出刁钻问题的人。我甚至听到董事会成员在讨论他们如何不会受到群体思维的伤害，以及为什么不会受到伤害，只是他们已经忘记了隐藏在他们的自信中的那个具有讽刺意味的事。事实上，要成为一个真正有团队精神的成员当然包括有勇气提出自己的异议，但是在这种给成员授予荣誉称号的陈腐仪式中却极少含有这种意义。

亨利·比嫩（Henry Bienen）曾是美国贝尔斯登公司的董事会成员，也是西北大学名誉校长，他了解董事的意见一致是如何被看作了不起的事情。在完成有关董事会效力问题的年度调查问卷后，他的意见是有些会议似乎在例行公事，压缩了讨论和争辩的时间。当他被吉米·凯恩毫不留情地训斥了一番之后，他最终向被他称为"柴火棚子"（woodshed）[1]式的辩论屈服了。吉米·凯恩就是拒绝帕特·刘易斯风险评估模型的那个人。比嫩很快就看出来了，发表批评意见不受人待见，当他任期届满之后，没有人邀请他再次参选。

就在英国的苏格兰哈利法克斯银行被接管之前，我担任伦敦市公司治理小组委员会的主席。丹尼斯·史蒂文森（Dennis Stevenson）也参与了部分工作，当时他是苏格兰哈利法克斯银行的董事长。当他出现在所有人面前时，我们大为诧异，因为每个人都知道那家银行已在破产的边缘摇摇欲坠。但是，他要做的可不仅仅是露露脸而已，他赞扬了他任主席的杰出董事会，并拿它作为证据，证明就算在这样的危机下"我们仍团结如一人"这一事实，他好像忘记了这一概念：他的董事会保持一致可能正是造成该银行陷入混乱局面的首要因素。

实现良好治理的一大挑战便是从众。我曾在私营公司和非营利组织的董

1.传统上，柴火棚子是父亲惩罚儿子的地方，父亲强势，儿子弱势，因此"柴火棚子"被用于比喻辩论呈一边倒的态势。——译者注

事会任职，我震惊地发现异见消失了，而且是经过了精心的安排。在召开董事会议之前，他们会做好充分的准备（通常是排练），以便让所有人保持一致；他们认为一次好的会议应是和谐的，而不是有争议的。薪酬委员会在这方面的表现更加明显。"他们总是让我参加薪酬委员会的会议"，一位非执行董事向我吹嘘道，"因为他们知道我会支持他们加薪和发放奖金。"若被认为是"不可靠的"，任何荣誉榜都不会出现你的名字；甚至应与政府保持一定距离的半官方机构也发现那些不太圆滑的候选人被边缘化了。虽然民主依赖于独立思考，但很难找到能培养或容忍独立思考的政府。

围绕优步（Uber）和哈维·温斯坦的很多爆料令人震惊，而投资者和董事会成员不愿放弃支持的行为也同样令人震惊。优步发生过一连串丑闻，比如趁发生自然灾害时大幅涨价的行径、司机殴打乘客事件、前首席执行官特拉维斯·卡兰尼克（Travis Kalanick）的性别歧视言论、承诺给乘客安排"辣妹"司机的性别歧视广告、卡兰尼克与一名优步司机打架的视频、导致司机工资少发的会计差错、寻找一名声称被强奸的优步乘客的机密医疗记录行为和苏珊·福勒（Susan Fowler）讲述公司已知性骚扰的博文，以及5700万优步用户在未被告知的情况下的数据泄露，但该公司没有哪个董事因此下台。最终，经过说服，他们解雇了卡兰尼克，但所有人似乎都对自己的责任视而不见，而且他们把卡兰尼克留在了董事会。同样，在经营米拉麦克斯公司期间，哈维·温斯坦面临多次庭外和解，并被指控性行为不端，该公司的所有者迪士尼公司现在面临指控，称其"知道、应该知道或者有意视而不见"。董事会已经成为社会地位的象征，没有人愿意承担被踢出团体的风险。

但是，从众和群体思维激起的涟漪可能依旧在荡漾，产生更广泛的影响。个体之间会相互影响，从而简化人们的思考过程；一个群体影响另外一个群体，相互推动，共同进入更极端的境地。在一个竞争激烈的市场，帕夫洛和科登经历的道德错位就像病毒一样四散传播，跨越国界，吞噬了全球性机构和经济体。银行危机就是这样演变成经济危机，进而引发民主危机的。

在加利福尼亚、佛罗里达和美国东北部的大部分州，2001年至2006年间房价的平均涨幅为10%。因为就在同时，美国联邦储备委员会主席格林斯潘把利率降到了新低，到2003年达到了1%。你不必是一位伟大的数学家也会明白，你从房子中得到的回报率要比把钱存银行高很多。所以，自购住宅比重快速增加，到2004年达到历史最高，为69.2%。但是，这些新购买的房产并非真正用于居住，而是一种投资。

"我开始买房子，嗯，因为每个人都在买！"德博拉·莱尔德（Deborah Laird）看起来有点羞愧，她想努力找回几年前的感觉。她是一位领取津贴的高中理科老师，从来都不是一个活跃的投资者。莱尔德并不贪婪，她的生活总是谨慎而且有节制，她对自己节俭的生活方式感到十分自豪。但是2003年，这一切开始发生改变。

"你听到的全都是人们赚了多少钱，买房子，卖房子。我在同一幢房子里已经住了15年了，我开始觉得自己很傻！我是这样劝自己的：置身于市场之外，我也不会对什么人有积极的帮助。所以，我决定开始倒腾房子。"

莱尔德卖了她在波士顿的公寓，然后给自己买了一幢独栋住宅。竟然赚了那么多钱，对此连她自己都感到吃惊，而且这钱还赚得如此容易。

"抵押贷款非常简单。设法获得房地产并不难。在整天教物理之余，有些别的话题让我能在教研室里说道说道也很有趣。每个人都在这么做。"

到2006年，莱尔德不再只是一个理科老师了，现在她成了一个房东，拥有三套公寓和两幢独栋住宅。这让她成了富人的一员。她认识的每个人都在买房。"后来我罹患癌症，其实那也没什么大不了的，我的意思是说，我现在觉得它没什么大不了的。但当时，天哪，我真是害怕极了。我简直什么事情也不做了。我是说，我不可能再需要别的房子了！预约门诊，检查身体，还要教书，照看所有的房产，整得我精疲力竭了。金钱也显得那么愚蠢，如果我明年死去，它又能给我带来什么呢？所以，我直接就罢手不干了。"

她现在的家舒适而不招摇。大部分装饰用的是她侄子、侄女的照片。沙发上点缀的靠垫也是她自己绣的。这里可不是房地产大亨的总部。莱尔德感觉自己幸运地躲过了一劫。

"回首过去，我感觉自己疯了。情况是这样的：房地产炙手可热，我正在做热门的事，每个人都在做热门的事，我们在一起做热门的事。但是我以前从来都不是一个关心房地产的人！现在我认为我的癌症就是一种警告，或者说是一种福气。因为如果它没有降临到我身上，我可能永远不会收手。那我现在又会到什么地步呢？"

穿越半个美国，可以来到得克萨斯州的普莱诺市，莱尔德对伙伴的遵从行为在美国国家金融服务公司（Countrywide）的总部里被放大，正是这个公司给德博拉·莱尔德的小小房地产帝国提供了抵押贷款。凯瑟琳·克拉克（Catherine Clark）被积极地招聘到那个地方，为的是促进业务的更快发展。由于拥有在大企业担任高管的资深经历，克拉克的简历堪称典范，而且她还具有较高的道德标准。吸引她加入美国国家金融服务公司的是该公司的创新活力和表面上对变革的热望。

"他们告诉我，他们想要的是我在其他地方的不同企业文化中工作的经历。但是，一旦我到了那里，他们只是希望我遵从他们。那里没有真正地喜欢过新人。每个人都在谈论'美国国家金融服务公司之道'，而且它也是你应该坚持的。这意味着新来的员工都会在心理上受挫，他们希望改变，并且经常是为了改变才被公司招聘来的，但现在却束手束脚。"

公司需要她引来更多的高层管理者，以此来加强人才储备和团队多样性。但是，她又一次感到沮丧。

"我找到了一位来自美国银行的非裔美国人，很适合那个职位。但是我老板说：'为什么我们要考虑他呢？他将让人难以理解。'（换句话说：他和我们不一样。）还有一位来自华盛顿互惠银行的潜在候选人，他完全能够胜任，但他是一个同性恋。"

最让克拉克吃惊的是在这个组织内部缺乏异议。"在我以前工作过的地方，那些我最信任的顾问可能会和我争辩起来。没人担心冲突。人们还会相互吼叫，然后，第二天，他们就在一块儿打高尔夫。这并不是说那是一种吼叫文化，只是表明持有不同的意见是没有问题的。"

"但在美国国家金融服务公司，开会的时候大家都没有意见。尽管会后有很多人会窃窃私语，但在开会时没有人争论。在消费者市场部，乔（Joe）因其长篇大论的指责而出名。你可能会被叫到他的办公室，他会对你大喊大叫，而且一定要开着门让每个人都看到。因此，每个人都会得到这样的启示：老老实实守规矩，否则下场会很惨。"

克拉克以"空降兵"的身份进入公司，后来离开，因为在那里她做不成任何事。然而，咄咄逼人的销售文化产生的让人难以抗拒的遵从，对很多留下来的人来说，却正是其魅力的一部分。

"我喜欢这一行！"帕梅拉·文森特（Pamela Vincent）说，她一直待到美国国家金融服务公司与美国银行合并。"住房是美国价值观的一项重要体现，我们做的事非常有价值，我们帮助人们买到他们的第一套房子。而且我也喜欢那里的销售文化，那里有很多庆功会，很多最后期限，很多悲喜起伏，这令人兴奋，因为这里就是赚钱的地方。每个月你都从零开始，你可以看到公司将赚到的钱再转化成贷款。"

文森特仍然不认为有人做错了什么。她辩称"两无"贷款，即给无收入和无资产的人发放的贷款"非常适合自雇人士"。而且，无论如何，美国国家金融服务公司并不是危机的始作俑者，他们只是跟着市场走。

"在美国国家金融服务公司，我们并不是次级贷款的始作俑者，但是我们确实开始经营次级贷款业务，因为我们不断地看到房价在上涨。这就像是在卧室里安装了自动取款机！房价还在上涨，为什么不再做一次新的抵押呢？这种贷款到了非常精明的业主手里就会变得很有价值，他们很有经济头脑。仅仅是通过抵押房子再融资，我的前姐夫就供他的4个闺女读完了大学。很多人都这么做。人们认为房地产的价格上涨能掩盖所有弊病。"

但是，难道她就没想过，总有一天房地产市场的升值会停止，或者起码增速放缓吗？

"哎，真没人想到会有这一天。就像花旗集团的前首席执行官查克·普林斯（Chuck Prince）说的那样，你必须持续做下去。为什么要停下来呢？只要别人都还在做，那就没事！"这句臭名昭著的话很好地阐释了市场环境中遵从行为是如何起作用的：只要没人提出异议，不阻碍形势的发展，也没有人失败，那就万事大吉。

从众使人失去责任心

"没完没了的故意视而不见，" 美国一家大型中西部银行的首席信贷官迈克尔·萨尔诺夫（Michael Sarnoff）说道，"这是一条完整的食物链，从借款人、贷款人、做贷款证券化的人、审计员、评级机构到最终投资人。他们已经合作了多年，全都吸附在了里面，任由这种疯狂长久地存在。"

萨尔诺夫在抵押贷款行业已经做了20年了。这让他处于一种有利的观察位置，得以看到所有参与者在每一步是如何遵从了同样的错误。

"2003年，我认为在数量上我们达到了历史最高纪录。次级贷款者成倍地增加，而且人人都知道这些贷款很愚蠢，他们在向那些信誉极差、没有收入、居住身份造假和收入造假的人贷款，但是没有人在乎，因为房地产增值正在发生。然后，他们全都开始以附加贷款的形式火上浇油，因此，你可以贷款给任何人，甚至是死人！抵押贷款行业的犯罪数量高得让人难以置信。"

从理论上讲，市场变得极其多样化：过多的借款人、贷款人、做贷款证券化的人、审计员和评级机构，他们的相互竞争被认为可以分散风险，还会带来产品和商业模式的多样化。但是参与者之间的竞争异常激烈，以至于他们全都在相互抄袭。竞争只能造就越来越多的一致性。当然，并不是每一个人都基于相同的设想而工作，但他们用的都是相同的软件。

"《桌面核保人》（*Desktop Underwriter*）就是这样一款软件，它有大约100个信息组，你只要输入数据，它就会得出'批准'或者'警告'的结论，"萨尔诺夫说，"显示警告的话，你就无法完成贷款手续。因此，它真的是行业标准，每个人都在用，所以每个人都在用相同的方法判断相同的人。这个软件是由房地美和房利美的员工编写的，他们当时正在谈判，因为急于建立市场标准，所以就支持使用它了。"

市场中有着如此多的欺诈，这使萨尔诺夫心绪不宁，只要有人愿意听，他就会向其发一通牢骚。但即便如此，就算是个老资格，也被公认为具有能力，他还是无法改变这个游戏。为了竞争，他需要吸引一支销售队伍，并且将这些人留住。但是，只要那些销售人员觉得没有相同的机会赚取与同业人员一样的巨额佣金，就没有人会留下来为他卖命。因此，就算是在自己的银行里，萨尔诺夫有时也必须对给无收入、无财产的人提供贷款的荒谬行为和激增的欺诈行为睁一只眼闭一只眼。

尽管如此，他仍旧对评级机构提出了批评，特别是那些被要求为打包成不动产抵押贷款证券的债务进行评级的机构。

"穆迪和标准普尔都在操纵数据，以便让证券顺利通过，让它们看起来比其本身应该有的价值更多，更安全。我认识一个给证券评级的人，等到文案工作通过以后，所有的数据就都被修改了，伪造了。真正的问题是，因为是卖方掏钱做等级评定，因此只要能拿到AAA等级，审计团队是不是够资格，或者审计结论是不是伪造的，他们都无所谓。我有朋友在审计小组工作，亲眼看到最终结论被修改。我不会这么做，但是有很多人在做。每个人都参与其中。现实情况的确如此：如果你不能战胜他们，那就与他们同流合污。"

当那些包装好的证券被送到华尔街之后，自然就会有很多交易商销售它们。

"疯狂的消费者，贪婪的放贷者，借助系统想方设法获得信息的信贷主管，和纸箱检验员一样只是廉价劳动力的可怜承销商，房利美、房地美和给他们施压以增加自置居所的总裁，有偏见的评级机构，做贷款证券化的人，还有那些买了很多担保债务凭证和双重担保债务凭证的愚蠢投资者，"迈克尔·萨尔诺夫说，"他们全都视而不见，全都贪心不足。人们的道德体系发生了可怕的堕落。很多一厢情愿的想法产生了。但这样的全球产业结构意味着没人意识到自己负有责任。"

萨尔诺夫说，这场危机的发生就像是一场瘟疫在一个城镇蔓延开来，整个行业的各个环节都染上了同一种致死的疾病，缓慢但确定无疑。这是一种规模空前的从众行为，因为投资机构一个接一个地屈从于同样的想法，即如果你不能战胜他们，那就与他们同流合污；如果我们不做，别人也会做；随大流走，否则有你好看；你必须接着奏乐，接着舞，开弓没有回头箭。他所看到的是被放大了的有意视而不见：我们也许都知道这是错的，但如果我看不见，那么你也看不见，他们也看不见。自20世纪30年代的极权主义政权以来，我们可能从未见过如此大规模的相互配合、沆瀣一气的从众行为了。但一开始没有独裁者，有的只是市场。这一事件的核心挑战是它揭示了一种现象：市场竞争越激烈，市场就变得越趋向于一致，其领导就越墨守成规。风险是集中的，而不是分散的。帕夫洛、科登和萨尔诺夫从个人角度观察到的现象被证实是全球范围内的真实写照：**一个社会的竞争越激烈，就越需要强制人们从众，无论这一规则多么令人厌恶。**

"能够担任一名对美国人民信守诺言的总统的副总统，这是我一生中最大的荣幸。"这就是时任副总统彭斯在2017年6月特朗普召开的内阁会议上的开场白，从而为称赞和吹捧总统定了调，其他成员开始效仿，甚至比他还肉麻。

"这个组的信息完全正确，并得到了回应，全国各地的反应极好。"

"总统先生，我很荣幸来到这里。真的深感荣幸。我要感谢你们恪守对美国工人的承诺。"

"谢谢您，总统先生。这是联合国新的一天。我们现在有了一个非常强大的声音。人们知道美国支持什么，他们知道我们反对什么，他们看到我们全面领先。"

团队工作的前提就是民主的前提：由不同类型的人组成，带来一系列经验、信念和专业知识，将为其服务的所有人做出更好的决策。会议显示了特朗普内阁不无怯懦的从众行为，他们更喜欢拍马屁，而不是持不同意见，其所展示的这种有意视而不见令人羞愧。但这种集体思维并非内阁独有。2016年3月2日，122名保守派知识分子签署了"永远不要特朗普"公开信，该信认为特朗普过于反复无常、无原则、鲁莽、具有煽动性、不民主和不诚实，不适合担任国家元首。然而，不到一年的时间，大约有一半人就加入了支持总统的行列。

贾尼斯有一个深刻的见解，即成为团队的一员会让人更愿意冒险，这一见解从未像现在这样切题，并让人有紧迫感。就个人而言，在给下属发暗示性短信之前，在隐藏数据泄露事件之前，在购买买不起的房子之前，在支持一个我们称之为"根本不诚实"的总统之前，我们可能会停下来想一想。但当每个人都这么做时，我们会感到安全，而这恰恰是更危险之时。

如果从众行为是错的，后果会有多么严重？不论是实验、神经科学，还是生物化学，它们都不能告诉我们答案。因为在选择紧跟群体亦步亦趋时，我们就是坚定地蒙上了自己的眼睛，看不到替代方案，对坏消息和质疑不闻不问，对我们认为定义了我们自己的个人价值观不予理会，直到我们发现自己身陷黑暗之中。于是我们目瞪口呆，困惑不已，不知道发生了什么。

第八章

袖手旁观，早晚轮到你

在这个世界上，最容易的事情是推测其他人会承担起责任，那人更聪明、更有权势、更资深、更善于表达、更大胆，也更年长，只要不是我，可以是任何人。

旁观者效应

2001年1月，沃尔特·帕夫洛对电信诈骗和洗钱的两项指控认罪，服刑2年。但愿是20年，因为他已经失去了一切：工作、妻子和家庭，更重要的是他的自我感觉。时至今日，当他拼命想要重塑他一直以为自己就是的那种好人形象时，你可以从他脸上看到极度痛苦的表情。他很注意个人卫生，穿着得体，细心、周到而又守时，这些对他来说尤为重要；每一个细节都表明他的行为很正常。他必须说服一个态度固执的陪审团，那就是他自己。并且他依然对裁决结果不是太有把握。

弗兰克·阿巴内尔（Frank Abagnale）是一名著名的诈骗犯，斯皮尔伯格（Spielberg）执导的电影《猫鼠游戏》（*Catch Me If You Can*）就是以其传奇的一生为原型。出狱以后，帕夫洛联系上了阿巴内尔，阿巴内尔建议他开始向人们讲述自己的经历：如果你坚持做下去，你就会成功，但你必须向人们传达正确的讯息，你必须承受你所做之事的后果，而且，你还必须一个人去承受。帕夫洛接受了这个建议，开始给商学院的学生讲授误入歧途有多么容易。他可以每天演讲8场却只收1场的钱，他谨小慎微地不让自己赚太多钱，因为他不想因讲述自己的罪行而获利。

有一天，他正在南达科他州发表演讲。

"外面很冷，我正和一群大二的学生说话，我闻到了烟味。我还是继续交谈。10分钟后，烟开始从通风口涌入，我们从大楼里跑了出来。大约10分钟之后，人们证实没有发生什么大不了的事，只是有人烧了装比萨饼的盒子。但是，当我们全部返回屋里后，我问道：'你们有谁闻到了烟味，但是什么都没说？'所有人都哧哧地笑着举起了手。'为什么没有一个人说呢？'有人说他们不想让自己看起来很傻，其他人则说他们也不确定那就是烟。但这就是商界的现实。你嗅到了烟味，你知道有些不对劲，然而你会想：也许只是我这么觉得，可能是我错了，于是你什么都不做。等到大楼里火烧起来，为时已晚了。"

虽然并没有意识到，但帕夫洛却见证了一个著名实验在偶然情况下的真实再现，这个实验是1968年由比布·拉塔内（Bibb Latané）和约翰·达利（John Darley）这两位年轻心理学家开展的。实验中，他们把受试者单独或2人一组、3人一组关到房间里，要求他们填写一份调查问卷。在他们填写问卷时，房间开始缓慢地充满烟雾。两位心理学家想知道受试者在何种情况下最有可能对烟雾做点什么：单独一人，或者和同伴在一起，哪种情况下你更有可能对紧急情况做出反应呢？

受试者的表现让人震惊。1人独自在房间里时，大多数人会在2分钟之内对烟雾采取行动：寻找源头，检查温度，去找人帮忙。但若2人一组在房间里，10人中只有1人会报告出现了烟雾，其余的人待着不动，固执地继续填写问卷，一边咳嗽一边揉眼睛。而当3人一组时，心理学家从理论上推断做出反应的人数比率应该是单独1人在房间中时的3倍，结果24人中只有1人会在最初的4分钟内报告有烟雾，尽管那时他们几乎都看不清东西了。

达利和拉塔内新创了"旁观者效应"（bystander effect）一词来描述他们的发现。他们对这种现象的兴趣是由一个纽约青年的被杀事件引起的，基蒂·吉诺维斯（Kitty Genovese）在纽约市的一条大街中间被人刺死，当时，人们认为差不多有38人目睹了这场持续了半个多小时的侵害，然而，没有一人打电话报警。牧师、新闻评论员还有政治家们马上就妄下论断，说纽约人冷酷无情，说贫民区治安混乱，但是，达利和拉塔内却心生怀疑，他们当时就住在纽约。是不是只有纽约人特别唯利是图，没钱不做事呢？还是所有人都会对紧急情况做出消极的反应呢？如果是的话，我们中间谁的表现会更突出一点呢？

他们的第一个实验是把受试者隔离在一个个隔间里，然后让他们认为他们无意中听到了有人癫痫发作一事。在受试者觉得只有自己知道所发生之事的情况下，85%的人会报告这件事。但是，在受试者认为还有其他4人知道有人癫痫发作时，就只有1/3的人会采取行动。这个实验表明：目睹紧急情况发生的人越多，介入的人就会越少。聚在一起时，我们会对那些单独一人时很容易看到的事情视而不见。

在此次实验中，受试者知道其他人与自己的认知相同，但是他们是彼此隔离的，因为拉塔内和达利想从解释类似行为的原因中排除掉"遵从"。仅仅知道别人也发现了问题就足以阻止任何形式的介入，人们甚至都不用知道别人是否真的采取了行动来处理这件事。一旦你把人聚成一个群体，比如聚在烟雾弥漫的房间里，旁观行为便会因遵从而加重，但是很明显，它不是由遵从决定的。

他们的实验结果引起了一系列将实验加以改造后进行测试的潮流，其中的受试者有男性和女性、黑人和白人、年轻人和老年人，他们目击到各种紧急事件：抢劫、昏厥、哮喘发作、尖叫、摔倒、车祸和触电休克。这些实验都证实了最初的论点：目睹紧急情况发生的人越多，有人对其做出反应的可能性就越少。哪怕只是想到有别人存在，也会阻碍人们表现他们的利他之心。

与美国不同，英国的法律界人士意识到了旁观者的重要性，并试图在法律上予以应对。这就涉及被称为共同犯罪（joint enterprise）的法律原则，基于这一原则，旁观者会发现即使自己是旁观者，也可能被判谋杀罪，就算没有证据显示是谁给予受害人致命一击也没有关系。这一原则的一个最著名应用便是1952年法院判德里克·本特利（Derek Bentley）有罪，因为案发时他说了一句"Let him have it"[1]，致使一名警察身亡。最近，有4人在16岁的蒂龙·克拉克（Tyrone Clarke）案件中被判犯杀人罪，克拉克被一帮年轻人刺死，这帮年轻人的人数多达20人。尽管并不清楚是谁刺的致命一刀，但是能够确认伤人的4人全部被判有罪。

但法律并没有改变人们的行为，从新闻标题可以看出，不断有事件为达利和拉塔内的发现提供佐证。手机的出现本可以让报案更快捷和更容易，可这并不能改变我们用手机报案的意愿。2005年，一位年轻女子描述了自己在伦敦一辆公交车上试图帮助一名被刺伤的乘客的情况。她说，不仅大多数人走开了，当她听到上层的呼救声时，她也没有采取任何行动。

1.本特利的这句话可以理解成"把枪给他"，也可以理解成"给他一枪"。当时本特利与朋友试图抢劫，被警察发现，警察说"把枪给我"，德里克·本特利大喊"Let him have it"，之后，朋友开枪射杀了警察。本特利的这句话在当时因有歧义而无法判定意图。但根据共同犯罪原则，他被判有罪。——译者注

我们都有可能会这么做

在接二连三发生的幼儿惨死事件中，蒂法尼·赖特（Tiffany Wright）和基拉·伊沙克（Khyra Ishaq）皆因饥饿而死，新闻界很快就开始指责社会福利事业。但是在这些事件中，让人非常吃惊的是，两个孩子被邻居和看热闹的人看见了，他们却什么也没有做。在基拉·伊沙克案件中，有一个邻居说她曾经看到这个小女孩吃喂鸟器上掉下来的面包，因为她实在是太饿了。据说，人们听到了尖叫和"让我出去"的哭喊声从伊沙克家的房子里传出来，一个邻居说，她曾看到伊沙克临死前只穿着内衣在后院里啜泣。但是"不要像一个爱管闲事的人那样插手不需要你管的事"这样的文化规范意味着伊沙克会在人们的视而不见中死去。当蒂法尼·赖特死亡之后，儿童保护委员会的艾伦·琼斯（Alan Jones）指出，朋友和邻居往往比官方机构更清楚发生了什么，但是这没有给那些挨饿的孩子提供任何帮助或保护。当64岁的患有学习障碍的大卫·艾斯丘（David Askew）在遭受多年的虐待之后因受人欺侮而死，人们开始指责当地的市政委员会没给老人提供一套新住房，尽管他的邻居多年来目睹他受到虐待，却没有做任何事情阻止。**这样的罪行不需要视频监控系统也能被发现，有众多的旁观者已经看到了。**

没有理由断定这些目击者是特别不道德的人。这是拉塔内和达利的实验已经证明了的。我们都有可能会这么做。就像我们都以为自己不会听命于米尔格朗的实验中的"老师"一样，我们也不相信自己会成为消极的旁观者。但证据对我们并不利。旁观者效应表明我们的社会自我和个体自我之间的关系极为紧张。如果我们不受约束，我们大都会做正确的事。但是在一个群体里，我们的道德自我和社会自我就会产生冲突，这让人痛苦。在达利和拉塔内的实验中，没有介入的实验对象说他们并非主动决定不介入，而是僵在了要不要介入以及如何介入的迟疑和矛盾状态中。在寻找摆脱这种不舒服的途径中，他们选择了更容易的道路，那是一种道德上的捷径。

对旁观者行为的最初解释之一是含糊性：**人们很难弄清楚究竟发生了什么，或者做出什么样的反应才是最恰当的。但也许我们对自己在事件中的角色也不明确。我们希望情况不是太急迫，以至于需要我们的介入。**也许它会过去，也许我们只是对它产生了误解。做出反应会引发冲突，而我们并不喜欢冲突。遵从心理也会导致同样的想法：如果我急忙赶去帮忙，而结果是什么事情都没有发生的话，那我一定看起来像个傻瓜。我们对窘迫的恐惧只是自古以来对排斥的恐惧的冰山一角，而这种古老的恐惧却有着惊人的力量。**当我们是唯一的目击者时，我们更有可能介入，但一旦有其他的目击者存在，我们就会心生顾虑，担心群体怎么评价我们。**

在体现旁观者行为的事情中，微不足道的小事最为常见，或者说至少感觉是这样的。你可能会听到一个年轻员工因为衣品而被同事取笑。你不想介入，因为这样的闲扯对你没有意义。但是，这的确造成了伤害，因为在工作的地方被人取笑是会损害职业发展的。所以，我们可能想到要介入，但大多数人还是说服自己要置身事外。同样，我们中的大部分人从来不会目睹到犯罪。但是，对某些事来说，我们全都是旁观者，比如无家可归、贫穷、虐待和悲伤。我们最常暴露出旁观者的冷漠的时候是在工作中，此时，我们看到（或者认为我们看到）同事沉迷于虐待行为或危险、违法的活动中。我们不想成为投诉的人，毕竟，我们有可能是错的。如果涉及的只是穿衣打扮之类的事，那可能还无关紧要，但如果涉及弱势群体，这种现象可能就会非常危险。在一项针对护士的研究中，这一点表现得非常明显，那些护士经常看到同事安妮（Annie）粗暴地虐待病人。

"她确实给病人造成了消极影响，尤其是那些老年人或长期住院的病人，"其中一名叫肖恩（Sean）的护士回忆道，"在晚间给他们送夜壶或者带他们去厕所时，她都会小题大做，他们中的很多人从下午开始就不能喝任何东西了，以确保他们晚上不用如厕……但是对上了年纪的病人来说，脱水是个大问题。我们还有很多病人晚间要长时间地忍受痛苦，因为当他们第一次请求她帮忙止疼时，她的态度实在是粗暴，因为过于害怕，他们也就没人敢再开口了。"

安妮成为这个医院里的话题，每个人都知道她是个很厉害的护士，甚至其他病房的人也知道她。但是没人做任何事。有人说她会威吓："当醉鬼被安排住进医院时，她从来没在他们身上遇到过麻烦。就算是个大块头、爱滋事、醉醺醺的家伙，只要感受到她的气场，也会规规矩矩，要不然就有他的好果子吃，你能想象我们其余人会有多么容易被她吓到了。"他们担心的是，如果他们确实说了什么，但是什么也没改变，那和她一起工作将变得更糟。其他人则责怪他们，希望他们能够理解和安妮一起工作有多好。

"起初，我觉得这是我的问题，"肖恩承认，"我是新来的，我不是那种非常自信的人。"

有些护士为安妮辩解，说安妮的生活艰辛，而其他人则试着关注她能够弥补这一缺陷的品质：她在危急关头表现良好（虽然护理工作表现较差）。所有的护士都设法避免和她同时值班，而且也都在议论她。就像所有工作场所的闲言碎语一样，每个人都知道发生了什么这一事实恰恰证明它是问题的一部分。人们感觉谈论问题就好似采取了行动，但那不是行动。

"知道有人为同事担心，而且留意她的一举一动让我有段时间感觉略好了一点，"另外一名叫曼迪（Mandy）的护士回忆道，"但是慢慢地，我开始明白其实什么都没有改变：她没有变得更好，实际上，可能还更糟了。"

安妮该负的责任被分摊了：既然每个人都知道她的所做所为，从理论上讲，每个人都对其负有责任，这就意味着他们全都希望别人有所行动。但是，通过抱持被动的立场，护士们降低了有人会拿出一个积极解决办法的可能性。

责任分摊制

"责任分摊"解释了很多在其他情况下似乎无法解释的行为。如果每个人都知道，那么肯定会有人做些什么。那个人是谁？是别人，不是我。图利普·西迪克（Tulip Siddiq）现在是一位工党议员，但开始在威斯敏斯特[1]工作时，她是一名议会助理，她首先了解到的事情之一就是那里的性骚扰很是猖獗。每个人都警告她注意，但没有人采取任何措施遏制它。

"我刚开始工作时，人们就说：'不要和他一起坐电梯''如果你加班到很晚，就得避开他''这家伙曾经拍过我的屁股''在一次会议上，这个家伙邀请我去他的酒店房间'。"她说道，"这是一种文化。大家都接受了，只是提醒你而已。你知道应该避开哪些男性议员，听上去可怕吧，但所有人都知道。"

并非只有在威斯敏斯特工作的女性面临风险。路易斯（Louis）是一名中

1.威斯敏斯特是英国议会所在地，也代指英国议会。——译者注

学六年级[1]的学生，他向《金融时报》描述了自己与一名保守党议员共事的经历。"即使是一个17岁的人，他也能明显看出这个人在以一种极不恰当的方式运用其权力、影响力和议会的威望，权力失衡非常明显。"他为之工作的议员因"酗酒、习惯性猥亵以及对年轻男性的不当行为"而闻名，而其他议员（无论男女）都为他遮掩。"他们认为掩饰和基本上无视他的行为是他们工作的一部分。回想起来，沉默者就是同犯。"

2017年11月，会员和同行协会（MAPSA）发现其53%的会员"在工作期间经历、目睹或听说过欺凌或骚扰"，但只有21%的人告发过。在这样做的人中，84%的人表示他们的投诉从未得到解决。所有听到并知道这些投诉的人都在袖手旁观。他们可能已经制定了成文的《平等法案》，并将被投诉的行为定为非法，不过，他们不打算遵守。

那这是谁的责任呢？对于性骚扰，议会的态度是不屑理会。这样的议会能期待它做什么呢，人们用"疯狂的威斯敏斯特"表达对它的蔑视。从本质上讲，议员就像其下属工作人员的独立雇主，他们不仅在议会中，而且在整个政党中拥有权力、自主权和影响力。所以，没人认为保护党内工作人员不被强奸、骚扰、欺凌是他们的工作。2018年初，接二连三有人投诉，非常丑恶的事件也被媒体曝光，之后，一个为议员的工作人员设立的临时的官方人力资源服务机构成立，但该机构不是为了处理投诉，而是提供建议。一个由议员和工作人员组成的跨党派团体希望赋予国会下议院国会标准事务专员新的权力，即一旦发现国会议员骚扰其工作人员，就要暂停他的职务，但截至

1.六年级（sixth form）是英国中学教育的最高年级，该年级的学生被称为sixth-former，年龄多在16岁至18岁之间。在校期间，他们经常会去某个组织或机构实习，以积累工作经验，大多是无偿的。——译者注

2018年夏季，就此倡议进行投票的日期仍未确定。另外，也没有制定任何针对不适当行为举报人或目击证人的规定。

值得注意的是，这些复杂的操作是对本应非常简单之事的复杂反应。2010年，议会通过了在议会中要执行的法律。每个人都口口声声说会遵守，但同时又与立法者串通一气。很多证据都能证明性侵犯的普遍存在，比如大量关于猥亵和强奸的报道，一个私人WhatsApp[1]群揭露的信息，以及一份"羞耻表格"——该表格将被控性骚扰的议员姓名列得一清二楚。在人们的记忆中，性侵犯一直是英国议会的特征。更值得注意的是，很多女议员及其同事知道发生了什么，因为她们自己也经历过性骚扰，但她们仍然什么都不做。正如一名工党女男爵评论的那样："我们允许这种事情发生。我们就是作恶的人。"

知情就撇不清责任，但当每个人都知情时，该由谁负责？在这个世界上，最容易的事情是推测其他人会承担起责任，那人更聪明、更有权势、更资深、更善于表达、更大胆，也更年长，只要不是我，可以是任何人。而且，就像在议会中那样，当无人可以求助，不存在人力资源部门，没有监察专员时，模棱两可会让问责制形同虚设。人人有责，即人人无责。

借口五花八门。我曾听一名女议员说下议院是一个古老的机构，其传统（那些骚扰和猥亵）的改变需要时间。历史没有为硅谷提供这样的借口，这应该是我们的未来。在特斯拉，表面上，道德热线是举报性骚扰的安全之地，但女员工称它显然没有配备相应的工作人员，也不回应举报。在优步，当工程师苏珊·福勒申诉自己受到性骚扰时，她只是被告知要么去另一个团队找个活干，要么忍受这种冒犯。甚至人力资源主管也认为干预此事

1.一款即时通信应用程序。——编者注

不是他们的工作。她写了一篇博文，谈论自己在优步的体验，标题为《回顾在优步非常非常奇怪的一年》（"Reflecting on One Very, Very Strange Year at Uber"），该标题看似很温和，但文章却在网上疯传开来，梅琳达·盖茨（Melinda Gates）是这样回应的：

"显然，我很愤怒，但并不感到震惊。唯一不知道硅谷正在发生的事情的人，就是那些极力不去看清眼前发生之事的人。我认为，在科技企业工作的女性，没有谁没经历过某种形式的偏见或性骚扰，包括我自己。"

2018年初，随"#MeToo"运动的狂热尘埃落定，我询问了多名男性高管，想知道这对他们的组织产生了怎样的影响。没人能告诉我。从数据上看，在没有性骚扰的公司工作是不可能的，除非他们独自工作，他们是否承认这一点呢？他们不情愿地承认，无法断定自己所在的组织不受影响。对于"#MeToo"运动揭露的事情，每个人都感到震惊，但正如空谈让人们感觉自己有所行动，出于同情的支持已经成为变革的代名词。即使有什么改进的话，也没有人能说得出来。他们不知道他们工作的地方发生了什么，只是在假设、希望和想象。他们问过吗？嗯，大概在某个地方会有人这么做。但不是他们。他们什么也没做。

很明显，这种骚扰并不局限于任何特定的行业或组织，它们中既有营利性企业，也有非营利性组织和非政府组织，既有追求利润的，也有追求真相的，但它们都拥有大批的旁观者。旁观者并非全都是不知名的官僚。一名医疗顾问讲述了她被国民医疗服务体系的同事性骚扰的经历。她的丈夫也是一名医生，也坐在那里倾听，不过两人都只是希望做出改变。

必要时，你可以以所有的性话题都让人不舒服为由来解释这种行为。不论是经历、谈论还是听说，性骚扰总是令人痛苦。但是，旁观者的视而不见也同样适用于缺乏此类情感力量的实际商业问题。

比尔·麦卡利尔（Bill McAleer）告诉我："我们工厂的安全流程会让一辆很不安全的车辆离开工厂，进入公众手中。"他在通用汽车工作了一辈子，为该公司及其为他提供的精彩职业生涯感到自豪。但当大幅削减成本成为常态时，他越来越担心通用汽车的产品质量。

"我说的是汽油泄漏、悬挂失灵、刹车失灵、方向盘脱落，所有可能发生在汽车上的事情。这让人们对通用汽车的整个制造流程产生了质疑，该流程已经被恶意简化，时间长达五六年之久。"

对于自己看到的情况，麦卡利尔越来越担忧，于是写信给董事会表达自己的担心，但一直没有得到回复。随着时间的推移，该公司形成了一种"视旁观者行为为正常现象"的文化。通用汽车首席执行官玛丽·巴拉（Mary Barra）描述了她所说的"通用点头"，即"每个人都对一项拟议的行动计划点头表示同意，但在离开房间时却无意贯彻落实……点头是一种空洞的姿态。"同样流行的还有后来所谓的"通用致敬"："交叉双臂并向外指向他人，表示责任属于别人，而不是我……没有一个人承担责任，也没有一个人需要单独负责。"

"通用点头"和"通用致敬"确保了当相关委员会提出问题时，不会有人对它们采取任何措施。在关键的安全会议上，员工们经常有意不做笔记，因为他们认为通用汽车的律师不希望看到任何有关问题的文件。它们不会被称为问题，因为员工们被敦促"写的时候要聪明一点：不要使用判断性形容词和猜测性语言"。公司要求高管们避免使用某些词语，并建议他们替换，比如"问题"要写成"议题"，"缺陷"要写成"不符合设计要求"，而且他们被告知不要使用"像坟墓一样""狂野的"或"滚动的石棺"等短语，尽管这些短语被备忘录作者称为幽默的描述。

但是点火开关的问题是问题，而且是致命的问题。最终，3000多万辆汽车不得不被召回，但据通用汽车估计，那时已经有124人死于有严重、真实缺陷的汽车。人为的语言和手势只能使公司对危险视而不见，直到把戏被揭穿，因为它真的是骗死人不偿命的。

1997年，安然公司的矿产与金属管理团队就上演了一出《绿野仙踪》假日滑稽短剧。安然公司副总裁谢伦·沃特金斯扮演邪恶的女巫，而男巫则由杰雷·欧福代克（Jere Overdyke）扮演，他穿着猩红色缎子做的皮条客套装，假扮成首席财务官安迪·法斯托（Andy Fastow）。每个人都能理解其中的潜台词：因为男巫是个骗子，所以公司的金融法术也只不过是迷雾和镜子。在观众席里，每个人都会意地笑着，他们每个人都是旁观者。他们可能觉得自己只是罪行的消极目击者，因为这罪行太大了，他们阻止不了。但是，实际情况是，安然的员工正在用一个一个的欺诈合同证实他们的公司就是一个骗子公司。对旁观者来说，关键的一点是他们有潜在的影响力，但是他们选择不用这种影响力，这也就意味着他们并不是中立者，而是甘冒蜕变成帮凶的风险。采取中立的立场是不可能的。美国第六大公司的崩溃并不是一小撮坏蛋造成的，而是成千上万的旁观者在助纣为虐。

每个人的薪水都很丰厚，他们彼此喜欢，共同点也很多，很多人还因长时间的全球旅行而精疲力竭，所有这些因素都在确保他们的共谋行为得以实现。但是，他们可能拥有的黑白分明的道德也会因为他们所处环境的强烈模糊性而出现混乱。安然公司新员工培训视频和电视广告明确地赞美"挑战和愿景"。前首席执行官斯基林和前董事长莱有意着手组建一个大公司，要像新创立的企业那样自由地经营。他们对规章制度不屑一顾，鼓励竞争性的冒险。与此同时，他们还花钱游说华盛顿的官员，废除一切不便利用的法规。今天，在听到和读到安然公司的文化时，人们不可能不想到优步、脸书和硅谷的大部分其他公司。

旁观者的行为并不一定总是涉及犯罪活动。在公司里，它经常与战略业务受到威胁时做出的失败反应有牵连。经典的事例可以从生产制造商身上得到，比如马车制造商对汽车再明显不过的崛起视而不见，或者是目光短浅的美国汽车制造商对日本汽车制造商表现出来的优点视而不见。这样的案例数量众多，但是讲授这些工业上的"火车事故"似乎从来没有减少它们发生的数量。

1999年，互联网的出现和数字音乐的兴盛让所有的唱片公司头晕目眩、困惑不已。年轻人为什么偷他们的音乐？怎么才能阻止他们呢？尽管音乐制作行业是我曾经目睹过的离有组织犯罪最近的地方，但是，你还是能感觉到其痛苦。没人想再为音乐作品付钱了，你想要的任何音乐作品都能从互联网的某个网站中免费得到。当然，唱片公司也并非什么都没做。他们涉猎了几个互联网项目，但是这些公司都太贪财了，以至于和任何人都成不了好的合作伙伴。他们花大钱用于游说，希望能买通足够多的朋友为他们说话，阻止事态的进一步发展。但不管他们做什么，都为时已晚了。

就算你不在音乐行业工作，也很容易看出来这一点。并且，不用在思维上做大幅度的跳跃就能看到，现在音乐行业发生的事只不过是电影行业前景的隐约显现。只是现在还没有发生罢了。20世纪90年代末，美国的宽带普及率仍然低于50%。即使如此，从理论上讲，人们也能下载电影，不过实际情况是，没人有耐心用电话线拨号上网去做这件事。不过音乐行业的景象预示着，有一场即将到来的灾难在等待着电影行业。

当时我向工作室提交了一个提案，那个提案其实就是iTunes[1]的前身。这有利于把握主动权，并了解在线发行和消费，这难道不比等着让别人得到要好吗？那时我经营着一家叫爱凯斯特（iCAST）的网络媒体公司。我们社会关系良好，而且资金非常充裕，和好莱坞有过很多接触，虽然人们不喜欢或者不明白我们所持的理念，他们却想要我们的钱。和迪士尼公司一群高管的一次会面让我记忆犹新，其中许多人现在还在其位。按照我们观察到的情况，我们向他们展示了所面临的威胁，并且提出了几种解决方案，以便进行合作，把握先机。当时我并没有意识到，在那次会议上，我们看到的是那些人把旁观者行为表现得淋漓尽致。他们全都看到了音乐行业发生的事。他们也明白同样的危机会降临到他们所在的行业。但是没人愿意冒险去应对危机。他们说，市场现在不明朗，没人确切地知道数字娱乐将会如何发展。那么，谁该负责走出第一步呢？公司政治意味着什么都不做总比提议一个大胆的行动方案更安全。而且，那些高官们问道：如果这一战略的风险是真实的，那么其他电影公司不也会做些什么吗？如果他们都没做，为什么迪士尼要做呢？尽管他们都是骄傲的高层人物，但是房间里没有一个人觉得自己有足够的资历来做这一决定。我记得当时我坐在那里想：20世纪80年代，电视公司被称作"三只瞎老鼠"，因为当有线电视出现时，他们没有认真地加以利用。现在的电影公司不过是在重走电视公司的老路而已。

只要提及"有意视而不见"，你就可以在任何行业里听到同样的故事：饮料公司忽视维生素饮料，包装商品企业并没有考虑产生的所有废物及其

1.苹果公司开发的一款数字媒体播放应用程序。——编者注

去向，制药公司故意忽视标签外处方或阿片类药物的滥用，枪支制造者自称二级市场（把枪支卖给小孩和罪犯）与他们无关。不管说还是不说，事实就摆在那里，所谓的领导层却无所作为。这不仅仅是因为这些都是更古老、更传统的行业。1995年，世界上第一个主流的互联网浏览器生产商网景（Netscape）上市，当时，世界上最大和最重要的软件公司微软还没有任何与之竞争的能力。首席执行官比尔·盖茨（Bill Gates）觉得有必要给全体员工写一份很长的备忘录，解释说互联网有一天会变得非常重要。在为微软工作的数万精通技术的人中，难道没有人注意到互联网的到来吗？当然不是，但大多数人表现得就像它不存在一样。正如谷歌错过了社交网络一样，世界上最大的酒店公司也忽视了爱彼迎。每个人都看到了这些创新，但似乎没有人认为他们应该因此做些什么。

这些都是典型的商业故事，创新的失败往往不是因为缺乏理念，而是因为缺乏勇气，这种失败是人就会有，非常普遍。大声谈论具有挑战性的想法、新的商业模式和具有威胁性的技术，需要一定程度的勇气以及反思和表达能力，大多数人认为他们缺乏这种能力。商界领袖总是宣称创新正是他们想要的，但是他们却常常反应迟钝，踌躇不前，因为他们希望和假设有别的什么人在别的什么地方先冒这个险。也许在他们退休后，需要做出艰难抉择的时刻才会到来。他们也许发现了即将发生的危机，但是，正如之前的受试者一样，他们宁肯认真地继续做完调查问卷，也不愿意站起来告诉大家房间里烟雾弥漫，就算他们几乎看不清东西了也不会说。正如犯罪行为的目击者一样，一旦有人把握了主动权，剩下的旁观者就会觉得焦虑和不舒服，隐隐地觉得自己好像错失了时机。

旁观者行为从小就开始了

　　没人确切地知道旁观者行为是先天具有的还是后天习得的，但是，它们确实在人们很小的时候就开始了。多数孩子在学校里目睹过欺凌弱小的行为，这些欺凌行为由老师、同学或二者一起实施，孩子们庆幸自己不是受害者，但心中并不舒服。就像我儿子一样，他们甚至还学会了人生中宝贵的一课：如何避免成为那些以大欺小的学生下手的目标。所有欺凌弱小的行为都有一个显著的特征，那就是它需要观众，这是由多数担任旁观者的孩子扮演的。

　　近几年，美国司法部和警察局都对欺凌弱小事件非常关注，称之为最缺乏报告的美国校园安全问题。在校园枪击凶犯中，有三分之二的人之前受过欺凌（仍然还活着的开枪人报告说），枪击之所以发生，在某种程度上可能要归因于被欺凌者的愤怒和发泄，对他们来说，所有的旁观者都是同谋。同样，对青少年自杀行为的研究常常发现自杀者有被欺凌的历史，这种事通常发生在学校，有人看到过，人们也都知道，但从来没有人采取行动。

　　旁观者并不是中立的，他们在恃强凌弱的行为中扮演着重要角色。尽管英国开展了很多运动，并且要求所有学校要有一个反恃强凌弱行为的政策，但2016年一项有关欺凌弱小的全国性调查显示50%的学生承认他们被欺负过，其中有19%的学生每天被欺凌。在很多情况下，学生旁观者扮演的是"强化刺激者"的角色，充当着怂恿者；而其他学生因为没有加以干预，纯粹是在保护以大欺小的人。这两种学生的存在都是对恃强凌弱者的肯定。只有10%至20%的目击者曾向被欺凌者提供过实际的帮助。也许最让人失望的是，据警察观察，小孩子之所以很少报告欺凌弱小事件，是因为他们在学大人的样子做事。

"孩子们是在学校学会当旁观者的。"欧文·斯托布（Ervin Staub）说。

斯托布的一生都致力于对善恶的研究。他是德国犹太大屠杀的幸存者，对种族灭绝和大规模暴虐活动的研究促使他先后到卢旺达、布隆迪、刚果以及新奥尔良、洛杉矶等地工作。他对恃强凌弱行为的兴趣源自他的观察，他看到所有大规模暴虐事件都需要旁观者，而且旁观者会加剧这种暴虐行为。正因如此，他对学校里发生的欺凌弱小事件做了长时间的研究，他认为，学校正是这些欺凌行为的起源。

"可悲的是，老师并不经常干预。有些老师觉得孩子们应该学会处理自己的事情。所以他们什么都不做。但其实这很成问题，作为成人，我们应该为孩子们提供指导。当我们消极看待时，它传达了一个讯息，那就是：没有必要做什么事。"

老师和父母通常不加以干涉，因为他们觉得孩子们要学会自己处理问题。但是孩子们却得到了错误的信息，他们学到的就是做大人做的事：什么也不做。然后，这个信息就被放大了。

"我深信旁观者给那些凶手和恃强凌弱者一个信号，那就是他们的所作所为是可以被接受的。这倾向于让他们感觉自己得到了支持。"

我在我孩子的学校亲眼见过这种情况。当女学生抱怨附近的建筑工人和装修工人对她们的骚扰时，她们的老师告诉她们什么都不要做，别搭理他们。年轻女生感到困惑和愤怒：这真的是她们一生要学习的功课吗？

在马萨诸塞州，斯托布开始开发一门课程，教孩子们看到欺凌弱小事件时如何更好地应对。他称这门课的目标是对欺凌弱小的人建立一种同情但不接受的态度。

"我们试着让学生们明白那些被欺负的小孩子受到的影响，孩子们不一定会处理这种情况。我们训练他们参与其中。他们不用自己单独去做，他们只要转身对一个朋友说：'嘿，我们现在要做点什么，我们必须阻止这事。'我还尝试让他们帮助受害者，因为旁观者的消极表现会让受害者觉得没人同情自己。你知道，要阻止欺凌弱小事件其实只要做很小的一点事就可以了，人们只是没有意识到他们具有这份力量。"

斯托布希望人们知道他们可以干预，而且他们可以（而且必须）以安全的方式干预，因为这是有效阻止暴力的唯一方法。他的很多理论已经传播开来；在伦敦，众多年轻人已经了解到，当他们看到一个人受到种族主义者的欺负和骚扰时，最有效的回应可能是与预期受害者进行对话。一旦受害者不再被孤立，力量的平衡就会改变。

"截至目前，我们已经在卢旺达工作很多年了，我们在那里做的一件事就是设法帮人们理解影响暴虐事件的因素，研究人们经历了怎样的社会环境和心理变化。通过提供这种信息，我相信人们就不太可能闭上他们的眼睛了。他们知道要寻求什么。那些事情通常不会进入你的视野，因而也就不会引起你的关注，但当你知道自己正在搜寻什么的时候，那些事情就有可能关联起来，与你产生互动。你就会想：我必须要注意这件事，它很重要。

　　"我有一个坚定的立场：在大规模暴虐事件发生时，我们必须尽早行动。越早行动越容易，而且要在思想意识和立场观点得到发展和强化之前采取行动。在独立事件中也是如此，就算你不考虑什么意识形态，只要想到欺凌弱小的人就可以了。就算欺凌弱小的行为刚刚起步，施暴者也会进入状态，如果应某人的要求罢手的话，他们就会觉得丢面子。所以，在他们丢人丢大发了之前，更容易对他们加以干预。"

这只是一件小事，不值得大惊小怪

　　"这在其他群体中同样是正确的。我们倾向于这样认为：这只是一件小事，不值得大惊小怪。但是，等到事情发展到足以让我们担惊受怕的地步时，就为时已晚了。大规模暴虐事件是逐渐形成和发展的，常常从小事开始，比如排斥他人、在办公室制造歧视。如果没人对这种变化做出反应，那就等于发出了这样的信号：他们可以继续做下去。我来举个有关戈培尔（Goebbels）的例子。1938年埃维昂会议之后，国际社会共聚瑞士讨论要不要接纳从德国来的犹太难民，结果没有哪个国家想要接纳他们。戈培尔在他的日记中写道：'他们想做我们正在做的事，但他们没有勇气。'他得到的讯息是：如果一开始没人阻止，他就可以继续做下去。"

　　今天，距约翰·达利与他人合作开展旁观者实验已经过去40多年了，他目前在普林斯顿树木繁茂的民族聚居区工作。从那之后，他继续从事着重要的研究，探索大型组织及其人员是如何堕落的。在许多方面，他没有偏离自己新颖的、开创性的研究很远。他认为：那些最为邪恶的事总是需要数量众多的参与者，这些参与者的不干涉就是在为虎作伥。

　　达利在心理学方面很有天赋。十几岁时，他就开始钻研玛丽安·基奇及其追随者的认知失调理论了。在他的记忆中，当时他父亲正用运筹学帮助心理学家利昂·费斯廷格开展实验。他仍然对强化人类行为阴暗面的社会结构和组织结构感到好奇，对道德只是间歇性地影响人类思维的方式特别感兴趣。

"道德思维并不是我们的默认思维，"他说，"如果在竞争性很强的环境里，压力巨大，认知负荷加重，你甚至根本不会留心还要考虑道德。很多人的堕落，我认为，始于一种直觉活动，而不是一种蓄意而为。难道是系统1或者系统2出岔子了？我想知道答案。"

达利引述的是他的同事卡尼曼的研究成果，卡尼曼提出我们的大脑运行着两种思考模式：系统1是直觉的、联想的、快速的和源于习惯的。本质上它是快捷思维，大多数情况下，它就够用了。系统2是更谨慎的、分析性更强的、慢速的和要求更多付出的，我们如果想要正确地解答一道数学题的话，我们用到的就是这个系统，系统2的另外一个用途就是监控系统1的错误。

"很多凭直觉做的决定是合理的，"达利继续说，"但是问题是，有时候却不然。而推理系统的监视者即系统2是断断续续工作的，而且不严谨。问题就在于此：它不会突然发出警报。所以，你会向那些根本偿还不起贷款的人发放抵押贷款，因为你处于一个竞争激烈的环境中，承受的业绩压力非常大，在这种情况下，你就不会监控自己的行为是否符合道德规范了。当然，只要那些抵押贷款被证券化，你就不用再对它们负责，你也就不在乎拥有者违约了。责任被分摊了。从你的角度来看，系统1运行正常。当然，赚钱最多的人是最盲目的人，因为对他们来说，说得直白一点，仔细查明的成本太大了。我认为，当你看到这一切如何发生时，就会看到竞争性环境、薪金结构或仅仅是公司政策会带来巨大的压力，而沉重的压力就会让人倾向于将道德反省远远地抛在脑后。"

就大规模腐败和大范围邪恶需要大量参与者和旁观者，达利曾写过很多资料加以论述。安然、安达信、雷曼兄弟、卡瑞林等企业的崩溃需要成千上万员工的努力，他们没能看到自己工作的道德意义。若不是数以百万计的人实际上走了相同的道德捷径，在恐惧和不确定性的驱使下专注于容易的事情，你是不可能看到历史性灾难，比如种族灭绝的。

达利不断地琢磨这个问题："在压力太大的情况下，你也许还有些模糊的想法，持有疑虑。但若你生活和工作在一个充斥着视而不见的环境里，那么你就不会看了。你对什么人或什么事视而不见呢？最后，我认为，还是你自己。你变得看不到自己。看不到自己更好的一面。"

1938年，毛特豪森的居民感觉到了什么是乐观。因为德国和奥地利的大规模重建为这个小镇带来了大量订单，他们的采石场再次投入使用。在不远处的林茨（奥地利北部城市），希特勒曾经为自己的家乡制订了宏伟的计划：一座新桥，新的市政大厅、艺术博物馆和中央党部以及两座纪念碑，一座用于庆祝德国吞并奥地利，一座用来纪念作曲家安东·布鲁克纳（Anton Bruckner）。因为新集中营的建设为供应商和工匠创造了就业机会和新生意，当地经济也在好转。

当囚犯在8月份开始抵达时，纳粹党卫军力图让当地居民远离集中营。但是集中营就在众目睽睽之下，而居民的日常生活却必须要继续。这必然意味着囚犯受到的野蛮虐待会被很多旁观者目睹。其中有一个叫埃莉诺·古森鲍尔（Eleanore Gusenbauer）的农妇不喜欢自己看到的情形，她把自己的抱怨写了出来：

在毛特豪森集中营维也纳沟的工地上，这些失去自由的人一再被射杀，那些受伤很重的人还能活一段时间，于是要在死人旁边垂死挣扎几个小时，甚至半天。我的房子坐落在一个紧邻维也纳沟的高地上，我常常是这种暴行的不情愿的目击者。

总之我感到很反感，这样的场景刺激着我的神经，我真的无法长期忍受。

我请求停止这种不人道的行为，或者到一个没有人看得到的地方去做这种事。

第九章

眼不见，心里就踏实了？

我们看不到离我们太远的事情，看不到和我们的经验相去甚远的事情，看不到远离我们关注点的事情，或者看不到只是因为太复杂以至于无法综合起来的事情。

一种奇怪的漠不关心

　　圣詹姆斯广场是伦敦最优美的地方之一，从白金汉宫步行一会儿就到，周围耸立着高大精美的乔治亚风格的建筑，环抱着一个宁静、安详又绿树成荫的公园广场。高额的停车费使它不会挤满汽车，公园布局中精心设置了一些不便之处，使得出租车也无法把它当成避开交通拥堵的捷径。广场就在蓓尔美尔街（Pall Mall）的边上，这条街可是绅士俱乐部集中区的中心地段。海军和陆军俱乐部精美而弯曲的楼梯和高大的大理石门厅抑制了声音，而围拢着的深色扶手椅又使得谈话变得静悄悄的。从18世纪起，诺福克（Norfolk）公爵和克利夫兰（Cleveland）公爵的家庭住宅就坐落在这个广场上，他们是住在这里的七位公爵和七位伯爵中的两位。隔几幢房子就是查塔姆宫，即英国皇家国际事务研究所，有关国际政治的许多高级机密指令就是从这里发出的。"查塔姆宫规则"是一句老话，表示可以直言不讳，但不能将秘密的谈话泄露出去。漂亮的连排住宅曾经是洛夫莱斯（Lovelace）伯爵和他妻子埃达（Ada）的家，埃达是拜伦（Byron）勋爵的女儿，也是早期计算机的先驱。对这对年轻的夫妇来说，这个广场是伦敦最完美的住址了：绝无仅有，而且靠近权力中心。紧挨着该住宅的便是伦敦图书馆，它是世界上最大的私人借阅图书馆，由托马斯·卡莱尔（Thomas Carlyle）建立。萨克雷（Thackeray）是其第一任财务审计员，狄更斯（Dickens）、乔治·艾略特（George Eliot）、吉卜林（Kipling）、肖（Shaw）、亨利·詹姆斯（Henry James）和T. S. 艾略特（T. S. Eliot）都是其会员。图书馆的皮拉内西式（Piranesi）楼梯把无数建筑连在一起，里面排满了书，数量超过100万卷。圣詹姆斯广场就像是伦敦的缩影：从外面看就像个极少开口的人那样让人生畏，但是内部火热又奢华。

这里远离满是硫黄味的得克萨斯城的街道。但是，圣詹姆斯广场却是英国石油公司总部所在地，正是在这里，布朗勋爵下达了削减成本的命令，也是在这里，炼油及销售部门前首席执行官约翰·曼佐尼（John Manzoni）确保了此命令得以实施。如果你看一看当时英国石油公司的组织结构图，你就会发现布朗在最高一层，而曼佐尼仅次于他。从这个地方开始，命令经过7个管理层才会降临并传达到得克萨斯城炼油厂工人的耳朵里。两地之间跨越7个管理层，相距4800英里，6个小时的时差，而且文化天差地别。

和很多跨国公司一样，英国石油公司也不能在一张纸上绘出自己的组织结构图，因为这实在是太复杂了。区域生产经理负责精炼石油，但是和他一同工作的还有一位负责健康、安全、防护和环境（HSSE）的经理和一位工艺安全部门经理。他们负责多个生产地点，所以，在某一天里，他们可能是在得克萨斯城，也可能在其他地方。这个权力金字塔的底部又被细分为很多分支，有1级、2级、3级、4级经理，每一级都拥有多种责任。情况实在很复杂，这不仅仅是因为有很多的头衔、首字母缩写词和责任，还因为人员一直在变动：2001年到2003年间，单单是工厂经理就换了5茬。

在2003年和2004年，英国石油公司更新了"管理构架"，于是需要进行额外的组织变动。英国石油休斯敦分公司被解散，那里的厂长变成了负责炼油的区域生产经理，工艺安全部门变成了新的HSSE部门的一部分，而且HSSE部门换了一位新的经理。

就在炼油厂发生爆炸前几周，这些组织变动对工艺安全带来的影响被研究炼油厂的顾问总结了出来："我们从没看过有哪个组织曾在如此短的时间内对领导层的职位做如此大的变动。即使这种高级管理层的快速轮换在英国石油公司体系的其他部分是常态，但它对得克萨斯城的影响非常强烈。在英国石油公司和阿莫科公司合并期间，与英国石油公司的人员调整相伴而生的是联合企业管理上的困难……组织稳定性几乎没有。"

当然，不稳定表示很多人升职，然后离开。没有哪个有抱负的经理想待在得克萨斯城。为什么？因为这里可不是美国的石油之都休斯敦，而是要在拥挤的加尔维斯顿高速公路上驱车半个小时才能抵达的地方。志向远大的人可能会在这儿工作一段时间，但是他们很快就会走人，这难道不是为一个全球化企业工作的乐趣所在吗？经理们可以四处调动，而且经常如此。但是其他人，那些'离阀门最近'的家伙却待在原地不动，他们还能去哪里呢？

运行异构化装置的工人向现场的上级报告，在现场的上级向在伊利诺伊州的区域副总裁帕特·高尔（Pat Gower）报告，而高尔又向集团副总裁迈克·霍夫曼（Mike Hoffman）报告，霍夫曼再向住在绿树成荫的圣詹姆斯广场的曼佐尼报告。曼佐尼的工作也不简单。

"我要对英国石油公司的好几项业务负最终责任，"因为得克萨斯城爆炸事件被免职的曼佐尼解释道，"这就是炼油企业。有零售业务，有润滑油业务，有市场营销业务，有化学制品业务。我这样说会让你觉得这些企业非常多元化。用你更熟悉的语言，举你更熟悉的公司来说吧，这有点像把库尔斯、惠而浦、盖普和通用汽车等公司归并到一起，同时经营这些业务。"

由于有太多工作要做，了解炼油厂的详细情况从来就没有成为他的工作核心。当被问到位于得克萨斯城的"资产"时，曼佐尼毫无歉意。他说："我要是关注这些单个的资产，那就太不正常了。"曼佐尼成为部门首席执行官的那一年，得克萨斯城被形容为"正在彻底衰落"。2003年，一位审计员宣称"得克萨斯炼油厂的基础设施条件和资产状况很差"。2004年7月，曼佐尼终于真正地视察了这个在他的投资组合中最大的炼油厂。但是，根据他的证言，他仍然对存在着的不对头的事情一无所知。

　　问：你在告诉我的是，在你视察期间，没人告诉你那个工厂里存在的问题吗？

　　答：事实上，我离开工厂时，感觉项目正在实施，而且，还有个叫1000天计划的东西。

　　问：你曾经和相关负责人谈过吗？

　　答：我过去是有过。但在视察得克萨斯城时我记不清有没有了。

　　问：你曾经和一个叫雷·霍金斯（Ray Hawkins）的人谈过吗？

　　答：没有。

　　问：假如他……如果你和他谈过，并且他告诉过你："你知道什么？我日复一日的工作只不过就是危机处理，早晚有一天会出事。"对你来说，这意味着什么？

　　答：那就是有问题。

但是，当然没有人告诉曼佐尼这些，他们知道他，但是很少见到他。炼油厂还没有一个人觉得自己和曼佐尼有那种交情，可以让他们找到他并告诉他真相。就在那一年，该工厂已经因为一个炉管爆裂造成了3000万美元的损失，而且在曼佐尼视察后的2个月内，有2个工人在打开管道法兰时身亡。不过很明显，曼佐尼也没注意到这件事。

我不确定有人告诉过我生产经营中存在的那些合规问题或分歧。你知道，我们显然将精力集中在所有业务的改进上，但是我不确信有人特别告诉过我任何分歧。我认为没有人知道得克萨斯城的风险等级，要是他们知道的话，我绝对不会怀疑我们会采取不同的行动，而且是本质上不同的行动。

曼佐尼的争辩引起了人们的兴趣，因为他在逻辑上走了一个捷径：假设不可能存在问题，因为如果存在问题，某地的某人就会采取行动。既然没有人采取行动，那问题就不可能存在。但是这段证言透露了曼佐尼未曾看到所有细节：削减预算的影响，未更新的消防器材，被推迟的维护和安全培训的减少。报告、审计、顾问报告、调查和警告对此进行了详述，它们全都引起了人们对工厂安全问题的关注。但是，似乎所有材料只不过是过了过曼佐尼的手，没有引起他的重视。

问：告诉我为什么在爆炸发生之前，工厂没有停工解决这些问题呢？

答：实际上我无法告诉你原因，因为在爆炸之前我没有意识到有问题。

在曼佐尼的证言中，自始至终让人非常吃惊的是他在表明自己的视而不见时的坦率。他不仅不知道当时正发生什么事情，而且好像认为没有什么需要他了解的情况。曼佐尼的证言如此含糊不清，以至于批评他的人可能会直接推断他在撒谎，但我认为他没有撒谎：他如此厚颜无耻，对自己的无知满不在乎，这说明他的话是可信的，只是让人感到古怪。尽管他承认15人死亡的严重性，但是他难以理解为什么自己会被卷入其中。他并不真正了解得克萨斯城，不但毫无准备，而且有一种奇怪的漠不关心的态度，他只是很厌烦，当他真的想去补救他现在终于看到的问题时，大家却在一直翻旧账。

2007年，布朗勋爵从英国石油公司辞职，这有多方面的原因，不仅仅是得克萨斯城的事故对英国石油公司的名誉和股票价格造成了损害。2005年到2008年间，其他石油公司眼看着自己的股价上涨了30%到40%，而英国石油公司却经历了长期的减损，只是略微赢利。这在英国石油公司内部引起了巨大的反思，因为该公司在新首席执行官托尼·海沃德（Tony Hayward）的领导下，正在想方设法进行业务重组。公司对自身的缺点，比如"不擅于听取意见""将复杂当作优点来赞美（他们认为这是一种竞争性防御）而非看成问题"痛下杀手。通过延长执行官的任职时间，奖励预防而非冒险式的危机管理，以及明显地简化公司结构，该公司试图努力减少组织上的混乱状态。它因热衷于在办公室内解决安全问题而闻名，将很多精力放在了对坐立姿势、肢体重复性劳损和线缆松动的关注上；还好，至少高管们是安全的。

到2009年底，公司管理层又重拾自信，公司股价上涨，而且他们差不多准备好要向公众讲述公司所做的改变有多么意义深远。但领导很谨慎。毕竟，得克萨斯城爆炸事故虽然结束了，但其影响还没过去。在爆炸之后的众多诉讼结束时，英国石油公司和美国司法部达成了一个辩诉交易：该公司支付5000万美元的罚款，以避免因违反了与致命爆炸有关的《清洁空气法案》而受到刑事指控。但是，这个辩诉交易要视英国石油公司和美国职业安全与健康管理局（OSHA）签署的调解书的履行情况而定，有些事情英国石油公司还没有做。相反，在炼油厂爆炸事故之后的每一年，都有一名工人死在得克萨斯城炼油厂的工作岗位上，截至2009年10月，英国石油公司在得克萨斯城的工厂仍然要面对439项有违安全规定的突出问题。不到6个月之后，"深水地平线"钻井平台发生爆炸，之后沉没，造成了美国历史上最大的近海石油泄漏事故。当时，英国石油公司用了几周时间想方设法遏制这场灾难，但未能成功，首席执行官海沃德抱怨说他想回到过去的生活中，圣詹姆斯广场和墨西哥湾之间因距离而产生的裂隙比以往更宽了。

人们提出的支持全球化的理由之一，就是我们拥有可以把每一个人联系起来的科技，企业能够而且必须要扩展至全球范围。我们再也不需要在同一间屋子里挤来挤去了。置身于因特网、视频会议、电子邮件、手机和社交网络之间，距离已经不重要了。但在英国石油公司的案例中，上述技术都没有在两地之间架起沟通的桥梁，这一点显而易见，却让人感到非常痛苦。距离还是影响很大的。曼佐尼看不到为他工作的8万人，他也跟他们中的大多数人没有任何联系，甚至从来没见过他们的工作环境，或许最糟糕的是，他没有意识到什么都看不到可能会造成问题。在"深水地平线"钻井平台发生事故期间，托尼·海沃德表示他希望恢复自己的生活，但在说这番话时，他对那些永远无法恢复生活的石油钻井工人或永远失去生计的渔业工人似乎无动于衷。至于那些用自己的养老金投资该公司的退休者，他们则完全被忽视了。

科技能维持人际关系但是不能建立人际关系。在电话会议上，高管团队围绕着扬声器挤在一起，这种会议并不能传达个性、情绪和细微的表情。你可能会和那个说话最多的人逐渐建立密切的关系，或者立即就开始讨厌他。但是你永远不知道原因所在。你也觉察不到默默无语的批评者远在千里之外的阴沉的脸色。视频会议会让所有参与者分散精力，他们会长时间地担心发型，或者担心自己在屏幕上看起来是不是太胖了，因在屏幕上看到自己而感觉不自在。那里正在下雪吗？这里天气炎热，阳光明媚。这种紧张的谈论天气的闲谈不自觉地流露出了人们对技术试图要掩盖的巨大差异的忧虑。

等级制度拉开了人与人的距离

不管技术有多么精密，有形的距离是不能被轻易跨越的。相反，我们会产生误解，既然已经通过电子邮件、笔记和报告交流了那么多的文字，那么肯定已经进行了很多交流。但是，首要问题是，这些文字要被人阅读，而且要被人理解，并且接收人要有充分的知识以便能带着辨识力和同理心去阅读。在曼佐尼的证言中，一个明显可悲之处在于他对谁在为他工作，或者他们在担心什么毫无概念。要和那些你根本不了解的人进行交流是极其困难的，因为你不明白他们关心什么。

自米尔格朗进行服从实验以来，通信技术迅猛增长，但是，在这些实验中，有一个形式变化了的版本变得更加具有现实意义。在最初的实验中，没有人看得到"受害者"的模样，或者听得到"受害者"的声音，实验对象中有65%的人将电击实施下去，并达到了最大限度。在这一版本的实验中，其中一个实验对象评论说："有趣的是你如何真的开始忘记外面还有一个人。很长一段时间里，我只是集中精力按开关和读那些文字。"但是，在这个实验的第二个版本中，"受害者"和实验对象处在同一个屋子里，就坐在几步之外，这种距离的拉近把完全遵从指令的实验对象减少到了40%。当实验对象按照要求去触摸"受害者"的手，把他们的手放到电极板上时，这种人与人接触造成的结果使得只有30%的实验对象完成了实验程序。由于"受害者"与实验对象坐在同一个房间里，他们产生了眼神交流，最后是肢体上的接触，故一切发生了变化。如果你不必看到自己的行为会如何发展，那就很容易对行为的后果视而不见。

同样，约翰·达利也变化方式，将旁观者实验重新进行了一次。他把几对受试者安排在房间里面对面坐着，其他人则背对背坐着。然后，他们就被留在那里画画。4分钟后，他们会听到因为一个意外而发出的声音：很显然是一位工人摔在了地上，他呻吟着，喊叫着："啊，我的腿！"面对面坐着的人中，有80%的人会对意外做出反应，而那些背对背坐着的人，只有20%的人会做出反应。人际关系改变了我们的行为，真实的、面对面的人际关系更是如此。

物理距离会改变我们对彼此的想法和感觉，而等级制度本身意味着拉开人与人之间的距离，它产生的效果跟物理距离产生的效果相同。如果一个人在组织结构图中长时间地高高在上，或远远在下，他就很难去关心他人，甚至无法把他人当成人来考虑。 将人置于一个等级制度中会改变别人对其的看法，甚至可能改变其对自己的看法。据我所知，有些公司的员工在介绍自己时会说出自己的名字，然后报出自己的职位排序，比如"我是詹姆斯，我是6级工"，或"我是莎拉，我是高级副总裁"，好像他们的身份地位跟名字一样能说明他们是什么样的人。

等级制度之于身份以及官僚制度之于工作的作用，就是把它们变成一个标准化交易的客观过程，其测量和收集数据需要尽可能少地涉及人性，其目的是促进高度复杂的组织机构顺利运行，也可能是试图确保处于长命令链上的人员和任务之间具有某种程度的客观性和公平性。但结果可能是有害的，因为它强迫人们关注地位和目标，而不考虑社会意义。很多管理的思维模式来自制造业，每个行动都是明确的和可测量的。但将人像流水线上的机器一样管理是有风险的，风险在于他们的行为也会变得像机器一样。

2007年9月，贝拉·贝利（Bella Bailey）因食管裂孔疝和呼吸困难而入院。她离开病房去做内窥镜检查，检查结束后，一个搬运工把她带了回来，让她坐在椅子上。那天她女儿的侄女来探望她，反复要求给贝拉重新接上氧气。一名医护助理不断安慰她说护士一会儿就来，但护士一直没有来。最后，贝拉被转移回床上，但很快她就没有人管了。她的女儿朱莉（Julie）来到医院后，被眼前的景象惊呆了，她决定再也不把母亲一个人留在医院里了；她和家人一直陪伴着贝拉，直到她在那里去世。在此期间，她们的所见所闻令她们震惊：病人尖叫着找护士，而且被忽视、被欺负、被遗弃在肮脏、混乱、人手不足的医院里。

即使母亲死后，朱莉也没有抛弃她。她不知疲倦地开展活动，以期引起人们对斯塔福德郡中部国民医疗服务体系信托基金会所犯多种失误的关注。通过两次调查，人们发现这个基金会是一个具有有意视而不见的所有特征的官僚机构，这两次调查一次开展于2009年，一次开展于2012年至2013年，由罗伯特·弗朗西斯（Robert Francis）领导。

医学界以等级森严而臭名昭著，从神一般的首席执行官和顾问一直延伸至零工时合同的外包清洁工。这种等级制度交织成了一个复杂的官僚体系：

不仅是位于白厅[1]的卫生部，还有战略卫生局和区卫生局、健康促进委员会、护理质量委员会、基层医护服务信托会、全科医生和下院议员，以及多家皇家学院。从理论上讲，管理这种复杂体系的关键在于数据。但斯塔福德郡中部的那家基金会被数据淹没了，以至于很多管理上的争论似乎都是关于数据的，而没有人关心病人的治疗结果。这家医院本来是一家三星医院，三星是护理质量良好的标志，现在它降至零星，但失败的原因不是护理不善，而是记录的保存工作做得很差。对医护报告的要求如此之高，以至于生成数据似乎成了医院的核心任务。《弗朗西斯报告》称这是"一种专注于为系统业务服务的文化，而非专注于为患者服务的文化"。当卫生保健委员会报告说医院没有满足儿童服务方面的要求时，医院解释说提供的数据不足，并承诺改进其数据收集工作。最重要的是，医院领导层将重点放在了其高于一切的目标上，那就是获得信托地位，这将给予管理层更多自主权，并成为在国民医疗服务体系内取得成功和地位的标志。但一家医院能否被授予信托地位主要取决于其财务状况和管理，病人的护理并没有被纳入其中。尽管有大量繁杂的数据需要处理，它们中有些有意义，有些毫无意义，董事会仍然始终专注于这一目标。

《弗朗西斯报告》总结道："很明显，尽管出现了预警信号，但该系统并没有在更大范围内对不断涌现的信息做出反应。斯塔福德的医院应该按照安全和良好的护理标准向病人提供服务，在确保它的实现方面，医院董事会和信托公司的其他领导责无旁贷，他们的责任最为明确，与之关系最为密切，但他们没有意识到正在发生之事的严重性，对他们所知道的一些利害

1.白厅是英国伦敦威斯敏斯特的一条大道，自特拉法加广场延伸至国会广场。此街及其附近有多个重要的政府部门，是英国政府中枢所在地。因此，白厅亦为英国中央政府的代名词。——译者注

相关的事项反应太慢，并低估了其他事项的重要性。……信托公司的文化是自我推销，而非批判性分析和开放。从该信托基金会处理信托基金申请的方式，以及处理医院较高的标准化死亡率的方式，还有对自身业绩不准确的自我声明中，上述情况可见一斑。它从好消息中获得虚假的保证，却容忍或试图为坏消息辩解。"

弗朗西斯称顾问们的行为表现为"专业疏离"，管理层则没有"倾听（患者的）文化"。"毫无疑问，信托基金会期望其领导层关注财务问题，它就是在这样的环境下经营的。可悲的是，它没有充分注意到由此带来的与服务质量有关的风险。"另一方面，那些名字都是首字母缩写词的监督者和监管者推测，他们不知道的事情别人会知道，因此也就懒得费心沟通。弗朗西斯说，结果是没有有效地考虑到节约成本和裁员对病人安全和医护质量的影响。

与此同时，在遥远的白厅，通用的国家标准正在制定，并从高层传达给顾问和管理者，而他们可能会也可能不会注意。其结果是："正在制定的方针决策与其实际执行往往脱节。"

据估计，在斯塔福德郡中部的医院，有400到1200名病人死于不合标准的护理。完全有可能的是，在那里工作的每个人都认为自己做得很好：长时间工作，努力实现目标，不超预算。至于自己的行为对他人产生的影响，他们则视而不见。当你将工作分割成离散的、明确的单元，或将其分散至多个互不沟通的组织中，你不需要无能之人或腐败分子就能产生不好的结果，因为道德性灾难的条件已经具备。

"多年来，没有人知道罗瑟勒姆儿童性剥削事件的真实规模。据我们的保守估计，1997年至2013年整个调查期间，大约有1400名儿童受到性剥削。

她们被多名作恶者强奸，被贩卖到英格兰北部的其他城镇，被绑架、殴打和恐吓。比如，往孩子身上泼汽油，威胁要烧死她们；用枪威胁；强迫她们目睹残暴的强奸，并威胁说如果告诉任何人，她们就会成为下一个。那些年仅11岁的女孩被很多作恶者强奸。"

亚历克西斯·杰伊（Alexis Jay）对其在罗瑟勒姆进行的儿童性剥削调查的介绍旨在引起人们的震惊。她看到的是一个由公务员、医生、教师、社会工作者、出租车司机、政务委员会成员和警察组成的庞大却又薄弱的网络，他们对发生在他们小镇上的可怕事件视而不见；她不想让她的读者步那些人的后尘。她揭露的事实让她相信，因为涉及的人太多，责任变得分散，用杰伊的话说："这个问题属于所有人，但实际上，它又不属于任何人。"

发生在罗瑟勒姆的丑闻源于等级制度和官僚机构复杂的相互作用，并得到其支持，每一方都决心捍卫和保护自己的权威。儿童们被搁置一边，并被遗忘。有什么样的目标就会有什么样的行为，当然，这也正是他们想要做的。他们让每个人都专注于自己的本职工作，专注于各自的任务，这使得每个人都忽略了眼前所发生之事的意义。21世纪初，学校负责人报告说女生在午餐时间被从学校大门口带走，在午休时间给男人口交，但当教育局局长向警方表达对此事的担忧时，警方让她看了一张地图。

"一张遍布各种犯罪网络的英格兰北部地图，包括毒品、枪支和谋杀。她被告知：警方只对投入人力物力抓捕犯下这些罪行的'团伙头目'感兴趣。如果把他们抓住了，她所说的当地问题就会解决。"

出租车司机是这个犯罪体系的关键组成部分，儿童性剥削因此得以猖獗。杰伊在调查中找到的报告涉及女孩被强奸、殴打和被迫进行性行为等内容，她们全都是在出租车上被连续虐待或被贩卖到其他城镇的。给出租车司机发牌照是地方当局的责任，然而正是政务委员会与这些出租车司机定期签订合同，接送该地区一些最易受伤害的儿童。政务委员会、警察和执照颁发机构之间似乎不存在什么至关重要的联系，每个人都在做各自认为的分内工作。

在财政紧缩时期，当每个机构都感觉自己受到严重威胁时，众多不同团体的相互作用引发了地盘之争，每个人都为保护自己的工作或部门而战。警方不想把他们的资源花在不属于他们目标的问题上，因为他们不会从中得到任何好处。那些不受管理主义[1]影响的人可以看到正在发生的事情，只有那些照着任务清单埋头工作的人才不会关注它们。一个名为"冒险生意"的创新但非法定的青年项目在街头开展，据亚历克西斯·杰伊说："在努力想要有所作为时，他们经常与警察和社会服务机构发生争执。"他们自己没有任何法定权力采取行动，却是与处于危险中的孩子面对面的人，其他人都离得远远的。"然而，作为最具洞察力、权力最小的组织，"冒险生意"遭人反感。

亚历克西斯·杰伊告诉我说："这部分服务组织和儿童社会关怀机构之间的关系非常紧张。当他们取得一定成功时，有人似乎会产生一定程度的嫉妒，觉得他们踏进了其他专业人士的地盘，而他们本无权这样做。社会服务组织似乎认为只要是儿童保护的事，他们就有权管，而这些人都是业余人士，之所以加入是因为他们心怀对儿童保护的担忧，但儿童社会关怀机构似

1.管理主义（managerialism）指迷信职业经理人的价值及其所用概念和方法的理念。"不受管理主义影响的人"指那些在工作中不只沉迷于规则、数字、目标和衡量方法的人。相反，那些规定是什么就做什么的人丝毫不会顾及周边的环境以及自身对环境的影响。——译者注

乎认为他们的手伸得过长了。"

以目标为衡量标准不利于说明真相；相反，每一个法定团体都是既得利益者，他们要让问题消失。因此，2005年，当警方进行审核时，他们建议不再将大量的女孩作为监控对象。"冒险生意"对这一建议予以质疑，但儿童社会关怀机构支持警方，所有女孩的资料都消失了。

由于不愿意接受儿童被性剥削的严重程度，儿童社会关怀机构的管理者找到了减少证据的方法。以某案例为例，他们坚持认为若非亲眼所见就不能报案。这种特别的规则使人们几乎不可能提出任何证据。

毫不奇怪，在这种环境下，儿童社会服务部门很难招聘到合格的员工，职位空缺率一度高达43%；2005年至2008年间，儿童社会服务部门被重组，分为7个地区，每个地区有2名管理者。这对儿童保护工作是一个巨大的干扰，因为有些管理人员缺乏社会工作或儿童保护方面的经验。现在有更多的人在同一个地方工作，但缺乏上下一致的分级负责管理安排。2009年至2014年，安全总监的职位先后有5个不同的人担任，2010年上任的总监在第一年就任命了7位管理人员。

但官僚作风仍在继续。在此期间，检查、监测和审查继续迅速进行，15年内印发了整整16份报告。这些报告和审计都需要投入大量工作，召开多次会议，捉襟见肘的员工手忙脚乱地赶着完成最新的文书工作。每个人都很忙碌。

杰伊告诉我："从初期开始，儿童保护委员会成立之前的委员会就制定了很多计划和协议，其中不少看起来相当不错。但是没有人检查它们是否正在实施，或它们是否带来了任何好处！"

大多数报告充满了赞扬之声，工作似乎"有希望"，而且"正在朝着正确的方向发展"。会议成倍增加，流程繁重，文书工作正在改进，目标正在实现，每个人都在寻找办法不把这个活生生的被虐待问题的规模或范围考虑进去。然而，与报告数量一样惊人的是，专业术语和官话的泛滥掩盖了每个人都未能解决的问题中的人性。没有哪份报告写一个孩子，没有人写一个孩子连续遭受虐待的经历。相反，提到的只是病例数和风险评分。只有在提到被谋杀的"某个儿童"时，语言才变得最有人情味。

杰伊继续对我说："我有强烈的个人意愿要描述这些孩子们绝对可怕的经历，而不是让任何人免受它的影响。"她知道报告的语言旨在避免识别或标记儿童，但她认为其效果是掩盖了对最易受伤害之人造成的真正伤害。"当我询问处于这种情况中的儿童时，他们对我说：'我们希望人们知道发生了什么，这有多可怕，我们需要得到证实！'而若这一切都用专业术语包装起来，你就搞不懂它要说什么了。"

为解决罗瑟勒姆儿童性剥削问题而形成的复杂体系充斥着官僚作风、等级制度、地盘争斗、意识形态、流程和衡量标准。体系越华丽，就越难透过数字、规则和目标深入淫秽行为的核心。他们会给每个孩子赋予一个字母和一个数字，姓名中的大写字母代表名字，数字代表他们遭受虐待的风险有多大，这就把很多善意之人变成了处理无名受害者的机器。在这个过程中，受害者和那些以为自己在帮助受害者的人都变成了齿轮，成为制造过程中的零部件，其最终产品是不透明的报告。从体系的一部分到另一个部分，从无权无势者到有权有势者，其间的绝对距离变得过长和纠缠不清，无法显示出任何有意义的或人性化的东西。或许罗瑟勒姆的情况是一种极致的管理主义：相信工作只有被切割成块、仔细衡量才能做得最好。它的倡导者认为，将劳动力物化[1]使得工人和工作之间保持了健康的距离或客观性，从而增进了二者的效率。但正是这种距离蒙蔽了每个人，致使他们看不到自己行为的后果。

当然，这也是为什么有些领导真心喜欢与人保持距离：**他们认为自己若是陷入棘手的、与人有关的任务中，就无法开展自己的工作了。权力等级制度保护了他们，表面上看，距离客观上起到了保护作用。**道格拉斯·黑格（Douglas Haig）是第一次世界大战中英国的"屠夫"将军，视察军事医院这种事让他不堪忍受。据报道，他的一位下属在第一次视察前线时突然大哭起来："天哪，我们真的把人送到这里打仗？"黑格更喜欢看数字。阿尔贝特·施佩尔总是非常小心地不去视察由他监管的集中营，或者就像他视察毛特豪森集中营那样，严格遵循可以让他看不到真实情况的引导路线参观。就算是艾希曼（Eichmann）和希姆莱，在面对自己的决定造成的后果时也会开始感到身体不舒服。在伊拉克，准将贾尼斯·卡尔平斯基（Janis Karpinski）负责16所监狱的17 950名囚犯，他们分布在整个伊拉克，而伊拉克的面积仅比法国小一点。尽管有6000名囚犯的阿布格莱布监狱是最大的一个，但她并没有在它上面花太多时间。她唯一一次目睹审问还是被邀请去观看的。跟其他高级军官一样，她从不在虐待发生的晚上去视察。支持保持距离的理由是：它会让人思路清晰，有利于更客观地决策。但如此一来，你也会对那些不喜欢看到的细节视而不见。

1.马克思曾说过，在资本主义制度下，人被"物化"了，也就是说他们变成了物品。有人认为，像对待物品一样对待别人是有帮助的，因为在你必须做涉及他们的决定时，你不会情绪化，也不再是真正的人。但恰恰这样才导致了视而不见。——译者注

权力会使人们之间产生隔阂

结构性的视而不见深深地嵌入了英国石油公司的生意模式中，这并不是因为领导者想要受到蒙蔽，而是因为布朗坚信为了竞争，企业必须做大，必须成为一个"超级巨头"。通过在全球范围内积极地并购来扩张，就不可避免要跨越大洲、时区和文化。该公司非常清楚这个问题，这就是为什么他们会进行很多调查和处理工作，设法把方方面面凝聚在一起。但无论如何精心设计，官僚机构都无法解决问题。曼佐尼和他的上级布朗勋爵之所以都对得克萨斯城正在经受的常规风险茫然不知，部分原因在于他们对那座工厂或那里的工人不熟悉，以至于漠不关心。工厂与工人是抽象的概念、数字、摇钱树和成本中心，决策者因此无法客观对待，反而更加盲目。但是，造成他们处于如此危险的境地的原因不仅仅是地理位置，还有权力。

权力会在拥有它的人和不拥有它的人之间造成隔阂。拥有权力的人并不总是意识不到这一点，那些最优秀的人还极力反对隔阂，但隔阂始终存在。权力会决定你是将大部分时间花在优雅的伦敦俱乐部，还是在得克萨斯城帕默公路旁的大奖烧烤店填饱肚子。权力会决定你是和首席执行官们讲话，还是和主管们讲话。权力会决定你是乘坐华丽的私人飞机出行，还是坐头等舱，或经济舱；若在经济舱，挨着你坐的年轻妈妈会需要你帮忙对付她那个不肯安静的小孩。权力可以让你像谷歌创始人一样，乘滑翔伞参加会议，而不是受困于旧金山的交通堵塞。乘坐豪华轿车到直升机机场，乘坐直升机到曼哈顿，乘坐豪华轿车到办公大楼，乘坐私人电梯进入办公室，这就是雷曼兄弟前首席执行官理查德·富尔德（Richard Fuld）的传奇通勤方式，他完全隐身于一个泡泡中，微弱信号无法穿透。不过，尽管这些看起来是很吸引人的奢侈享受，但要付出代价才能得到它们，这个代价就是"隔离"。权力的泡泡会将那些坏消息、麻烦的细节、不友善的意见和棘手的现实问题封闭在外，让你自由地吸入经过提纯的空气。这是不平等的另一个危险的副产品，在没有与受影响最大的基层人士接触的情况下，那些拥有最高权力的人做出了决定。就像柏拉图（Plato）笔下的穴居人，有权的人看到的只是现实的影子在他们的墙上忽隐忽现，因为他们不用掺和外界现实而过着舒服的日子。在无阻力的上升途中，那些刺耳之事让路给悦耳之事。

此外，近来对权力的研究表明：**拥有权力的人评价信息的方式与众不同**。在某实验中，受试者要接受个性评价，以评估其控制欲的强弱。那些得分高的人和得分低的人被分别编组，然后要求他们对那些申请实习的学生做出评价。尽管那些手中握有权力的受试者并不会完全忽略那些挑战传统的信息，但对它们不是太关注。显然，有控制欲的人更容易做出草率的判断，更容易遵从公认的智慧。那些需要权力的人和那些已经得到权力的人所思所想与众不同，而且更加自信。他们可以抵制自己所依赖的旧条条框框，但是这么做需要很大的积极性和认知上的努力。权力会导致腐败，且比有权力的人所了解的更为隐蔽。

　　弗朗西丝·米利肯是研究"组织沉默"的学者之一，就有权者较之于无权者在交流方式上有什么不同做过一项了不起的研究。她发现：像富人一样，有权的人和其他人不一样。在遇到危急情况时，他们更可能期待得到积极的结果。他们之所以非常乐观，至少部分原因在于他们拥有，或者他们认为自己拥有战胜大多数困难所需要的权力。他们和其他人之间存在着心理距离，这意味着他们不会像其他人那样思考得那么具体，他们缺乏实际材料，因此思考问题不可避免地会更加抽象。但是，米利肯的研究让人感到害怕的地方在于：权力、乐观主义和抽象思考的结合让拥有权力的人更加自信。他们越是与其他人断绝联系，他们就越相信自己是正确的。

　　2005 年，卡特里娜飓风造成1800多人死亡。米利肯选择将研究的重点放在卡特里娜飓风肆虐时官员的反应上，这仅仅是为了给原本相当枯燥无味的语言库增添一点趣味性。米利肯和她的团队收集了这一天灾发生时官员所发表的大量公开言论，然后根据说这些话的官员的权力大小逐一分析。分析的过程不让人愉快，但是得出的结论却真实可信。果不其然，她发现那些手中权力最大却不住在新奥尔良的联邦官员对飓风并不是很担心，对危机会被有效处理更加乐观，而且更不容易表示怀疑。这是一种心理上的自我强化：他们知道的越少，就越不担心。

　　代表这一结论的典型人物必定是时任美国联邦紧急事务管理局局长迈克尔·布朗（Michael Brown）。尽管米利肯非常谨慎，而且她也不是从布朗的公开言论中得出结论的，但是布朗的确是证实米利肯论点的一个活生生的例子。在飓风首次登陆路易斯安那州的那一天，布朗显得挺放松，提醒应急人员除非受国家和当地政府的派遣，否则不要对受飓风影响的地区做出响应。

　　2天后，他收到一位联邦紧急事务管理局同事的一封电子邮件："旅馆把住客都撵了出去，几千人聚集在街道上，没有食物和水。数百人正在从家中被救出来。我们现在在超级穹顶体育馆，食物和水都用完了。"但是布朗没有理会，看起来似乎不怎么担心，一如他的回复："谢谢你的最新消息，有什么具体的事需要我去做吗？或者有什么好的办法？"

3天后，他告诉美国广播公司的特德·科佩尔（Ted Koppel）：他根本就不知道有2万到2.5万名难民被困在市会展中心，断水又断粮。

> 布朗：作为联邦政府的官员，我们今天才知道会展中心的事。
>
> 科佩尔：你们这些家伙难道不看电视？你们这些家伙难道不听收音机？我们记者一直在报道这件事，可不是只在今天。
>
> 布朗：我们确实是在今天才得知情况如何。当我们第一次听说时，我的本能反应是：找到一个在那里的人，向我报告当地的真实情况，因为如果情况属实，我们就要去帮助那些人。
>
> 科佩尔：但是，我们这里的风暴侵袭都过去5天了，而你谈的是接下来几天要发生的事。
>
> 布朗：我只想对美国公众说，他们确实需要正确理解这次灾难有多么悲惨。他们确实需要了解我们会利用所有的有效资源去做我们力所能及的一切。我们会照顾这些受害者。我们会把事情办好。我们会确保这片废墟被妥善处理，我们会让那里的人们回归正常的生活。

布朗的回应非常冷漠，但又非常自信，而且非常抽象。在他的回应中，没有提及任何人，没有恐惧，也没有渴望，只有住在某地的某些抽象的受害者，而他们的生活会回归正常。科佩尔的反应还是非常礼貌，但是他最终在怀疑中发了脾气，谈到了真正的细节。

科佩尔：布朗先生，有些人丧命了。你根本就帮不了他们。有些人死亡，是因为他们需要胰岛素，却得不到……你说你吃惊为什么那么多人没能成功逃生。任何人都不会感到吃惊，新奥尔良至少有10多万人一贫如洗，没有汽车，也无法乘坐公交车，他们没有任何办法离开这个城市，仅仅说一句"你知道5级飓风要来了吗？你应该撤离"是不管用的。你若是没有公交车可以接他们出来，为什么要对他们还待在城里感到吃惊呢？

在阅读这些交流时，很难不让人想起罗瑟勒姆的官僚之间的交谈，或围绕着格伦费尔塔公寓楼进行的成本讨论：有权有势的人只会抽象地思考，不考虑人，不考虑那些人的孩子和他们的生活，而是更加自信地只考虑数字。

分工导致结构性的视而不见

地理造成的分隔和权力的隐性力量被使工作得以完成的组织结构所强化。从1776年开始情况就是这样了，就在这一年，亚当·斯密（Adam Smith）发表了《国富论》，赞美劳动分工。他解释说，一个人做一个大头针可能要花一天时间，如果技术娴熟的话，他一天可做10个大头针；但是，通过每人只负责一道工序，10个人一天就能生产48 000个大头针（今天，作为纪念，亚当·斯密及其对劳动分工的观察被印在了20英镑的纸币上）。随着大多数制造业变得远比造针业更复杂，也更赚钱，这一理念已经渗透到了整个工业。例如，一辆现代汽车有3万个零部件，每个零部件可能包含30个子部件，其生产过程要由15个国家完成。路虎发现汽车的动力转向和燃油喷射系统产自德国，冷却液软管和排气管产自匈牙利，前照明系统产自法国，减震器产自波兰。尽管宝马迷你车尺寸较小，仍有3600到4000个零部件，若要生产一辆迷你车，需要在法国制造曲轴铸件，然后运到宝马位于科茨沃尔德的工厂，在那里钻孔和铣削成形，之后，运到慕尼黑，插入引擎，而引擎会被运回英国，安装到汽车上，然后，整车再运回法国出售。这种控制力被削弱的加工过程具有多重目的：降低成本、使用最专业的员工、提供就业、利用货币对冲和税收减免政策。分工已经成为我们工作概念的核心：政府、营利机构、非营利组织、服务和商业企业都会谋求使用专业人才，以此更快、更好、更省地获得成果。正如亚当·斯密主张的那样，专业化程度越高，效率和生产率也就越高。

但是，在像英国石油公司这样已经建成的企业中，这就意味着那些决定削减开支的人并不很懂安全问题。他们为什么要懂呢？那不是他们的部门。对强制节约的后果，他们没有多少洞察力，或者声称他们没有多少洞察力，那不是他们的工作。曼佐尼缺乏炼油经验，而据布朗勋爵的行政助理所说，布朗在安全问题上表现得"没有热情，没有好奇心，也没有兴趣"。理论上讲，应该有很多其他人在盯着这些细节问题，但是公司内部调查显示，所有人之间的交流是一连串的低质量交流。

分工不是为了让企业对存在的问题视而不见而设计的，却常常产生这样的结果。制造汽车的人并不是修理汽车的人，或为汽车提供服务的人。这就意味着制造者看不到他们设计中固有的问题，除非特别费劲地指出来给他们看。编写代码的软件工程师不是修复软件漏洞的人，而修复软件漏洞的人不是当软件造成你的机器瘫痪时你应该联系的客服代表。公司现在的组织方式通常会造成部门之间结构性的视而不见。

有些公司不仅对其华丽系统存在的危险视而不见，甚至把它们的复杂性吹嘘为一种最新形式的解放和效率。在脸书，广告商可以投放自己的广告，这意味着他们完全可以控制其高度定制的广告宣传（自由！），而脸书无须付钱给这些让公司赚钱的人（效率！）。这也意味着广告宣传可能是非法的，就像2016年的某些广告一样。广告商可以选择他们希望的广告受众，因此就有可能将非洲裔、亚裔和西班牙裔美国人排除在房屋广告之外。随着1968年《公平住房法》颁布，含有"肤色、宗教、性别、残疾、家庭状况或国籍"歧视的房屋广告是违法的。但这些广告还是会在15分钟内得到核准。

就像经常发生的情况一样，脸书的高管们对公司内部所发生之事的反应是感到震惊。脸书先是选择为自己的广告辩护，然后又改变了方案，坚持说如果他们了解到存在歧视性内容，自然会迅速采取行动。当时看来非同寻常，但现在看来似乎可以预见的是，这家公司对自己的盲目性甚感舒适。公司的政策似乎是：我们真的不知道这里到底发生了什么，但如果有什么不利的事情发生，我们当然想知道。

这几乎就是该公司对俄罗斯"巨魔农场"（troll farm）被揭露时的回应。2016年，在美国总统大选期间，"互联网研究机构"巨魔农场投放了成千上万美元的广告，该机构以雇用水军从事宣传著称。显然，脸书公司里没有人注意到这一点，当广告自动发布时，就会发生这种事，但该公司似乎又一次感激别人注意到了。尽管该公司的广告收入超过250亿美元，他们对这笔钱的来源却一无所知。

从一开始，互联网先驱们就热衷于放弃权力。在精英掌握权力的等级制度下，报纸编辑控制新闻报道，出版社选择作家，唱片公司选择音乐家，电影制片厂培养电影明星。互联网让那些被埋没的隐形人才看到了希望。他们的愿景令人振奋，其中大部分至少在早期代表了对多样性、透明性和开放性的真诚热情。但随着网络业务的发展，人们清楚地认识到在何处可以赚取财富，于是规模成为目标。正如一家企业的格言所说："要么不做，要么做到最好。"还有比将所有工作外包给用户更便宜的方式来扩大规模吗？（似乎从来没有人曾如此热衷于将利润外包。）

当脸书邀请开发者开发利用其用户数据的应用程序时，外包中隐含的有意视而不见达到了一个新的水平。心理学家亚历山大·科根（Aleksandr Kogan）的个性测试应用程序不只获取了安装它的用户的数据，还得到了2011年世界上每个国家形成的国家总体层面上的所有用户的好友数据集合。数据用来做什么了？如果不是记者发现它们被传送给了剑桥分析公司，脸书显然永远不会知道。该公司是如何使用脸书数据的？脸书对此也是视而不见。信任脸书的用户是否同意他们的个人信息被用于2016年美国总统竞选中的定向广告？这些数据现在又在哪里？

事实上，如今人们可能永远都不可能知道这种数据扩散是否对美国大选的结果产生了影响；我们所知道的是，脸书要么知道但并不在乎（该公司不太可能承认此种情况），要么就是根本不知道实际上发生了什么。事件曝光得越多，问题就越多，这家公司看起来就越盲目。这颇具讽刺意味，因为它的整个商业模式似乎依赖于用户的有意视而不见，而该公司一直在稳步扩大从用户那里获取的数据量。也许高管们太忙于快速行动和打破常规，以至于没有注意到到底是谁正在打破常规，以及打破的是什么常规。但脸书惯常的辩护词是：我们不知道，但我们现在正在修复它。这仍旧表明，无论它对其消费者了解或不了解到什么程度，它都在故意对自己的运营和自己的技术后果视而不见。你可以说它的商业模式是建立在系统性视而不见的基础上的：对别人看到的事做出反应，比让公司自己去看成本少得多。称这些公司只是平台的说法很容易让责任变得模糊不清。

结构性的视而不见是以存在业务外包这一现实为先决条件的。那些急于减少固定成本和日常开支的公司突然意识到他们没必要雇用全部所需人才。他们只需要在用到这些人时"购买"就可以了，这样一来就能削减雇用人员后的管理成本，甚至还能增强雇用时的谈判能力。市场喜欢这个概念，因为它看起来似乎可以让大量的开支和信息披露从资产负债表上永久消失。从优步司机和户户送外卖派送员到卡瑞林公司的分包商，创业者欣然接受这种做法，跃跃欲试，因为这意味着他们可以成立自己的公司，在竞争激烈的市场中做自己命运的主人，而不必再乏味而固定不变地为单一公司打工。至少他们是这样想的。

在现实中，工作的分解使得人们比以往更难将方方面面联系起来，你需要庞大的管理队伍才能监管到外包、竞标、合作伙伴和承包商。原先公司所属的部门现在成了单独的外部公司，但是，仍然需要有人把它们整合起来一起工作。一旦你把工作外包或者转包给别人，在公司失去专业知识的同时，工作也在你的眼皮底下消失了。对此，应该没有人感到惊讶；在过去的三十年里，这一教训得到了充分的记取。

当杰出的物理学家、反偶像崇拜者理查德·费伊曼（Richard Feynman）前去调查"挑战者"号航天飞机灾难时，他确实发现了这种现象。作为一个局外人，他并不理会美国国家航空航天局内部的等级制度，在讲述事情的来龙去脉时，他尽情地表达着对等级和遵从行为的蔑视。在追查每一个能想得到的信息来源时，他就像一只猫紧盯着老鼠一样，实事求是，而且洞若观火。让他感到快乐的是，他能够闯过重重障碍，并且查遗补缺。他最终成功地弄清楚了这次灾难的主要原因在于O形环，这种O形环在遭受极低的温度时可能会断裂。但是O形环当然不是美国国家航空航天局自己生产的。它们是由莫顿聚硫橡胶公司制造的，这是一家航空公司，它所用的塑料则是由派克密封件公司特别制造的。美国国家航空航天局设在佛罗里达州的肯尼迪航天中心，也以亚拉巴马州亨茨维尔市的马歇尔太空飞行中心为基地，莫顿聚硫橡胶公司坐落在犹他州的布里格姆城，而派克密封件公司则位于肯塔基州的列克星敦市。

在航天飞机发射前，天气预报说会出现低温天气，莫顿聚硫橡胶公司的团队知道后开始忧心忡忡，他们尽最大努力将这种担心传递了出去。但是，在没有得到管理层支持的情况下，工程师是不能报警的。作为分包商，他们的影响力很小，毕竟，美国国家航空航天局是他们的客户。尽管如此，为了强调这种担忧，他们还是召集了两次会议。当然，考虑到地理因素，会议只能采用电话会议的形式，而因为涉及的人数众多，并不是每个人都参加了会议，或者说不是每个人都参加了两次会议。美国国家航空航天局迫于政治压力必须按时发射航天飞机，而莫顿聚硫橡胶公司则是迫于商业压力，而且也从来没有权力阻止发射。在灾难发生后的调查中，人们难以理解到底发生了什么，这恰恰反应出问题的地域性特点：莫顿聚硫橡胶公司的一位主管必须不请自到，出现在费伊曼主持的一次会议上，如此才能告诉大家他所知道的事情。

有人认为"挑战者"号航天飞机是一个独特的复杂工程，当时，我们没有复杂的工具管理这种复杂的工程，很久之后才有。也许说的没错，但这并不能让人放心。甚至不太复杂的工作，外包也会失败。

2009年，瑞士时尚铝制水壶制造商希格（SIGG）发现，将制造工作外包使得他们对所需要的高端品质失去了控制。希格公司的别致产品已经获得了大批谨慎的消费者的追捧，这些消费者对在多种硬质塑料中发现双酚A（BPA）感到担心。双酚A与糖尿病、心脏病、女孩性早熟和男人精子数量减少有关。希格公司的水壶不会造成这种危害这一声明对其消费者来说很重要，因为他们想要一个经久耐用的水壶以减少浪费（对环境有利），而且是一个不含双酚A的水壶（对饮水者有利）。但事实上，希格公司自己并不制造水壶的内胆，而是由第三方生产。而这个第三方没有告诉希格公司他们用的是什么材料。当水壶的内胆终究还是含有少量双酚A的秘密被泄露后，该公司受到了消费者的公开贬损，其首席执行官也丢了饭碗。这家公司一度在闭着眼生产制造。

很难想象还有比希格水壶更简单的产品，它爆出的丑闻足以让任何积极的外包商三思而行。规模更大的卡瑞林则轰然倒闭。这家企业曾承诺减轻英国政府在建设和运营学校、医院、高速公路、铁路甚至大英博物馆某些事务上的复杂程度和管理负担。政府将业务外包给了卡瑞林，它又将大部分业务外包给了下游的其他公司。传统观念认为私营企业总是比公共部门更有效率、成本更低，这意味着卡瑞林必须以微薄的利润率赢得合同。不可预见的问题增大了项目的财务风险，比如在皇家利物浦大学医院发现石棉。多个这样的项目聚集在一起，整个业务就会难以为继。但是，各方参与者的关系疏离，这意味着政府没有看到它不希望看到的东西，而高级管理层将项目和削减成本的压力转移给了分包商，而后者很少看到整体情况。人们最初的想法是将风险外包，而现实是，他们也因此失去了知识、专长和洞察力。一旦你把关键业务外包出去，且放弃监管的职责，你就可能会对它们是如何完成的一无所知。随着它们逐级分散至更多的人和公司，你的责任也逐级下放，也就感觉不到自己还有什么责任了。愤世嫉俗的人则断定这正是外包的目的所在。

应该清醒地认识到，在西方经济体中，外包根深蒂固，没有哪个领域不考虑外包。现在，我们可以把斗争和大量警务工作外包给私人安保公司，在美国和英国，私人保镖的数量现在是公共警察数量的两倍以上。服务曾经被视为是社会性的，如今，它们被精心分配给了承包商和分包商，以至于当卡瑞林这样的公司倒闭时，人们很难衡量或管理其后果。

在一个组织中工作过的每一个人都知道，要防止出现作茧自缚，找到有智慧和有政治手腕，从而能够合纵连横的人有多困难。在追踪罗瑟勒姆各机构之间错综复杂的竞争关系时，亚历克西斯·杰伊发现，若要解决人们在相互合作、处理个人抱负与组织目标之间复杂关系时遇到的困难，人们需要花费精力、做出承诺，而且还会犯错。"茧"是彼此分隔的一种隐喻，但当我们谈到独立的机构时，"茧"却是客观现实，无论是公司还是组织，它们有着不同的指令、目标、权力基础和议事日程。2003年至2006年，约翰·斯诺（John Snow）担任美国财政部长，在就2008年金融危机中金融监管机构的角色向国会作证时，他解释说，因为问题太过支离破碎，他甚至都看不到问题在哪里。

> 在我们的金融监管体系中，不存在一个可以承担全部责任，并且对风险和杠杆作用进行360度观察的职位。我记得2005年的时候，我感到债券市场、次级贷款和抵押贷款市场的发展需要得到更好的理解。我迈出了被视为非比寻常的一步，并且拜访了抵押贷款市场上所有实质性的监管机构。我请他们思考之后就过度的风险是否正在产生发表自己的观点。那时我们还没有住房危机，也没有次贷危机，但是我想知道他们的意见。然而没人发表任何观点。他们只有一些零零散散的困惑，就像盲人摸象一样。他们全都触到了其中的一部分，但他们并不知道整体情况是个什么样子。

如果不能看清监管的结构性困境，要对市场本身形成一个整体性观点会有多么困难呢？分工已经在不同组织中制度化，它所做的是一个过于简单的任务：买一所房子，然后吹捧它，使之变成多次不同的交易，显然，没有人能再把这些碎片拼凑到一起了。当女王询问伦敦经济学院，为什么他们中没有人看到银行危机即将到来时，他们得出的结论是："困难在于从整体上把握系统的风险，而不是只看见具体的金融票据或者贷款。风险计算很多时候局限于某一部分经济活动，并由一些国内外最好的数学专家进行。但是他们目光所及之处经常是一棵一棵的树，无法看到整个森林。"

至少斯诺知道该传唤谁，并期望政府行使监督权。今天，在美国，很难确定谁对关键议题有具备权威性的洞察力。1996年，以"枪支不是一种疾病"为由，国会削减了疾病控制与预防中心（CDC）的预算，而削减的金额正好等于与枪支有关的公众健康研究金额；研究突然就完全停止了。2015年7月，美国众议院拒绝了一项可能允许恢复研究的修正案，这使得人们很难找到权威数据来了解枪击死亡人数的比率和速度。2017年，特朗普政府禁止疾控中心使用一些特定词，比如易受攻击的、多样性、权利、变性人、胎儿、基于证据和科学的，自那以后，了解任何疾病的模式变得更加困难。无论人们对此类问题有什么看法，停止研究和讨论必定导致政府的盲目。

这种公开的禁止行为是在设法让我们对需要知道的东西视而不见。由于存在这样的禁令，要像斯诺寻求的那样了解大局变得更加困难。全球经济活动与无处不在的通信技术的结合使得亚当·斯密时代运行复杂的系统变为结构复杂的系统。差异是深远的。结构复杂的系统不像大头针制造那样可预测和可重复。它们偶尔可能会重复，但你不知道在何处或何时发生。这意味着它们仍然需要专业人士的理解或解释，却不能被完全理解或解释。这也意味着它们不受效率的影响；如果你不太了解一个系统的行为方式，那么，不给出错留有余地可能是致命的。从运行复杂到结构复杂的转变是渐进而微妙的，即使是最用心良苦的人也很难理解。但是，把新的结构复杂的系统仅仅当作运行复杂的系统来管理是一种有意视而不见，它宁愿感伤过去，也不愿理解现在。相信等级制度、官僚主义、效率、目标和激励措施已经不合时宜了，这种管理制度现在只会加剧孤岛效应和地盘之争，从而将信息与对该信息的使用以及人与人隔离开。

我们看不到离我们太远的事情，看不到和我们的经验相去甚远的事情，看不到远离我们关注点的事情，或者看不到只是因为太复杂以至于无法综合起来的事情。但我们也看不见已经过去很长一段时间的事情。除非我们能找到方法记住，或者将它们保留在我们的视线之内，否则，过去的事情及其给我们的教训也会在我们眼前消失。经过大量裁员之后，现在的大多数银行雇员对导致2008年经济崩溃的原因几乎没有记忆。2007年至2012年间，美国各银行失去了40万个工作岗位，摩根士丹利的一位银行家因此担心人们会丧失记忆。"15年后，管理者每天上班时心中是否还有足够的创伤？"

在美国蒙大拿州的利比镇，盖拉·贝尼菲尔德和加里·斯文森每年都会做木质十字架，每个上面都印有因石棉肺而死亡的人的名字。镇子中有些人发出抱怨，他们不想看到自己所爱之人的名字被一场运动利用。所以，加里在河边修建了一个凉亭，想通过卖些圆形浮雕筹集资金，每块浮雕上都刻着死于蛭石厂灰尘的人的名字。他说，通过这种方式，人们可以选择要不要纪念他们的亲属。他想让镇子里的人记住这里发生了什么，也让来到该镇的访客知道这里发生了什么。但是在他的凉亭旁边，有人建了一个更大的凉亭，它的存在似乎是为了确保加里的凉亭不会独享众人的关注。

至于英国石油公司，曼佐尼现在回到了伦敦，管理英国的公务员。当他公开谈论在得克萨斯城的日子时，他流泪了，回忆起他学到的所谓教训。但他并没有回去。戴夫·森科（Dave Senko）还深深铭记着那次爆炸，他负责监督承包商，他们已经遇难了。事故发生那天，他在别的作业地点。今天，当谈到那些逝去的朋友时，他的手会颤抖。他说，这些朋友中很多人想放弃这个项目，因为他们觉得在这个作业地点不安全。但是森科劝说他们留了下来。他想念这些人，而且对他们满怀内疚。他告诉我，英国石油公司不允许在爆炸现场为他们立碑，因为他们不是英国石油公司的员工，而是分包商。于是，为了建立一个纪念碑，他独自在承包公司的办公室里进行劝说。他们最终做出了让步。

"纪念碑上有什么？"我问他。

由于太过悲伤，他说不出话来。我等待着。四周一片寂静。然后他递给我他的手机，手机里是一块小石板的照片，全部的文字只有"2005年3月23日"。没有名字，没有记述。在他缠着公司提出了更多的要求之后，戴夫得以在那石板旁增添灯光，并栽了一棵小梨树。有时，晚上他会去那里检查一下石板是不是还在那里，灯还亮不亮。有一次，保安人员过去要求他离开。他被激怒了，说要是他们想报警那就报警好了。他没有动。

"铭记很重要，"他说，"关系重大。如果你看不到这些东西，它们就会继续发生。"

为什么我们要建立如此庞大和复杂的机构与公司，以至于我们无法看到它们是如何运行的呢？部分原因在于我们有这个能力。人类的狂妄自大让我们认为：如果我们能想象出某些东西，我们就能建造出来；如果我们能建造出来，我们就能理解它们。我们为自己的独创能力和聪明才智而感到非常高兴，这带给我们一种控制感和权力感，但这些感觉可能完全是虚幻的。就像代达罗斯（Daedalus）[1]一样，我们建立了巧妙而复杂的迷宫，以至于我们自己都找不到出路。我们对这些复杂的结构必定产生的盲区视而不见，进而把它忘得一干二净。

1.代达罗斯，希腊神话中的建筑师和雕塑家。曾为克里特王米诺斯建造迷宫，后失宠被囚。——编者注

第十章

金钱，会让人忽视道德标准

金钱会改变你的思维方式，它改变你思考一切事情的方式。但是多数公司对它如何深刻而普遍地影响人们的工作方式视而不见。

我们会被金钱激励

事件和思想之间存在一种奇怪的关系。有时候它们同步发展，就像卢梭（Rousseau）和法国大革命的来临。在其他时候，思想会作为主流社会风气的批判者出现，比如浪漫的理想主义思潮脱胎于工业革命。这种会引起争论的关系与20世纪之交发生的事类似，当时众多的公共能量突然间凝聚到了金钱身上。西方国家经历了一次金融业的繁荣兴旺，全球市场每天都在创新高，消费者对每一种新的消费方式都充满着渴望，与此同时却出现了一批心理学家和经济学家，他们以怀疑的态度，告诉人们一个启示：金钱不能给人们带来幸福。

什么？这可是一个消费爆炸的时代，价值5000英镑的手提包一上架就会被销售一空，人们购买住宅，附带的车库比他们以前的房子还要大。此情此景，怎么能说金钱不能让我们幸福？但是，这正是马丁·塞利格曼（Martin Seligman）这样的实证心理学家和理查德·莱亚德（Richard Layard）这样的经济学家一直在表达的意思。为了证明这一点，他们还指出，虽然国民生产总值在增加，但是生活满意度总体上并没有提高。最富有的国家并不是最幸福的国家。

有关这一观点的数据及推论引起了轩然大波，理应如此。毕竟，如果国民生产总值的增长不能让人们幸福，为什么所有的西方经济体仍然如此狂热地追求它呢？幸福本身是一个更有意义的目标吗？如果是，那又该如何衡量它呢？而如果金钱不能增加幸福，那什么可以呢？随着问题越来越多，很多思考开始止步不前。嗯，如果金钱不能让人更幸福，那该如何衡量政府或者政治运动的成功呢？

在公司里，关于金钱和幸福的争论也有点难解。有些首席执行官认为他们看到了一线曙光：这是不是意味着他们其实不需要给员工付那么多工资？一点也不奇怪，没有人会主动提出削减工资，理由是高工资能让人感觉更好。这是不是意味着股东们不再那么关心企业的增长和分红了呢？如果有些股东觉得他们得到的少了可能会更幸福的话，那他们只是沉默的少数。

争论陷入僵局的原因很简单。**金钱不能让人快乐并不意味着我们不会受金钱的激励。我们会被金钱激励。**回到1953年，在某次实验中，组织者要求病人吊单杠，而且要尽可能长时间地悬挂身体，多数人只能坚持45秒左右。而在接受了某种暗示的力量之后，甚至在有些情况下处于催眠状态时，他们能够将时间延长至大约75秒。然而，当他们可以得到5美元钞票时，病人们就会想方设法在单杠上撑到110秒。能把你的表现提升150%的任何东西都是激励性很强的。

1953年的实验结果不只证明了20世纪50年代美国的一些反常现象。有研究表明：仅仅是想到金钱就能让人更加坚忍，工作得更久。另一项研究表明：金钱会改变我们的记忆。在该实验中，受试者会看到一组经过选择的图片，每张图片都附有一个价格。记住其中一张就得5美元，记住另外一张只能得10美分。第二天，再测试实验对象，研究者发现这些受试者更容易记住价高的图片。这种动机甚至在多数情况下没有被人们意识到，人们倾向于根据预期报酬的大小来调整他们付出努力的程度。

丹尼尔·平克（Daniel Pink）等认真研究人类动机的学者认为：**金钱可能会让我们更努力地工作，却不能让我们更聪明地工作**。他引用丹·艾瑞里（Dan Ariely）做过的实验作为例证，以说明金钱会抑制创造力，并妨碍问题的解决，而这些较高层次的思维正是发达经济体所不可或缺的。但问题是，知道金钱不能让我们更加聪明并不会让我们聪明到不再追求金钱。

我们想要钱的理由非常正当：它能让我们感觉更好。由中国和美国的学者组成的研究小组做过一系列让人着迷的实验，他们通过《机器人橄榄球大赛》这个游戏来考察受试者。在游戏中，受试者会慢慢地却肯定地受到社交排斥，结果他们流露出了痛苦的表情。但这之后，在这种痛苦的心情下，他们被要求数钱，结果他们的情绪得到了好转。作为对照，研究小组要求其中一些人数纸，这么做就是为了确定并不是"数数"这个重复性任务具有什么缓和作用。事实证明，**纸片不是镇痛剂，钞票才是。仅仅数数钱就会让人感觉心理更坚强**。

对精神疼痛有效的东西到头来也会对身体疼痛有效。学生将他们的手浸到43摄氏度的热水中90秒，再浸到50摄氏度的热水中30秒，然后再浸到43摄氏度的水中60秒。在数过钱而不是纸之后，他们的疼痛感减轻了。尽管有人将实验结果解释成花光了贷款的美国学生让钞票迷住了心窍，但那些自愿参与实验的学生都是中国人，除了因参与实验而得到学分外，他们什么奖励也得不到。

金钱的确会对我们产生影响，而且会让我们感觉更好。这就是为什么公司会支付加班费和津贴。就其本身而言，金钱也许不能让我们绝对幸福，但是，就像香烟和巧克力一样，我们想要的并不限于那些对我们有益的。当然，金钱带来的快乐往往是短暂的，因为人是不知餍足的。总有更新、更大、更炫和更甜的产品可供消费，因此，我们用钱买到的东西永远不会像生产者承诺的那般让我们完全满足，心理学家将之称为"享乐跑步机"（hedonic treadmill）效应[1]：我们消费的越多，想要的就会越多。但就像一直看手机不撒手一样，待在这个"跑步机"上，我们会完全沉迷于至少开始时让我们感觉良好的愉悦之中。

这一切表明，金钱可能是迄今为止人们发现的用于研究非预期后果的最肥沃的"土壤"。有一点我们应当遵循，但是很少做到，那就是在决定如何利用这个强有力的，甚至有些不合理的激励因素时，经理和薪酬委员需要深思熟虑。因为金钱对人的影响很复杂，远不止让人们工作更长的时间那么简单。

1.hedonic treadmill一般译为"享乐跑步机"，但它更类似仓鼠轮，一切始于欲望，经过努力而获得，之后开始享乐，继而适应，产生更多欲望，新的一轮开始转动。——译者注

金钱会改变你的思维方式

戴维·林（David Ring）说："金钱的确会改变你的思维方式。"他是一位蜚声国际的矫形外科医生，在美国一家一流医院工作。林高大英俊，而且大部分时间寡言少语，当然，在谈论他的工作时除外，此时他才真正地焕发出活力。他喜欢自己的工作，但是不喜欢金钱在医疗中所扮演的角色。

"持有检测实验室股份的医生可以要求进行更多的检测，我有亲身经历。于是在自己的外科中心工作的同事就会赚钱，政府为医疗设备拨款，而他们会获得其中的一部分。现在，如果你要做这样的事情，想要从中赚钱的方法就是缩减开支。所以，如果你在自己的外科中心工作，你会用骨钉治疗骨折。而如果是在医院里工作，同样的医生会用昂贵的骨板来处理同样的病情。他们还会一本正经地给你讲个所以然。他们绕开了值得怀疑的行医道德。有些人是有意为之，而有些人我确信他们只是没有看到。"

我问他：难道这意味着钱会影响诊断吗？

"改变诊断结果？我想是吧。在你从病人的眼睛里看到美元符号的那一刻，它就改变了你的思考方式。你必须学会不去看他们的保险情况，在得知他们的收入之前，你要尽你最大的力量做出诊断。想要不被利润动机操纵是不可能的。我是一个院士，专心致力于不挣钱的事情，但是我看到人们来到我的道路上，之后渐渐放弃它。一开始，他们只是想要做好实习，成为一名好的外科医生。几年之后，他们开始意识到他们所做的事决定着他们能赚多少钱，于是开始学习一项新的游戏。过去的游戏规则是：正确地诊断，良好地交流，顺利地手术。但是新的游戏规则变成了：赚钱。医生们并没有看到游戏规则已经改变，他们对此熟视无睹。但游戏规则的确改变了。"

"用关节镜治疗关节炎就是一个经典案例。你用关节镜的确不能治愈骨关节炎。但在得克萨斯州退伍军人管理局所属的医院里，有一位勇敢的小伙子做了一项探索性的研究，他将膝关节镜检查与冲洗膝关节和清洁膝关节进行了对比。这三种疗法效果是完全一样的！但是关节镜检查却要花很多钱。对此，美国的矫形外科医生的反应就是极力为自己辩护。这是一种有意的视而不见，你回避好奇心和对科学知识的探求，忽视对病人的关心，径直去满足你的利益，维护自己的地位。"

戴维·林对金钱在医疗行业中扮演的角色进行了声讨，但这并不表示他感觉自己不受金钱的影响。

"你可以说我真的是品格高尚，因为我会在业余时间飞往谢菲尔德去教学或者做研究，但是我仍然被卷入了其中。你可以看到金钱的诱惑，尤其是在马萨诸塞州，那里只有一个东西不赖账，那就是工伤补偿。它可是肥得流油。从一个患者身上你就能够赚很多钱。所以，我能赚很多钱，是我从美国老年和残障健康保险（Medicare）或者健康维护组织（HMO）中能够赚到的10倍。这太诱人了，只要有几个用工伤补偿费用治疗的病人，你就能在一个月内赚到一年的收入。如果现行的工资有这么多的话，我为什么还去这么做呢？"

如果把戴维·林的看法仅仅看作是对美国医疗体系的一种直言不讳而不

予理睬，那实在是太简单了。尽管这是奥巴马（Obama）的改革内容，但美国医疗体系往往缺乏最能体现英国国民医疗服务体系特点的社会目标和服务意识。你不必花很长的时间与英国的医生交谈便会明白：英国国民医疗服务体系的等级制度强大的一个原因是会诊医生有权力（或影响力）安排个人工作和个人实习的时间。抱负不凡的医生可不想惹是生非，因为若选择从中作梗这条路，那么这种有钱可赚的工作肯定永远不会落到你的头上。与此类似，全科医生的诊所已经转变成了一个小型企业（或不是太小的企业），这种转变可能会将社会性的激励赶出服务领域。同时，美容整形外科医生、减肥营养专家、顺势医疗师和美白牙齿的牙医会紧紧抓住市场前景不放，而在戴维·林看来，这个前景可能是令人灰心丧气的。

至于戴维·林，让人吃惊的不仅是他非常直率，而且他深刻地认识到了金钱对他及其同事带来的影响，在这一点上他和我们多数人不一样。金钱并没有让这些医生的积极性降低，他们和以前一样积极，甚至可能积极性更高了。金钱改变的是他们的行为。

在2006年进行的一系列实验中，受试者要玩《大富翁》游戏（或者是被迫玩，这取决于你怎么看这个游戏）。离开时，有些人赢了3000英镑的游戏币，有些人赢了125英镑的游戏币，有些人则两手空空。然后，他们被领着穿过实验室，表面上是要去另一个房间做另一项实验。但在去的路上，他们"偶遇"一个妇女将一盒铅笔撒了一地。结果，从《大富翁》游戏中赚钱最多的受试者是提供帮助最少的人，因为他捡起来的铅笔数量最少。在这个实验的另一个版本中，受试者"偶遇"了一位同事，这个同事似乎正对某个任务感到为难。那些不在意钱的受试者帮助同事所用的时间是那些满脑子想着钱的人所用时间的120%。

研究人员感到奇怪：是否他们只是找到了满脑子装着钱的受试者不擅长的那种社会交往形式呢？所以，他们重新设计，让那些受试者能有机会做一次容易做到且与金钱有关的事情：向大学学生基金捐款。但是那些在意钱的受试者只把他们报酬的39%（平均数）捐给了学生基金，而那些对钱不那么在意的同事捐出了67%。

不过，那些信奉金钱至上的受试者也并非丧失了价值观。当给予他们困难的或者不可能完成的任务时，他们会在求助之前多工作48%的时间。他们坚持不懈，却在单打独斗。研究人员得出结论：金钱在鼓励个人努力上有很大的激励作用，但随之而来的是在社交方面产生的副作用，这一点值得注意。我们全都会经历自身利益和关心别人的矛盾，在这一冲突中，金钱显然只会激励我们关注自身的利益，让我们变得自私和以自我为中心。

进一步进行的一组实验证实了这个观点。不管是屏幕保护程序，还是海报或者水彩画，只要让受试者想到了钱，他们就会拉大自己和他人之间的距离。倘若可以选择，他们更希望独自工作，更喜欢独自享受休闲活动。略微提到金钱就会让人们的行为大变，社交活动减少，与其他人的联系减少。他们比以往任何时候受到的激励都大，但是却变得更孤立，很少再对他们的同伴提供帮助，也不再那么关心同伴。他们开始断绝社交。最后，研究人员得出结论：唯利是图引诱人们以一种市场定价的取向来对待世界。金钱会让人狂妄自大，这也就意味着他们不需要或者不关心其他人，说白了，人人为己。

随后的研究为这一初始发现又增添了一些细微的差别：学习经济学会激起学生的贪婪之心，并进一步加重，经济学教授比其他学科的教授更不可能向慈善机构捐款。仅仅是想到钱就会让人们减少对他人的同理心和同情心。这意味着钱可能让人不再那么在乎别人。

过度关注金钱会蒙蔽你

关注金钱会造成恶果，在这一点上没有比格伦费尔塔公寓楼灾难表现得更明显的了。决策者的选择不以安全为中心，甚至也不以人为中心，而是以钱为中心："明天上午8点45分，我们需要报一个让市议员费尔丁-梅林（Feilding-Mellen）和规划者高兴的成本！"当时，拯救生命的喷淋装置可能已经安装，但没人考虑住在大楼里的人，那些他们不认识也可能永远不会遇见的人。"金钱将人的因素挤出了决策考虑事项。

也许我们中很少有人有机会做出应对格伦费尔塔公寓楼火灾那样生死攸关的决定，或者是关乎大笔款项的决定，但这并不能使我们在工作中免受金钱的非人性化影响。绩效工资、绩效奖金和各种激励计划旨在鼓励员工更加努力地工作，发扬坚持不懈的精神。但这类计划可能带来意想不到的社会后果，既反常又极端。

"每一个分公司都有自己的激励计划。"保罗·穆尔（Paul Moore）告诉我。在2002年至2005年间，穆尔是苏格兰哈利法克斯银行集团监管风险部的经理，哈利法克斯银行是英国最大的抵押贷款银行。"有一点我特别记在了心里：每个周六，公司会停业一天，销售人员就会聚在一起。而超额完成任务的销售顾问会得到现金奖励。但是如果你没有达到目标，就会获赠一颗卷心菜[1]。要么是现金，要么是卷心菜，在众目睽睽之下，每周六发放一次。"

采用一种仪式让员工丢脸只是公司文化的一个方面，这一文化引起了穆尔的警觉。在他看来，这象征着在苏格兰哈利法克斯银行，金钱已经抹杀了所有其他形式的激励，甚至员工之间的相互尊重以及员工对顾客的尊重也退居其次了。"有一次我们进行审查时，"穆尔说，"一位来自斯肯索普市的女士告诉我：'我们超额完成了任务，但我们达成目标的手段从来都不是合乎道德的。'这些话传达出来的意思是超额完成目标的压力很大，以至于他们不再考虑任何人。所以苏格兰哈利法克斯银行有一种恃强凌弱的文化，只关注销售量。我认为人们开始时并不是这样的，而是为公司工作以后才变成了这样。公司的管理部门只是考虑得不够周到：如果你要求销量增长10%，却只允许成本增加3%，那么你就会制造那些很不道德的销售量，做出一些非常反社会的行为。这就是所发生的事。"

穆尔的工作是找出公司内部流程、步骤及其资产负债表中让公司面临风险的方方面面。这就意味着，他不可避免要花费大量的时间细心研究资产负债表。但是，对穆尔来说，暴露出最多问题的并不是那些数字，公司中的人、文化和他们受到的激励才是问题所在。他在公司内部看到的情况是，管理层（首席执行官及其执行团队）受到公司收入（和他们自己的薪酬，他们的薪酬也出自公司收入）的驱使，以至于他们看不到或不愿意看到公司文化对个人道德或公司所服务的更广泛的社会造成的冲击。

1.卷心菜的英文单词是cabbage，它在英语中也是纸币的俗称。——译者注

当穆尔把自己观察到的讲给首席执行官听时，他被炒了鱿鱼。2008年9月该银行崩溃，这最终证明穆尔是正确的。5个月后，在向英国议会财政部特别委员会作证时，穆尔仍然余怒未消。

任何一个没有被金钱、权力和傲慢遮蔽了双眼的人，任何看得真切而又仔细的人都知道事情出错了：经济增长几乎单纯地建立在过度的消费支出上，过度的消费支出又建立在过度的消费信贷上，而过度的消费信贷又建立在房地产价格的大幅上涨上，但房地产价格的疯涨则是同样过于宽松的消费信贷造成的，这最终只能导致灾难。但是，可悲的是，没有人想过或者觉得要大声说出来，唯恐脱离了忙着组团奔向悬崖继而跌落下去的"旅鼠"行列。而他们紧紧跟随的首席执行官及其管理团队就好比是传说中的"花衣魔笛手"[1]，这些高管全都报酬丰厚（而魔笛手是因为拿不到报酬才诱拐孩子的），却还吹着那支曲子，领着大家走向死路。

穆尔联合克兰菲尔德管理学院对563名风险管理者做了一次事后调查，该调查把企业文化和薪酬制度列为导致银行崩溃的两大主要原因。这些最精明实际且计算能力超强的分析师认为管制和经济模型多半没有问题，对银行崩溃是由于"不受任何人控制的全球环境"这种意见，他们嗤之以鼻。他们

---

1. "花衣魔笛手"出自德国民间故事，以格林兄弟的《德国传说》收录的版本最为有名，即《哈默尔恩的孩子》。传说哈默尔恩曾发生鼠疫，死伤极多，当地人束手无策。后来出现一位法力高强的魔笛手，在他神奇的笛声的指引下，老鼠都跑到河里淹死了，但当地人当初许诺给他的丰厚报酬却没有兑现。为了报复，花衣魔笛手又吹起神奇的笛子，全村的小孩都跟着他走了。至于这些小孩的结局，说法不一。——译者注

认为错在文化，即人们对金钱的态度。追逐利润实质上取代了对人的关心。"为富不仁的制度会造就为富不仁的人"，某位经济学家正是用这句话来描述当金钱成为人们的第一激励因素时所发生之事的。

当然，我们都想谋生，但是与财务激励相伴而生的道德沦丧要比任何人乐意承认的更加严重。像安然公司、多家银行以及硅谷里的企业仍然在做的那样，当它们付给员工过高的报酬时，实际上等于是说：向钱看，不要顾及别的东西。而员工常常会准确地理解这一信息。"头10年我都是这么想的，我要关注的只是钱，"一位银行实习生告诉我，"然后，我才开始考虑我的家庭。"在他加入所在公司之前，他就预料到必须把其他所有想法抛诸脑后，并且准备好就这样去做。像他这样的人我见得太多了，男的女的都有。

凭直觉，不难理解社会动机和财务动机之间的权衡取舍，以及二者之间的相悖；这肯定就是公众对银行高管的高额奖金感到愤怒的原因。这可不只是因为贫富差距拉大而引起的嫉妒或者愤怒，它还有一个不言而喻的含义：一个人赚的钱越多，他（她）对一国之总体福利的付出就越少。如果每年我能赚1000万英镑，我就不会在意国民医疗服务体系所属医院的医疗条件，也不会担心当地学校的状况，或者考虑我的员工面临的心理健康问题，以及年轻人缺乏就业岗位的问题。因为若是我遇到这样的困境，我完全可以花钱解决。假如有足够多的钱，我就会成为一座孤岛。我甚至可能开始相信"社会"也不存在，因为我觉得不必再依赖社会就能得到我想要的东西。那些所得超过付出的人也许没有意识到这一点，但他们的报酬所带来的一个结果就是他们和我们其他人断绝了来往。高额的薪酬变成了社会参与程度降低的标志，这是一个能引起人兴趣的想法。

金钱会使社会关系退化

金钱所产生的这种结果十分奇怪，但常常并非有意为之。社会科学家理查德·蒂特马斯（Richard Titmuss）是最早发现这一现象的人之一。1907年，蒂特马斯生于英国贝德福德郡的一个农场主家族，后来他们全家搬到了伦敦。14岁那年，他来到父亲的运输企业工作。在父亲去世几年后，蒂特马斯跳槽去了保险公司，作为家里养家糊口的顶梁柱，一份可观的薪水和稳定的工作对他至关重要。保险工作让蒂特马斯学到了很多东西，了解了人们如何生活、移居、工作或失业。对这个世界是如何运转的，他有无限的精力和强烈的好奇心要一探究竟。人们为什么会如此做事？为什么会有这么多的不公平？

自学再加上很强的上进心，蒂特马斯最后离开了枯燥无趣的保险业，转而研究社会政策。第二次世界大战结束时，他已经广为人知，受到高度的赞誉。尽管蒂特马斯从来没有上过大学，他却当上了伦敦经济学院的社会管理学教授。这表明他是一位对行为动机有颇多研究的人。

蒂特马斯的很多学术研究让人们了解了福利国家在战后的发展和英国国

民医疗服务体系的创立。无论从哪一点来看，他都是一个善良、老派却下死功夫钻研政府政策的人，他陷入社会立法和政策的细节之中，但对统计学从没真正地失去过热情。在他去世前3年，他出版了一本书，在经济学界刮起了一场风暴。《赠与关系》（*The Gift Relationship*）这本书主张金钱并不总是可以给人以激励，事实上，给人支付工资削弱了他们的道德动机。以献血为例，蒂特马斯证明给献血者补偿使得他们献血的意愿降低，而不是增加，当献血者得到报酬时，还会增加血源受污染的概率。此书一出，全球轰动，因为它胆敢挑战现代经济学的两个基本原则：其一，个人能做出理性的经济决策；其二，个人只受自身利益的驱使。如果人们做的少而得到的多，那么从经济学角度来看，这意味着什么呢？

蒂特马斯没能坚持完成他的论辩就去世了，但是他的这本书和他提出的问题继续侵入并瓦解着经济学思维。"我们可以理性地做出经济决策"这一观点遭到了猛烈抨击，大批经济学家证明了偏见和捷径会干扰所谓的理性决策。不断增加的证据表明：金钱和行为之间的关系可能比当时流行的经济模型所允许的关系还要复杂。

最有趣的研究之一来自瑞士，两位经济学家想要验证他们的理论（从蒂特马斯的研究推论而来）：**金钱非但不会增强激励效果，反而会毁了它。**1993年，他们访问了瑞典中部的两个社区，它们是设计用作储存核废料的备选场址，他们问了305位居民，看他们是否愿意将储存点建在他们附近。在居民的回答中，超过半数（50.8%）是这样说的：如果问到这个问题，他们会投票同意将储存点建在他们的社区。这并不是因为他们对核废料充满着热情：接近40%的人相信有可能会发生严重事故，接近80%的人认为许多当地居民会因此受到长期影响。但是他们认为，如果建设储存设势在必行，不妨就安在他们社区。换句话说，他们共同的社会福利意识战胜了他们个人的保留意见。

然而，当两位经济学家要付钱给居民让他们接受这一核废料储存点的时候，最有趣的事情发生了。这两位经济学家的开价可不是个小数目：居民每人每年得到的收入介于2175美元至6525美元之间，接近或超过该社区的中等月收入。不过现在对在自己社区建立核废料储存点投赞成票的人数减少了一半。两位经济学家试着提高他们开出的补偿金数额，以此观察是否会影响居民的决定。在拒绝了第一次报价的人当中，只有一个人准备接受不管多少只要更高就行的报价，只有4.9%的人说补偿金的多少非常重要。你可能会认为，有两个理由支持该项目，当地居民的奉献精神应该会更强一点。毕竟，瑞士的居民现在既能做好事又有钱赚。但这种方式并不奏效。如同实验室中的实验一样，仅仅是对金钱的期待就会减少人们与社会保持联系的意愿。

这并非发生在一些古怪的瑞士人身上的特有现象。美国内华达州的一项实验也报告了类似的发现：支付报酬降低了受试者彼此之间的责任感。后续研究进一步强化了这些发现。当去托儿所接送孩子迟到而不会被罚款时，父母几乎不迟到。但是，一旦他们因为迟到而被罚款，就算有可能损失金钱他们也不会更准时，反而更不准时了。当罚款的规定被取消之后，他们先前的准时接送行为也没有重新恢复，父母们仍然不十分在乎是否准时。一旦金钱介入其中，原先建立的社会关系就会退化，再也无法挽回。

这些针对群体的研究恰恰证明了实验室中通过个体实验所收集到的结论：金钱会让我们无视社会关系，产生一种自给自足的感觉，从而阻碍合作和相互支持。考虑钱会让人忘记自己是人。

至今没有人十分清楚为什么金钱会有如此的作用。经济学家推测动机发挥作用的方式和认知负荷类似。正如我们一次能够关注多少事情存在硬性的限制，或许我们一次只能受一种看法的激励。**若我们关心人，就不怎么关心钱，而当我们看重钱时，就会较少关心人。我们的道德能力变得跟我们的认知能力一样有限。**大多数商业环境都不鼓励表达情感，这让我们看不到这种毫无生气的行为有多么异常和反社会。

现在我们触及了大脑科学未曾研究的边缘领域。大量功能性磁共振成像实验尝试理解大脑在做出道德选择时会发生什么。其中有些实验是观察大脑在两个矛盾选项之间做取舍时的表现，其他实验则观察大脑在做功利性的决定（我坐汽车还是火车）和道德决定（我应该说谎吗）时有什么差别。但是结果并不明了。道德决定无疑占用了很多大脑能力，似乎还使用了自传式记忆（它暗示着移情作用）和社会意识。但是没有人知道如何追踪动机的形成，至少目前没有。这就仿佛坐在了大脑和思维的交会点上，而大脑和思维之间的关系永远让人神魂颠倒，却仍旧说不清道不明。

可是，根据经验，我们确实知道追求金钱这一动机似乎挤掉了更多的社会动机。因为只要金钱一出现，就会引发一次市场定价导向，人变成了商品，而每一件商品都有价格。为什么使用金钱来强行支持社会行为是（或者让人感觉是）很不适当的，而且是注定要失败的，这就是原因之一。通过向夫妻提供税收优惠而维持他们的婚姻，这种想法实质上是在用反社会的方法强制推行亲社会的行为。通过对不参加家长会的父母罚款，促使他们积极关注他们的孩子在学校里的表现，采用的也是同样的方式。你不能把社会关系商品化，然后期待着人们给予它更多的关注，该行为正如想要加速却踩着刹车一样。

既然知道经济激励会减少我们对他人的关心，那就应该对它"好吃好喝好招待"，非常谨慎地利用它。但是大多数公司没有这样做。相反，人们把它当成了人员激励这个精致瓷器店里抡起的大锤。若是过度倚重经济激励，它就会发出一种信号：金钱，只有金钱才是重要的。在银行家的薪酬方案中，长期激励计划（LTIP）最为声名狼藉，本来银行家的决策对人的影响应该更为重要，但复杂的薪酬方案反而鼓励银行家花大量时间思考他们与所在机构的财务关系。满足自身利益的财务激励可能会以公司不希望的方式失去作用，这是因为财务激励暗暗地削弱了你需要人们带到工作中的道德价值。正如戴维·林所说的那样，**金钱会改变你的思维方式，它改变你思考一切事情的方式。但是多数公司对它如何深刻而普遍地影响人们的工作方式视而不见。**

当美国国家金融服务公司的高管们聚在一起检查公司3年来的发展时，他们展开了特别的讨论，至于他们为什么会有这些与众不同的讨论，我们可以用由金钱引致的社会隔膜来加以解释。

"我们很多负责运营和风险管理的人要开会讨论一下次级贷款的问题，"凯瑟琳·克拉克回忆说，"销售人员的佣金比例太高了，他们可不愿意说停就停了。我们不停地在问：3年以来发生了什么？而我们听到的唯一回答是一个负责整个系统后台服务的小伙子告诉我们的，他说基础技术条件跟不上取消所有抵押品赎回权的步伐。"

令人难忘的是，在克拉克描述的这一场景中，竟然看不到一个真正的人出现，有的只是销售额和隐约出现的信息技术问题。没有人能够看出信息技术问题代表着成千上万的家庭要失去他们的住房。同样，当我们知道有多少投资者发觉了即将来临的银行业崩溃时，最让人感到惊奇的并不是这些聪明人会如此有先见之明，而是他们首先想到的是如何乘机大捞一笔。

在英国石油公司过于关注削减成本和兼并收购时，市场思维占据上风或许不足为奇。2002年，公司踏上了积极进取的发展道路，打算实现公司有史以来最漂亮的财务业绩。此时，英国石油公司健康和安全小组的成员聚在一起研究开办一个课程。部分培训内容涉及一个决策分析，即把得克萨斯城的承包商安置在临时活动板房、永久活动板房，还是永久建筑物中。但是，在进行成本效益分析时，他们并没有考虑上述选择。相反，投影仪演示的是用三只小猪的故事做的类比。之前的可选方案分别用草屋、木屋和砖房代替，另外他们还给出了第四种选择：一间可以防爆的房子。以下就是英国石油公司针对三只小猪的成本效益分析：

发生的频次：在小猪的一生中，大恶狼只有一次机会吹垮房子。

结果：如果大恶狼吹垮了房子，小猪就要被它吃掉。

最大合理开支（MJS）：一只小猪认为使自己免于一死价值1000美元。

1.0小猪的一生×1000美元/小猪的一生＝1000美元

小猪该修建哪种类型的房子呢？

在决定建什么样的住房时，英国石油公司的高管们必须计算每条生命的价值（1000美元）、每个住房能住多少人、修建住房的花费以及发生死亡事故的可能性，而事故一旦发生，"小猪"就会被杀死，或者说被"吃掉"。人们不禁要问：这样的类比如何能够帮助他们做出一个道德决策呢？对这种描述，我希望有人感到大吃一惊，但是我也能想象到，当提到这个隐喻时，会有相当数量的人笑出声来。这是一次培训练习，或一个决策过程，或两者都是，从演示中看不明白。但有一点是清楚的，那就是人不是他们考虑的对象。得克萨斯城的承包商被当成了有市场价值的动物。他们最终获批开工，并且死在了"草屋"里。

从金钱到对道德的思考

　　如果认为英国石油公司是世界上唯一一家有如此思维的公司，那就错了。学术研究表明，当更多的人满脑子是金钱，并把他们的选择具体化为商业决策时，他们就越有可能采取无视道德的行为；仅仅是接触到金钱的概念就会引发不道德的行为。除实验室的实验外，我们在其他地方也能看到类似的情况：在计算改进平托车尾部所需的成本时，将其与致人丧命的成本做比较的福特公司；决定不召回致病的达尔康盾宫内节育器的A. H.罗宾斯公司；选择以破产作为手段，抖落蒙大拿州利比镇灰尘的格雷斯公司；专注于获得信托资格而不是关心患者的中斯塔福德郡医院；以及优先考虑开支紧缩而不是年轻女孩安全的罗瑟勒姆委员会。当决定不在格伦费尔塔公寓楼安装自动喷淋灭火装置时，是否有人真正计算过失去的生命的现金价值，抑或他们认为金钱比人命重要得多？当卡瑞林的高管挪用公司的养老基金时，他们盯着看的是那些电子表格，而这些表格丝毫无法表达员工在工作生涯结束时被抛弃的悲痛。当都柏林的大主教凯文·麦克纳马拉（Kevin McNamara）办理保险手续，以防备牧师虐待儿童导致的索赔时，他所做的只是将交易关系凌驾于社会关系之上吗？他应该把那些受到指控的牧师撤职，然后再设法让他们得到专业的治疗，他应该发起一次彻底的调查，强制实施儿童保护政策，或者警告其他的主教，但是他没有把人放在眼里，一心保护的反而是教会的财产。若把物看得比人重要，我们既会丧失道德判断，也会无视道德评判，并对所做决定的道德含义视而不见。

金钱和有意视而不见使得我们的行为方式有违伦理道德，甚至常常与我们的个人利益相矛盾。我们愿意看到自己是有本事的人，在这种渴望的驱使下，我们很看重金钱，因为它显然是证明我们有本事的客观证据，而且社会上的大多数人也在按照同样的方式解读金钱。所以，与金钱有关的问题从根本上讲无关贪婪，尽管这样想会让我们很舒服。金钱之所以带来问题，乃是因为在我们生存的社会里，相互支持和合作是必不可少的，但是金钱会腐蚀那些能让我们过上富有成效的、实现个人抱负的和真正快乐的生活的社会关系。当金钱成为主导性的激励因素时，它既不会配合也不会加强人们之间的社会关系，而是让我们与社会关系脱离。我们与邻居离得越远，就越会在自大情绪中自我封闭，就越容易把人看成"物"，就越看不到有害文化造成的人力成本，就越倾向于做出不道德的决定。

这并非由金钱单方面造成。导致有意视而不见的所有其他组织力量包括服从、旁观者效应、疏远和分工，这些势力联手遮蔽了工作本身具有的道德和人性的一面。金钱让我们忙得团团转，经常是太忙了，以至于我们既看不清楚，工作起来也没有头脑。金钱也会让我们沉默寡言，唯恐争执或批评会危及薪水。金钱会强化而且常常奖励那些让我们无视替代方案和争执的核心的、自我认同的信念。可以这么说，如果我们只是服从命令和适应，将责任分散到离我们很远而且我们可能一点也不关心的人头上，那么，金钱就是让我们扭头看别处的最终诱因。金钱往往使人上瘾，我们拥有的越多，就越觉得需要更多，这只会确保这种循环获得回报，并持续下去。套用埃德蒙·伯克（Edmund Burke）[1]说过的一句话，我们会说：邪恶所需要的不外乎就是让善良的人什么都看不见，以便从中渔利。

拜访过斯坦福大学的人无不对其规模和财产印象深刻。它的校园面积超过12平方英里，比梵蒂冈城的10倍还要大，棕榈大道直通喷泉，西班牙式的庭院让人更多地想到文艺复兴时期罗马教皇的专制，而不是21世纪的前沿研究。这些奢华的建筑无不透露出自信和傲慢，但躲在里面的人却是些怀疑主义者。在校园的中心地带，有一个并不起眼的房间，地上铺着亚麻地板，里面摆满了书籍，人称阿尔的阿尔伯特·班杜拉（Albert Bandura）就坐在里面。从很多方面看，班杜拉都是心理学领域的元老：他曾是作品被引用次数最多的健在作者，社会学习理论之父，也是最早提出"儿童行为不仅来自奖惩，还源于他们自己对周围的观察"这一主张的人之一。今天在我们看来如此显而易见的思想反而证明了班杜拉对我们的思维产生的影响有多么深远。如果没有他，"角色楷模"这一特定的词语几乎不可能出现。

班杜拉的很多研究已经渗入公众意识之中，而我们几乎都没有意识到这些公众意识的存在。他的研究也让他获得了许多奖励、勋章和荣誉称号。92岁高龄时，他依然继续工作，并未变得自满。虽然他取得了杰出的成就，但却是一位有魅力的和容易相处的人，他举止温和却难掩心中的坚韧。多年以来他努力想解决的问题之一就是：在需要维护自我价值观时，人们用什么方法做到了无视道德的存在。

1.埃德蒙·伯克，英国政论家、美学家。——编者注

"对能够树立自尊的事情，人们会趋之若鹜，就算是触犯了法律，他们也不要把自己看作一个坏人。你要维护自己是一个好人的那种感觉。通过找到社会借口（social justification），通过使用委婉的说法摆脱干系，通过忽视行为的长期后果，人们把有害的做法转变成了值得一做的事情。"

人们往往要为自己做的有害之事辩护，最主要的方法之一就是利用关于金钱的争论来掩盖道德和社会问题。因为我们不能且不会承认我们的某些选择在社会和道德上是有害的，我们声称这些行为是创造财富所必须要做的，以此将我们自己与有害的做法划清界限。他认为，没有什么比我们对环境和人口增长的态度更有害的了。对那些抵制控制人口增长的号召，以及反对环境控制的人来说，最简单的方法就是声称他们自己是好人，因为他们只是想让每个人都过得更好，不想置经济于险境。

"他们要为自己的立场辩护，因而肯定不会说'没错，我们是坏人，我们要在这个星球上奸淫掳掠，无恶不作'，"班杜拉告诉我，"他们必须要证明那些极大地伤害了环境和生活质量的做法实际上是有益的，为此他们不得不证明有害的东西实际上是好的。要那么做，他们会用到一种方法，实际上就是把自然概念定义为一种经济商品。所以，他们会从市场价值的角度来看待自然概念，而不是依据其内在价值。"班杜拉认为，这就是为什么那些宣称热爱自然的人也会支持在阿拉斯加钻探油田了。他们不把自己视为破坏者，而是定位为自然财富的合理释放者。为了说明这种特殊的思路，班杜拉引用了纽特·金里奇（Newt Gingrich）[1]的话："为了得到可以赚钱的最佳生态系统，我们应当采用分散策略和创业战略。"同样，当唐纳德·特朗普在2017年4月签署行政命令，要求内政部重新考虑奥巴马总统的近海钻探禁令

1.纽特·金里奇，美国众议院前议长。——编者注

时，他把自己定位为将国家从前任领导的剥夺行为中解放出来的人。他称该禁令"剥夺了我们国家成千上万的潜在就业机会和数十亿美元的财富"。班杜拉说，正是经济借口（economic justification）使对环境有害的决策成为可能。把自然仅仅看成摇钱树这一观念蒙蔽了此类决策者的双眼，使他们无视自己决策的道德后果。

班杜拉毕生致力于剖析实施犯罪和非人道行为所需的道德疏离，他从烟草行业、枪支游说团体和电视行业，一直调查到与环境恶化有关的多个行业。他看到有一种力量在鼓励员工无视生产加工活动中的相互勾结，并对这种力量的作用有了深刻的理解。但没有什么比拿经济理由为人口持续增长辩护更让他感到愤怒的了。

"我去德国参加了一次会议，"班杜拉回忆说，"一个年轻的非洲妇女讲到节制生育和健康教育给她的社区带来的极大变化。她和那些与她同龄的女性现在能控制孕育和抚养的孩子的数量，这一现实改变了她们的生活。而且她说到这些时眉飞色舞。但是，听众中那些衣着考究的欧洲人，那些富裕的西方人却给了她一片嘘声。"

从震惊中回过神来之后，班杜拉开始分析听众的大脑是怎么运转的。他推断，促使他们这么想的原因基于这样的认识：西方国家的出生率满足不了为老年人发放退休金的需要，如果西方国家的人不能生育更多的孩子，当人们退休后，国家就会无力维持照顾他们所需的财富。因此，尽管消费和环境退化有着明确的关联，但是市场之需战胜了地球之需。

这一现象并非西方社会独有。对金钱的需求实质上把婴儿定位成了赚钱的机器。

（班杜拉写道：）在某些国家，为促进妇女生育所施加的压力也包括惩罚性的威胁。日本前首相森喜朗（Yoshiro Mori）建议，应该禁止没生过孩子的妇女领取养老金，他说："我们必须用税款去照顾没生过一次孩子的女人，这说起来真是奇怪，她们到老都过得这么自私，却大唱自由的赞歌。"在这场生育更多婴儿的运动里，生儿育女已经退化成了一种经济增长的方法。

在这样的心态下，孩子只不过是政客眼中赚钱的工具，这些政客们只管计算数字，对他们的政策带来的道德、环境或人道主义后果熟视无睹。市场思维已经广泛地淹没了道德思维。

班杜拉说，支持人口增长的经济理由非常具有说服力（和普遍性），以至于主要的非政府组织全都要靠边站。这些组织害怕疏远了捐款人，害怕激进的左派的批评和保守的既得利益者的蔑视，这些既得利益者宣称人口过剩是一个"荒诞的说法"，这为人们否认"日益增长的全球人口是导致环境退化的一个原因"提供了进一步的激励。以前把逐步增加的人口当成是对环境的主要威胁的主流环保组织不再把人口增长列入议事日程。绿色和平组织宣布人口"不是我们面临的问题"。地球之友组织宣称"就人口数量展开一场辩论毫无益处"。这些组织害怕失去资金，这种恐惧使得这些组织不能处于一个最佳的位置，设身处地地理解一门心思贪图钱财所产生的最终结果。

班杜拉认为，金钱的作用就是将我们与我们所做决策的道德和社会影响分开。只要我们将做每一件事的理由都表达为某种经济原因，那就不必面对我们所做决定的社会或道德后果。经济学已经变成人们评价社会和政治选择的理念体系，就算不是普遍盛行的，那也是占主导地位的，这一点已经成为我们这个时代的典型特征之一。数字看起来很客观，是一种中立语言，可用于沟通有争议的观点。但当然，关于它们是什么以及如何被定义，这远不是客观的。仅凭这些数字我们是看不到隐藏在它们背后的想法的。只要数字起作用，我们就会觉得自己不必再面对更困难、更不成熟的道德选择。只要数字在发挥作用，我们就会感到自己逃脱了，不必为那些我们依然在面对的更艰难、更不成熟的道德选择承担责任。我们显然已经从市场经济步入了市场社会（如果这不是一个矛盾的说法），我们对经济的迷恋只不过是一个持续时间很长的替代性活动，这是一个有趣的想法。

金钱只是让我们对本应关注的信息和问题视而不见的力量之一。它会增强那些让我们有意视而不见的所有其他驱动力，并且常常还会对其加以奖赏，这些驱动力包括：偏爱熟悉的事物、喜爱某种类型的人和大概念、喜欢忙碌、讨厌冲突和改变、本能地服从，以及习惯性地转嫁和分散责任。所有这些驱动力会在我们一生的不同阶段以不同的强度发挥作用、相互合作。它们具有共同的特征，即让我们保护自我价值感，减少和别人的分歧，并给予我们一种安全感，只不过这种安全感是一种虚幻的错觉。在某种程度上，这些驱动力起到了和金钱一样的作用：让我们一开始感觉良好，但看不到后果。如果我们的视而不见不能给予我们舒适和安心，我们也就不会如此盲目。

但是，在面对我们不能成功应对的当代气候变化这一最严峻的挑战时，让我们视而不见的各方力量一起涌现，如同壮观的水上芭蕾中的花样游泳运动员。我们跟志同道合的人生活在一起，拥有共同的消费习惯，这让我们看不到这种生活方式会让我们付出的代价。就像酒鬼的毫无察觉的配偶一样，我们知道有什么地方出了差错，但我们不想承认我们喜欢的生活方式会害死我们。一方面，我们阅读关于环境影响的文章，另一方面，我们的生活依然如故，我们只是在购物或饮食方面做出较小的改变，极少有意义重大的社会转变。有时候我们会变得非常焦虑，这反而导致更多的消费。我们总是忙碌，忙到无法面对我们的担忧，这是一种已经安排好时间表的疯狂的替代性活动，它不允许我们按照我们喜欢的方式追求绿色生活。维持现状的倾向又施加影响，当没有人对国际会议造成的冲突感兴趣时，国际会议也就开到头了。在我们自己的国家里，没有哪个政客有胆量进行变革所要求的政治斗争。

我们知道，世界不太可能将温度上升限制在2摄氏度甚至1.5摄氏度，但我们仍是顺从的消费者；如果有人让我们改变，我们可能会改变，但是没有人发号施令。因此，我们遵从了环顾四周时看到的那种消费模式，全都成了旁观者，希望别的地方有什么人会加以干预。我们的政府和企业越来越复杂，以至于无法实现内部沟通，也无法被改变，我们被留在了一个并不想待的地方，在这样的地方，金钱暂时成了我们唯一的慰藉。

这种有意视而不见的规模是相当惊人的，要不是我们周围有一些不盲目的人，有意视而不见将会置我们于悲惨和绝望之地。那些不盲目的人能够看到也确实看到了更多真相，并且采取了相应的行动，这说明我们也是能够看得见的。

第十一章

真相只有少数人能看到

我们知道任何情况中都可能
包含着真相，我们可能看不
到它，但它就在我们眼前。

揭示真相的人

"我不感到吃惊，这种事一定会发生，这话我已经说了好几个月了。这太明显了。你们把这些孩子逼得太紧了，他们脑子里想的东西非常可怕，很暴力。这样你当然就会面临暴力问题了。" 2009年11月5日，尼达尔·马利克·哈桑（Nidal Malik Hasan）在美国得克萨斯州的胡德堡军事基地枪杀了13人。辛西娅·托马斯（Cynthia Thomas）深感不安，但并不感到惊讶。就在那年早些时候，她开了一家叫胡德之家（Under the Hood）的咖啡屋，给士兵们提供一个基地之外的落脚点，一个闲逛的地方，在那里他们可以找到安慰，如果需要的话，他们还会得到有关心理、精神病治疗和法律方面的帮助。

"这种事总是小规模地发生：士兵杀死某个人，刺伤啦，枪击啦。人们不理解。两周内就会有三五起暴力事件。人们看不见它们。这一切总是发生。一个士兵突然精神崩溃，做出这样的事不奇怪。人们不想看到，不想听到。但是它发生了，而且还会继续发生。"

辛西娅·托马斯就是一位卡珊德拉。在古希腊神话中，卡珊德拉出身高贵，她是国王普里阿摩斯（Priam）与王后赫卡柏（Hecuba）的女儿。因为迷醉于她的美貌，阿波罗（Apollo）爱上了她，并赐予她预见未来的能力。但当她轻蔑地拒绝了阿波罗时，阿波罗就给她的礼物施加了一个诅咒，让她难逃"没有人相信她"的命运，以此来报复她。所以，当她警告特洛伊人不要把希腊人留下的大木马拖进城时，他们不理会她说的话。在阿伽门农（Agamemnon）从战场返回时，正是卡珊德拉警告他当心克吕泰涅斯特拉（Clytemnestra）杀人的怒火。她也一定知道自己注定会在那时死去，因为这就是她独特的才能：看到别人看不到的。

读到卡珊德拉的预言时，我们知道它们都是真的，但是其他人都不相信，这对卡珊德拉来说，真是一种残酷的讽刺。就这一点而论，她便成了文学作品中为读者提供宝贵情节设计的角色之一，因为这种设计让读者成了全知的人。当别人都嘲笑她时，我们却相信她，我们会同时看到两种矛盾的观点。我们知道任何情况中都可能包含着真相，我们可能看不到它，但它就在我们眼前。她给我们的启示是：**被人轻视的人往往知道得最多**。

但是，卡珊德拉之所以让我们沉迷于想象，还因为她将我们都会感受到的那种无处发泄的愤怒形象化了，当我们看得一清二楚，而其他人无法看清时，这种疯狂便油然而生。这便是挫折的一个缩影，因为卡珊德拉注定永远是正确的，她的故事告诉我们：**真相是可知的，却不一定能拯救我们**。

这个世界上到处是卡珊德拉，这种人的命运就是看到别人看不到的东西，他们不是瞎子，而且认为有必要将他们知道的那些令人尴尬的、惹人恼火的真相大声说出来。这就是为什么任何行业或组织崩溃之后，必定会有人浮出水面，声称他们看到了即将到来的危机，发出了警告，却受到嘲笑，或无人理睬。在蒙大拿州的利比镇，盖拉·贝尼菲尔德就是一个典型的卡珊德拉，当时她坚持说她所在的小镇有些不对劲。但当你见到盖拉时，从体貌特征上并看不出她就是一个反抗者，或是一个不墨守成规的人，但是，似乎从很小的时候起，她就能看到别人看不到的事情。

"上高中时，我记得老师想要我们站在一张纸后面，展示侧面轮廓的剪影。但是这件事总有些让我感到不自在。我不知道这件事为什么不对，但我知道它就是不妥当。"盖拉停顿了一会儿，梳理着事实，试图确保她的回忆是准确无误的。然后她笑起来。"也许我不想去掉我戴的假胸！管它呢，反正我带头退出了那次活动。"

表明自己的立场看起来好像是盖伊容易做到的事情。她对自己的与众不同感到愉快，即便这意味着会惹人嘲笑或被人忽视。

"高中时我选了机械制图课程，我们学校从来没有女孩子学这个课程，我也不知道为什么。我记得我坐在一个离男孩子们很远的角落里！我爷爷是俄罗斯移民，最后落脚在蒙大拿州东部。他教育我不要和体制对抗，但要经常质疑它。他是你能找到的最好的美国人。他总是在寻找一种更好的做事方法。我从来不特立独行，但是我会质疑。我从来不是一个盲目的追随者。我总是在质疑。"

卡珊德拉们常常也是举报者，他们决心不仅要看到别人也能看到的东西，而且还要采取行动，努力改变命运。他们承认别人看不到的东西，因为他们是质疑者，受此驱使，他们急切地询问：到底发生了什么？只能是这个样子吗？我是不是漏掉了什么？是否有别的解释或解决方案呢？他们是追求真理的人，积极、专注而且常常十分执着，即使（或特别是）在没人同意他们的说法时。这几乎是你对这些非常用心的揭示真相者的唯一概括性认识。

在这个世界上，卡珊德拉何止千万，他们来自各行各业和各个阶层。学者们尝试着找到他们共同拥有的识别特征，但是毫无所获。过去人们认为举报者更可能是女性，因为作为多数机构刚刚加入的新人，女性不会与当时的现状存在利益之争。这是一个有趣的理论，但事实证明它是错的。是不是举报者似乎与年龄或服务年限没有任何关联，报酬或者受教育程度也不是预测谁是举报者的因素。宗教似乎也没有起到决定性作用，虽然所有的卡珊德拉都有一种超强的分辨是非的能力，但很多人的道德观产生自历史或个人经验，而非出自任何正统的信仰。这些"讨厌"的讲真话的人有时会被投入监狱，或者被送去做精神病鉴定，尽管如此，作为一个群体，好像没有证据表明他们都是些疯子。

我们十分清楚，社会需要辛西娅·托马斯和盖拉·贝尼菲尔德这样的人，这些人很乐意问别人令人尴尬的问题，追踪错综复杂的关系，并对深深印入人们脑海的假设表示质疑。因为有意视而不见的经济成本无法量化，全面衡量白领犯罪和腐败的程度难上加难。但在2000年，美国的道德资源中心[1]发现上市公司和非上市公司中有1/3员工目睹了渎职行为。高达80%的内部审计主管表示他们在自己的组织内发现了不端行为。当哈里·马科波洛斯（Harry Markopolos）在国会为麦道夫诈骗案作证时，他认为："白领罪犯对这个国家的经济造成的损害超过了武装劫匪、毒贩、偷车贼以及其他各种各样的恶棍造成的损害的总和。这些骗子每年将大约5%的营业收入窃为己有，这让暴力犯罪造成的经济损失相形见绌，然而，到目前为止，联邦执法部门却没有投入足够的资源逮住他们。"

在美国，旨在保护举报者的大量联邦法律法规已经得到推行。1912年，

1.道德资源中心，现已更名为道德与遵循倡议（The Ethics & Compliance Initiative）。
——编者注

第一部相关法律诞生，用于保护那些向国会提供情报的联邦雇员。此后，很多法规将重点放在了确保在特殊岗位工作的政府雇员获得保护。2002年的《告知与联邦雇员反歧视和报复法》《萨班斯—奥克斯利法案》和1989年的《检举者保护法》的目的在于保护雇员免受报复或者失去工作，而《虚假申报法案》则寻求在抵御合同欺诈方面获得普通公民的帮助。鉴于麦道夫丑闻曝光后，证券交易委员会需要举报者来监督市场，这些法律规定，需要从违规企业的罚没收入中拿出一部分奖励举报者；到目前为止，美国司法部已经挽回了200多亿美元的财产损失。

英国有关举报的立法也同样复杂。1998年的《公众利益披露法》为保护举报违法行为的个人提供了法律框架，它适用于所有雇员，但自雇者和情报部门的成员除外。2007年，《公众利益披露法》进行了修订，将所有提供信息表明已经发生或可能发生犯罪、司法不公或破坏环境行径的人纳入其中。提起诉讼的案件数量急剧上升，在该法案变为法律的那一年为157起，而到2009年上升至1761起。雇员提交了9000起受害索赔申请，其中有70%未经公开审理就被撤销，而在剩下的申请中仅有22%胜诉。人们普遍认为《公众利益披露法》不是很有效，因为它只在举报者遭受损失（通常是失去工作）后提供补救措施。这实施起来太难、太慢而且补偿太少了。2013年，《企业和监管改革法》承诺保护举报者免受欺凌、骚扰和报复，但也引入了一套乱七八糟的金融规章制度，几乎无法让出于公众利益而进行举报的举报者安心。欧盟的指令试图保护那些披露私下税收交易的人，其举措全都试图鼓励说真话，但通常远不能给真诚的举报者带去真正的安全。

举报者保护组织PROTECT原名"工作场所公共利益关怀"[1]，最近它为举报人开通了一条求助咨询热线。该组织成立于1993年，是在"自由企业先驱"号渡轮沉没、克拉珀姆火车相撞以及国际商业信贷银行倒闭的余波未平之时成立的。上述事故中的每一个都表明：员工意识到了危险，但是他们不认为有在内部提出这个问题的必要，或者不觉得如果他们的担心没有得到认真对待，他们应该追踪下去。自法案出台之后，PROTECT成为举报者的首选避难所，在多数情况下，这些举报者尝试提出自己的担忧，但是他们发现自己要么被忽视，要么吃苦头。该组织的大部分工作是与国民医疗服务体系和金融服务机构合作。前首席执行官弗兰切斯卡·韦斯特（Francesca West）在这两者之中观察到了一些小的变化，但变化速度极其缓慢。

韦斯特告诉我："为确保《高级管理者制度》发挥作用，金融服务机构正承受着巨大的压力。"《高级管理者制度》试图让企业高管对自己的错误和失败承担个人责任。"现在就看它是否有效还为时过早，它的嵌入需要更多的时间。但我们已经看到了一个案例，如果没有举报者站出来，银行永远不会知道发生了什么。在那个案例中，一位高级经理确实被打了一巴掌，你可能认为可以责骂这样一位高级经理的想法体现了某种进步，但金融业和监管体系复杂无比，比如英国金融行为监管局（FCA）和英国审慎监管局（PRA），对它们来说，这种严责无济于事。"

就英国国民医疗服务体系而言，支持举报者的真正动力源于《弗朗西斯报告》，该报告是在中斯塔福德郡国民医疗服务体系信托基金会丑闻曝光之后受托编写的。在对待举报者的态度上，管理层由来已久的看法是：他们

1.工作场所公共利益关怀（Public Concern at Work）是一家慈善组织，2018年9月10日正式更名为PROTECT，意为"保护"。其宗旨是让揭发、举报有助于个人、组织和社会，其口号是：大声说出来，阻止伤害（Speak up, stop harm）。——译者注

可以被忽视，因为他们通常是心怀不满的员工，而英国王室御用大律师罗伯特·弗朗西斯（Robert Francis）最终让这种反应偃旗息鼓。这样的借口是危险和错误的，这不仅是因为平衡他们的风险如此之大，而且是因为即使他们心怀不满，也不能自动得出他们的投诉是不正确或不重要的。弗朗西斯进一步指出，英国国民医疗服务体系需要培育一种文化，使得每个员工都能理解并自由地表达自己的意见，否则，管理层怎么知道发生了什么？

这个建议来得再早一些就好了。在我研究过的所有行业和组织中，从未遇到过英国国民医疗服务体系这样的机构，它以报复、辱骂或令人痛苦的方式对待希望表达自身关切的员工；他们被欺负、嘲笑和排斥，动机和职业精神被质疑，很多设法通过谈论问题来解决问题的国民医疗服务体系工作人员往往受到惩罚，而不是奖励。600位个人、43个组织和19 500名受访员工提供了大量的证据，从而让弗朗西斯提出要在每个英国国民医疗服务体系的机构中设立监护人，并建立一个国家监护人办公室。医院或信托机构中的任何人都应能向监护人表达自身关切。但它的起步并不顺利，第一任领导在上任2个月后就辞职了，原因很简单，这是一项不可能完成的任务。这份工作本应是兼职，在盖伊和圣托马斯国民医疗服务体系信托基金会医院，它是由护士长兼任的。自从第一任监护人被取代后，2017年上半年，提报的案件多达2735起，其中923起涉及病人安全，1143起涉及欺凌和骚扰。它们的提报大多来自护士。

PROTECT组织的弗兰切斯卡·韦斯特对此持谨慎态度。她告诉我："你可以看到一些信托机构的高层明确表示支持，给予人们充分的保护，它们有合适的人，而且这些人也有资历提出关切，并加以跟进。这意味着良好的信托机构得到了改进，但让我担心的是我没有看到那些不太好的信托机构有什么改进。我看不到监护人办公室为阻止下一个类似中斯塔福德郡丑闻的发生做过什么。国家监护人办公室没有法定权力。而自由发声监护人（Freedom to Speak Up Guardians）的级别往往太低，没有预算，不是受保护的官方角色。"

人们普遍对举报者及其动机持怀疑态度。然而，这些举报者一次又一次地用自身经历证明：最大的伤害不是私下进行的，而是公开实施的，不是单独一人所为，而是数量众多的人合谋，他们拥有很多目击者和旁观者。卡珊德拉和举报者就站在这群人中间，看到了正在发生的事情，但是，在内心深处，他们知道自己有勇气或有必要大声说出来。他们绝不是可疑的麻烦制造者，他们通常是能够找到的最忠诚、最敬业的员工。

出于忠诚而说出真相

　　大多数人一开始都是乐观主义者，不是不守规矩的人，而是规矩的忠实支持者。通常情况下，他们并不是特别让人不高兴或者让人失望的人，也不是天生的叛逆之人，而是当看到自己所爱的组织或者个人选择了错误路线之后不得不站出来讲话的人。当麻醉师斯蒂芬·伯尔辛开始调查儿科心脏手术低得可怜的成功率时，他的目的仅仅是提高手术的成功率。

　　"我是布里斯托尔市的新人。我想在那里生儿育女。而且我想：让我们把这里变成卓越创新中心吧。如果有什么事情是我们能够改进的，就让我们做吧。如果我们做错了什么事，我们可以改正它！"

　　同样，整个职业生涯都在通用汽车公司的比尔·麦卡利尔也喜欢自己的公司，因为它让自己的生活变得更好。促使他说出真相的是对企业的忠诚。

　　"我是佐治亚州的一个穷孩子，刚开始工作时我在通用汽车公司的生产线上，他们付钱让我获得了哲学学士和硕士学位，他们让我升职，成了一位高管。我走遍世界各地，看到通用汽车给人们的生活带来了巨大的改变，"他告诉我，"它真的是一家出色的公司，为此，我感到非常自豪。"

　　"在这些事件发生时，没有人为通用汽车公司说话。只有人为自己说话，没有人关心企业！作为一名举报者，我认为任何一个做过这件事的人都不会掉以轻心。"

离开优步后，苏珊·福勒开始就该公司的性骚扰文化撰写博文，但在此之前，她非常小心地与该公司保持距离。她不想攻击自己所在的行业或整个硅谷。她想做的是让两者做得更好，就像在哈利法克斯银行，保罗·穆尔自视为一个诚实的经理，一个确保所有人安全的人。

"我寻思着在那里做点好事，"穆尔告诉我，"有点像是一个任务，正直和金融服务对我来说意义重大。我认为这产生自一种混合，一方面是我父母的教导，另一方面你会称之为'上帝所赐'。我一直认为我是客户和股东的一个代表，也代表了那些看不到和不明白我能看到的所有细节的人。"

当谢伦·沃特金斯给安然公司的前董事长肯尼思·莱写信时，她以为他会欢迎她提出疑问，并认为她想要拯救公司，而绝不是摧毁它。

"我是多么忠诚！"沃特金斯回忆道，"我以为他的第一反应是想要知道事情真相，弄明白他的公司正在发生什么！这感觉就是，如果你告诉船长说船快沉了，他就要为救生艇配置人员了。"

沃特金斯写的信并没有见诸报端，在信中她详述了那些她无法解决的财务问题，以及那些她认为肯尼思·莱并不知道的风险。她之所以给莱写信，是因为她认为他是最有可能解决她确认的那些问题的人。沃特金斯从没有将她这封信公之于众。直到公司倒闭之后，调查员才发现了它。

"我以为好心有好报，认为我们会放弃某些交易，重报利润，认为他们会因为我找出了这些问题而感激我。不料后来我发现，肯尼思·莱几乎是马上找律师咨询，看他能否让我走人！"

当哈里·马科波洛斯开始研究伯纳德·麦道夫的投资战略时，他可没有寻找犯罪行为的想法。他脑子里最不想做的事情是发现金融系统或证券交易委员会存在系统性失灵；他想置身于他们中间，并取得成功。马科波洛斯之所以研究麦道夫的业务，是想看看能否复制他的做法，而不是为了拆他的台。

在许多诸如此类的案件中，卡珊德拉们能够看到其他人看不到的东西，这是因为他们拥有一双能观察到细节的慧眼。马科波洛斯说，几千个小时的手工计算就是为有朝一日能够看清麦道夫的账目做的准备。

"我立马就知道了这些数字毫无意义。我就是知道。数字之间彼此关联，如果你像我一样研究了这么多的数字，如果事有蹊跷就会显而易见。随着我继续审查那些数字，它们的问题开始涌现，就像是雪地里的红色马车一样醒目。任何懂得市场撮合机制的人立即就能看出问题所在。"

和众多卡珊德拉一样，马科波洛斯不允许距离或推测掩盖住他看到的真相。但是，当他把那些细节呈交给证券交易委员会时，那里却没有一个人受过训练，具备相应的技能、耐心或者经验，从而看懂他们所看到的内容。马科波洛斯写道："这场庞氏骗局的危害程度只有证券交易委员会在调查麦道夫诈骗案时表现出的有意视而不见能够匹敌。"

对很多卡珊德拉来说，上帝确实存在于细节之中。他们不迷信教条，而是喜好事实和论据。就像爱丽丝·斯图尔特投身于对可能解释儿童癌症（白血病）的所有家庭细节的调查一样，卡珊德拉们特别喜欢直奔抽象问题的本质。

这正是詹姆斯·汉森（James Hansen）在20世纪70年代末所做的事。他获得了博士学位，论文写的是金星的大气层。他是一个善于钻研却不懂与人交往的怪才，但不是一个持不同意见者，他埋头于自己的数据，丝毫察觉不到周围学生的骚乱。很快，地球大气层就变得比金星大气层更让他迷恋，因为他要尽力了解氯氟烃和臭氧层的详细情况。他写道，他的主要兴趣之一是"行星大气中的辐射传输，尤其是解读对地球大气层和地球表面的卫星遥测数据"。1981年，他发表了一篇论文，预测随后的10年地球将会异常地变暖，而再过10年之后，地球会变得更加温暖。他是对的，而且一直正确，但他的研究充满了细节和为防止误解所做的说明，识别出了被忽视和不确定的领域，这会让他耗费一辈子。他的研究并不是从意识形态开始的，而是从细节开始的，只是不断地跟随数据的引导。

这也是丹尼尔·埃尔斯伯格（Daniel Ellsberg）所做的。也许他本来就爱好质疑权威，在他15岁那年，因为父亲在开车时睡着了，埃尔斯伯格痛失母亲和妹妹。"我觉得那可能对我产生了影响：你爱的和尊敬的某个人可能会在开车时睡着，他们必须要受到监督。那次车祸让我意识到世界可能会在一瞬间变得更糟。"

让他最终转而反对越南战争的是细节而不是教条。埃尔斯伯格曾经支持这场战争，甚至到了和他反对越战的女友分手的程度。在国防部为罗伯特·麦克纳马拉（Robert McNamara）工作了一段时间之后，埃尔斯伯格坚持要去越南，亲自看看政府政策实施的真实情况究竟如何，获得第一手资料。回国后，他阅读了长达7000页的五角大楼文件，详细了解到公众多次被追求战争的政府误导，即使明知战争不可能胜利，政府也向公众承诺会取得成功。正是这些文件的细节，再加上他自己的亲身经历，才让他冒着被判115年监禁的风险将他的发现公之于众。他进一步阅读了有关美国核战略的文件，正是其中的细节促使他再次成为一位举报者，揭露了政府的核战争计划及其真正后果。

美国联邦存款保险公司是一家政府经营的保险公司，它为大约80万家美国银行提供担保。2006年，在被委任为该公司的总裁后，细节、证据和研究也在促使着希拉·贝尔（Sheila Bair）行动起来。一段时间以来，贝尔一直在为银行背负的债务数额而担忧。她警惕地观察着次级贷款的增长，现在她想弄清楚情况到底如何。她的做法很简单：她买了一个次级贷款的数据库，研究它，这种事是任何联邦金融监管者都可以做到的。

"我们简直不敢相信看到的内容。非常高的还款数额给贷款和次级贷款造成了打击……收入证明文件非常少，但提前还款罚金却很高。"

径直摆在她面前的，不是思想观念那令人陶醉的迷雾，而是吓人的详细情况，数据显示的都是真人购买真房子的真正贷款，她对身边所发生的事确信不疑。2007年3月，她发出了一份勒令停止通知，将其中一家违规的次贷公司弗里蒙特投资贷款公司关闭了。

从一个完全不同的有利位置，阿龙·克朗恩也得到了同样的见解。克朗恩根本不是一个金融家。他是计算机科学和数学专业的研究生，以软件设计师为业。自互联网泡沫发生以来，他迷上了经济学，他只是一位敏锐而聪明的观察者，喜欢就其看到的事物提出问题。

"我从父亲身上继承了很强的道德感，我知道你要先收集数据，提出假设，然后努力证明或者推翻这一假设。你不要将自己的观点强加给先验的发现，即使它不是你想要的，你也要把自己的发现呈现出来。因为这对我们所有人的生活和社会福祉都很重要。我就是觉得需要说些什么，而且要大声说出来。"

让克朗恩想大声讲出来的事情是2005年他想方设法购买房子的经历。

"我的处境是，我或者必须搬出现在住的公寓，或者买下它。因为房东想要卖掉它，所以我计算了一下买或租的成本收益，并且根据10年到20年的这种单元住宅的价格做了一个曲线图。它就像泡泡一样一飞冲天！大家都在说：你一定要买！但是我说：看看价格吧。我势必要获得一个异乎寻常的贷款，每个月我的口袋里才能有余钱，我只是对这么快就欠下一笔债感到不安。所以我谢绝了，不得不搬走。"

2006年即将结束之际，克朗恩注意到很多发放次级贷款的银行陷入了困境。他想他注意到的泡沫行将破裂，所以他创建了一个小型网站，针对将要发生什么、为什么发生和谁应该负责，他在该网站上问了很多尖锐的问题。

"刚开始时网站只有一个页面，只有七八家贷款公司挂在上面。为了增加一点幽默感，我把网站叫作'内爆测量仪'，整件事太荒谬了。我把它发到几个我经常浏览的经济博客上，它就流行开了。网站的访问量稳步增长，经常被时事通讯提到，几个月后，彭博新闻社和美国全国广播公司财经频道（CNBC）也提到了它。2007年3月以前，该网站已经稳坐抵押贷款行业网站的头把交椅，每个人都在上面发布有关行情的预测和信息。"

网站受到了它所报道的行业的滋养，所以，克朗恩得以从遍及整个行业的几百个源头那里获得未经处理的、第一手的鲜活信息资料。他的网站证明了"消息就在那里摆着"，就看你能不能得到了。

"事实证明，我们获得的信息有99%是正确的，其中包括从公司员工那里收集到的有关行情的秘密消息。那里的人知道自己的组织将会发生什么。我们得到了很多管理层的否认，他们大声嚷嚷着拒不相信，但是，他们对泄露的信息越愤怒，越证明泄露的信息是正确的。很少出现不满的员工编造虚假信息的情况。我们倾尽全力去验证这些信息的真伪，我们自身还要冒风险，不过，我们得到的信息通常都是很可靠的。这里存在着一种现象：举报通常是准确的。要不然谁会冒这个险呢？"

　　克朗恩既不是银行业内部人士，也不是研究政策的专家，甚至也不是经济学家。他只是一个在现场的人，观察身边发生的事，然后就自己的所见所闻问自己一些问题。作为一个局外人可能是一种优势，这让他的观点不那么偏颇。大多数卡珊德拉都感觉自己是局外人，要么是出生的偶然，要么是生活的偶然，要么是他们亲眼所见，让他们不可避免地成为与众不同的人。

为了真相挑战权威

希瑟·布鲁克（Heather Brooke）是在美国和英国两个不同的环境中长大的，她曾到位于英国威勒尔半岛的一家"绝对糟糕"的学校读书。在父母离婚后，她回到美国，经过培训，成了一名记者。她说，也就是在那里，她对政府产生了期待。

"至于人们如何看待他们的领导高人一等的权力，我产生了一种不同的看法，"她告诉我，"美国人希望能够弄清楚他们的税款流向了哪里，他们希望能影响当地学校的董事会。他们认为自己有权参与其中。"

1997年，她又迁回了英国，并且发现了很多让她欣赏的地方。

"我发现英国人对世界的无知程度较轻。在美国，我发现部分美国人对世界全然不知，或者说缺少了解世界的好奇心，他们很是无知，自信地以为他们正在做的事情是正确的。他们不考虑其他的选择。我在这里遇到的争论比在美国还多。美国人会回避争论，而英国人愿意参与争论，他们很享受抬杠的乐趣。"

但是，布鲁克不喜欢英国的政治体制、顺从的传统和公民权利的缺失。

"这儿的人故步自封，努力做出改变会被认为是无礼和轻率的。有资格出入议会和首相官邸的资深政治记者尤其要丧失很多东西。他们大多是上层社会的人，靠一路耍手腕才抵达了权力中心。这让他们明白了这样一个道理：允许他们知情是给他们的一种特殊待遇，但是他们没有享有特权的感觉，没有挑战权威还依然能够得到内情的自信，你被给予的任何消息都是一种礼物，而不是出于一种法定权利。英国就是这么运行的。这会导致大量的意见趋于一致，**因为每个人都想同意，不想成为制造麻烦的怪人**。反正我是个局外人，不以这种方式做事。这不是我思考权力的方式。"

布鲁克开始写她的第一本书《你的知情权》（*Your Right to Know*），探讨《信息自由法案》（2000）在2005年付诸实施时可能会给公众赋予的新权利。因为该法案的实施之路漫长，所以她设想这将带来大量的程序变革，但是当她开始询问相关情况时，她发现似乎还没有人做了很多准备工作。这让她心生怀疑，所以她从询问议员的开支入手，想探一探深浅。

"我之所以问开支的问题，只是因为1992年我在华盛顿州当记者时询问过一位政客开支的问题，结果在那里成了一个特大新闻，所以，我认为我可以在这里如法炮制。在华盛顿，我一天之内就得到了信息！但在这里，结果完全不同。2004年10月，他们只公布了一个数字，他们只是把各项开支进行了加总！这是一个毫无意义的数字，你无法分辨它是合法的，还是他们刚刚编造出来的。我就不断地追问，他们则一直拒绝回答，我觉得这很可疑，因此，我坚持追问下去。"

布鲁克正要揭露她所处时代的一个重大政治丑闻，一切进展顺利，但是这并非她的主要目的。她真正想做的是改变人们看待政府的方式。

"我的动机是很美国式的，它关乎公民的责任：这是我的政府，我有权知道。但是也会超出这个范围。我不是以记者身份而是作为活动家去问这些问题的。我想做那种不用蒙恩受惠就可以做的新闻报道。我可不想攀关系、欠人情，也不想靠搬弄是非吸引人们去看我的报道。我觉得那样就太下作了。我要努力做的就是改变这里的记者的工作方式。"

但是，《每日电讯报》用一种很老套的方法最终抢到了关于议员开支的独家新闻：他们只是开了一张支票。这表明他们拥有了开支的数据，但是，布鲁克想要的是公开的资料。因为一家报纸若要在购买的数据上做文章将会一无所获。她希望的是：作为公民，我们所有人有权知道我们交的税款花到了哪里，以及为什么要这样安排。布鲁克因这些消息造成的人声鼎沸而激动得热血沸腾，但是，改变人们和政治之间的关系这一更为基础的运动没有被人们理解，对此她深感失望。

"在过去，《星期日泰晤士报》投资组建了一个（负责调查性新闻报道的）小组，名叫'洞察力'，他们乐意挑战权威。在议员开支问题上，我也这么做过。但是其他人什么都不做！他们提出过几个'信息自由'的要求，但是他们从没有坚持做下去。他们从不利用法律改变现行的体制。他们接受'不'这样的回答。新闻工作的更高目的是挑战权威和揭露不方便说出的真相，他们并不追求这些。"

为了真相挑战权威是所有卡珊德拉要做的事。这会让他们难以对付、令人讨厌和变得执拗。这些特殊的个性常是企图怀疑和孤立他们的理由，但也正是这些特性在激励着卡珊德拉们不屈不挠。

"我父亲是个举止古怪的人。"保罗·穆尔回忆说。他小心翼翼地不提及他像他父亲这一点，但是他清楚地意识到他们爷俩有很多共同点。

"他的正义感很强，16岁半时，他还赢得了牛津大学的公开奖学金。他是一位个性独特的人，拥有惊人的正直，能跳出框框思考。他从来没有局限在一种思维定式中。我想我身上有很多他的影子。"

即使在被炒鱿鱼之前，穆尔在苏格兰哈利法克斯银行的职务就备受争议，因为他不断地在挑战和质疑首席执行官詹姆斯·克罗斯比（James Crosby）的权威和战略。

"克罗斯比解雇我，是因为他不喜欢我这个人，他也不喜欢我质疑他'高价囤积低价销售'的战略。他也不喜欢我说'这会产生巨大的风险，他们应该重新考虑'这样的话。他真的不能容忍他的权威受到任何挑战，他不喜欢我一直在问，而且总是要问让他头疼的问题，但这就是我的工作。"

"当我的亲戚听说我在银行工作时，他们认为我要当一名柜员！" 弗兰克·帕特诺伊原以为当他成为一名华尔街投资银行家时，就会拥有一种巨大的优势，现在他觉得这种想法很可笑。

"我在堪萨斯州长大，没有血统更纯正的某些人可能拥有的那种固有的视而不见。我父母没上过哈佛大学或者耶鲁大学。对我来说可能利害关系不大，但对很多人来说，一旦进入摩根士丹利，而且成功'登顶'，就不可能产生弃它而去的念头。对我来说，那不是什么大不了的事。"

在《惨败》（*FIASCO*）[1]一书中，帕特诺伊毫不吝啬地记录了自己对投身其中的交易场日益高涨的热情以及后来的厌恶。不来自那个世界的人反而帮助他看清了那是一个怎样的世界，也看清了遵从要付出什么样的代价。

"我认识的做过几年投行的人都是可恶的家伙，包括我自己。我们是世

1.FIASCO直译为惨败，同时也可看作为英文Fixed Income Annual Sporting Clays Outing（固定收益产品部年度射泥鸽比赛）的首字母缩略词，用以比喻美国金融衍生品交易市场弱肉强食的血腥景象。该书的中文译名还有《泥鸽靶》《诚信的背后》《华尔街圈钱游戏》。——译者注

界上最富有的混蛋这一事实不能改变我们是混蛋这一事实。最初在华尔街工作时，我就在内心深处了解了这一点。现在，出于某种原因，它让我很伤脑筋。"帕特诺伊选择离职，并且头一次写书记述了自己的经历，后来在《传染性贪婪》（*Infectious Greed*）一书中，他对金融海啸的猛烈爆发进行了描述，但这个灾难并不是发生在衍生品市场，而是由衍生品引起的。2003年，他预测还会有更多次的金融海啸爆发，这一次只是预演（2002年，他也试图向国会解释安然公司的垮台并不是几个坏蛋造成的，而是衍生品惹的祸，但那时候也没有人真的在意他说的话）。2006年，他回到华盛顿，就穆迪公司这样的信用评级机构本身固有的结构性问题提出警告。然后，2013年，他和杰西·艾辛格（Jesse Eisinger）一起写了一篇极具爆炸性的关于富国银行的分析。且不说坚持不受欢迎的观点需要很强的承受力，为什么他能看到别人看不到的事情呢？

"我是那种每天早晨醒来从头来过的人，往事一笔勾销，一切皆可争取，而且我会不断地质疑一切。我想这也和我在耶鲁大学法学院的教育经历有关。那3年简直就是特别专注于质疑一切的3年，这就是设立耶鲁大学法学院的初衷所在，它要成为这样一所机构：其成员始终在努力把世界变成美好的家园。它似乎培养出了很多不戴'眼罩'的人，他们努力远离会遮蔽双眼的东西，以近乎虔诚的态度。"

帕特诺伊离开了银行业，进入学术界工作，他说这是一个声望和尊重知识等于奖金的领域。但你不能使用声望，不能消费它，它只会带给你快乐。不过，他可不只是一位大学教授，除了学术论文外，他也写关于金融和历史方面的畅销书，还要在国会面前做证。他从来没有完全死抱着某一种思维方式，总是在不同的观点之间变来变去。这就是政治理论家汉娜·阿伦特（Hannah Arendt）所谓的"无所凭借的思考"（thinking without a bannister）。

"就算在我的专业领域，我也觉得攀登事业阶梯的人是要受到压制的。所以，你要想不受限制就得做出牺牲。就我个人而言，摆脱这些约束会给我快乐和自由。当你在十几岁时，或者读大学时，你总是一再审视你的生活。但是，多数人毕业后却不再那么做了，我想知道为什么。是不是消耗太大了，以至于无力质疑人生了呢？"

在各种观点之间进行高度自由的切换是一项艰苦的工作，而且很有风险，这不仅因为它可能让你偏离已经规划好的职业发展道路，还因为它会引起"不要不请自问"这样的争论，这是一位剑桥大学教授曾经严厉提醒我的话。没人请你而你却发问了，而且让每一个人都不舒服，这可不仅是因为他们不能从容地准备答案，还因为在各种观点交锋之际，真知灼见会逐渐显现。

对德博拉·莱顿（Deborah Layton）来说，最终把她变成一位卡珊德拉的原因是她对所经历之事的判断。莱顿说，她自己的经历把她拉向了两个方向，使得她既是一个令人满意的遵从者，又是一个叛逆之人。

"我是4个孩子中最小的，哥哥姐姐比我要大10岁、8岁和7岁。所以，在我的成长过程中，我非常习惯于尊敬他人，遵守他们的规矩。当他们长大成人后，我被拴在了家里，和年迈的父母待在一起。我开始叛逆，做一些傻事来引人注意，比如爬最高的树、抽烟和逃学。所以，被人接受的需要让我成了一个忠实的追随者，但多少有点不服从的性格又救了我的命。"

莱顿是吉姆·琼斯（Jim Jones）牧师领着918个信众在圭亚那的"人民圣殿"自杀后的几个幸存者之一。莱顿曾是一位出色的追随者，她说，在约克郡寄宿学校的生活让她学会了适应和闭嘴。但是，在她是"人民圣殿教"

信徒的7年时间里，她始终都觉得事情并不完全像他们鼓吹的那样。

"在人民圣殿时我从没开口说过话。我一直都吓得要命。但是，我不停地观察，并且拼命工作，让我显得比别人更忠诚，因为我合计过，要是他对我的信任超过其他人，我就会获得更多的自由，不用被盯得那么死。我总是听到一个小声音在说：逃出去！逃出去！当然，大部分时间我逃不出去，因为我实在是太害怕了。但也有其他的事情。有一天，我偷着抽烟，吉姆把我叫过去，我以为他能看透我的心思。但是他啥也没有问我，我明白了他不是什么都知道。我坚持做了好多年。后来，在我当了财务秘书之后，我知道了我们的钱有多少。所以，当我们要去圭亚那时，我真是不理解，为什么我们必须生活在一个极其贫穷的地方。这简直说不通啊。"

一些不太协调的事情一直让莱顿困惑不已。但最终让她逃离圭亚那的是一种感觉，她感到她正在看着历史重演。

"我母亲出生在德国，我父亲经常跟我们说起母亲在德国时的生活，音乐家会在她家里演奏音乐，那可是一座高雅的包豪斯建筑。他们从汉堡得到了一件艺术收藏品、几幅精美的绘画和一座令人称奇的克里姆特（Klimt）雕像。我们还有一幅阿尔伯特·爱因斯坦（Albert Einstein）的蚀刻画，上面还有他的签名，所有这些都让我意识到母亲有多么地思念德国。你可以感觉到那种失去，失去了一生，失去了整个文化。在我们的地下室有一手提箱罐头食品，它们是应急口粮。所以，在我的脑海中已经形成了这样的观念：坏事时有发生，你必须未雨绸缪。"

当吉姆·琼斯开始宣讲人民圣殿教所面对的敌人，并且开始实施集体自杀演习时，莱顿产生了一种强烈的似曾相识的感觉。

"当吉姆谈到天启事件时，我认为对很多人来说它们是难以想象的，但是对我来说，它们听起来又是那么真实，因为在我们家的确发生过天启事件。从小我就知道这些事情是真的。我知道成千上万的人，成千上万的家庭成员会死去，这可不是一些抽象的历史教训，而是发生在像我这种人身上的事。它的确是我这样的人所遭遇的事。我知道如果我不逃出去，就必死无疑。"

莱顿确实逃走了，并且试图向政府官员发出警告，说是有一个危险非常真实地存在着，它会威胁到琼斯敦的全体居民。但没有人意识到她所说之事的真实性或急迫性，等他们采取行动时已经太迟了。

"现在，让我感到不安的是历史书中甚至看不到琼斯敦的名字。再也没人知道它了。但邪教依然存在。安然公司就是一个邪教。美国已经中了邪了，想做一个人并且昂首傲立的机会很少再有了。当我返回加利福尼亚时，我去了一家证券经纪公司工作。我觉察到那些站在交易大厅赚着几百万美元红利的人，他们只能忍受别人对他们的大喊大叫和侮辱，因为有太多的事让他们折腾不起，他们要维持奢华的房子，还要供孩子读私立学校。他们无法站直了身子说'不'，因为他们必须要保住自己的工作。"

局外人的视角

"我们所有人都会越过'不要为自己辩护'这条线。在婚姻中也是如此，人们觉得辩护永远不会发生在自己身上。这在暧昧的男女关系中经常发生，你觉得你爱他，所以你不用说出来。真正的在意会改变你的生活。它一定会让你成为局外人。这就是你看待事情的方式。"

尽管在《金融时报》这家历史悠久的报社里面拥有一份稳定的工作，但是吉莲·泰特（Gillian Tett）用她自己的方式表明了她也是一个局外人。她是一位俊俏、苗条的金发女郎，却研究结构性融资。她说话略微有点口齿不清，还是人类学博士，这使她和大部分男性银行家有着鲜明的区别。2006年，她和她的团队被结构性融资业务的现状吓了一大跳，于是他们就努力提醒人们注意危险。她说那是一种孤独的奋斗，很没有趣味，技术性又强，涉及太多的实质性细节，此外还有倒霉的事发生。但是，她没有将她的某些洞察力归因于局外人的视角，而是归因于她作为社会人类学家受过的训练。

"人类学可以为评判金融状况提供良好的知识背景，"她说，"你接受过训练，学会了审视社会或者文化在整体上是如何运作的，所以你能看到各个部分是如何一起发展的，而大部分伦敦金融城的人不做这种事。他们很专业，而且非常忙，以至于只能看到自己小小的一亩三分地。我们陷入现在这种困境，原因之一是每个人都不管不问这些难题：为什么刷信用卡这么省钱？为什么我能得到一个大额的抵押贷款？沉默让每个人都满意！谁还有动力想看清楚呢？没有人。银行业所缺失的是更广阔的视角，它看不到事情的来龙去脉。在金融领域，放眼远望不是对任何人都有好处的。"

泰特认为**整体观的缺失使得我们全都变成了狭隘而又陷于深穴的人**。由于被深埋于个人信念的河床底部，我们看不到联系和依存，只能看到我们了解和喜欢的事情。而且通过把自己与挑战隔离开来，我们哄骗自己拥有掌控感。当然，在不同的观点带来讨厌的和不常见的挑战之前，那种感觉是很舒服的。

"当时美国政府中最有权力的一个人站在达沃斯论坛的讲台上，手中挥舞着我预测北岩银行存在问题的文章，把它当作危言耸听的例证。"

她认为：银行业的细碎化经营，再加上它十足的复杂性，助长了金融家们视银行业为自成一体的系统的心理，他们认为它远离且独立于社会的其他部分。当她有一天受"传唤"来到伦敦新兴金融城"金丝雀码头"时，这一点就变得非常清楚了，她极力指出金丝雀码头其实是一个"岛"。

"因此，那个银行家打电话给我，把我叫到金丝雀码头，他说：'我不明白你为什么一直在说担保债务凭证和结构性融资不透明，而且让人捉摸不透。它们全都显示在彭博终端上呢，就在那里。'但是我问他，那些没有彭博终端的人怎么办呢？他看着我，仿佛在说：的确有人没有彭博终端，但是我们应该在意他们吗？他完全躲藏在那个叫彭博的虚拟村子里。"如果把以资产支持证券（ABS）为基础的合成担保债务凭证与一个"真"的人关联起来，这个关系链会过于曲折缠绕，想要把这种联系适配到一个单一的认知地图中几乎是不可能做到的事情。

若要具备绘制一幅认知地图的能力，我们需要在直觉知识和安全感之外拥有丰富的经历。这意味着要在行业内部和远离我们的邻近行业中拜会与我们的认知并不一致的人，并且在那种环境下我们还要充满自信心和好奇心，不断地提出问题。罗伯特·席勒（Robert Schiller）是耶鲁大学的经济学家，他因为对房地产泡沫和即将到来的金融崩溃提出了警告而为世人所知，他说他的研究得益于他妻子提供的丰富信息，但他的妻子根本不是经济学家，而是一位临床心理学家。绘制我们的认知地图需要丰富的阅历，其要么得自于不同的学科领域，要么来自不同的人生经历。

乍一看，罗伊·斯彭斯（Roy Spence）极不可能是那种离经叛道的人。他经营着一家得克萨斯广告代理公司，事业非常成功，他的客户有些还是商界的杰出人物，如沃尔玛公司的塞缪尔·沃尔顿（Samuel Walton）和西南航空公司的赫布·凯莱赫（Herb Kelleher）。他还为比尔·克林顿（Bill Clinton）的总统竞选活动工作过，自20世纪70年代起他们俩就是好朋友。罗伊·斯彭斯的公司所做的业务和其他广告公司没有什么两样，他也和你到处能见到的事业有成的总经理很像：帅气、精力旺盛、彬彬有礼、一丝不苟。你会认为他就是一个典型的广告人。

但是，罗伊是为数不多的几个拒绝和安然公司做生意的人之一。他属于这一群体：能够把握时代脉搏，并能看到别人看不到的东西。当其他广告公司都以纽约为基地时，他的公司却设在了得克萨斯州，是否正因如此，他才对那些事件产生了独特的见解呢？

"有帮助，"他同意道，"如果你满脑子胡言乱语，从曼哈顿商业区返回家中，它就有助于你产生与众不同的想法，这里的每个人都会告诉你的。"

但是，他觉得更为重要的是他和妹妹苏珊（Susan）一起长大的经历，她有脊柱裂。

"过去我经常推着妹妹上学，那时我就觉得自己也是残疾人。如果你的身份让你从一开始就容易受到伤害，那就再清楚不过了：在这方面我们与众不同。这会改变你和你对事情的看法。当你走出去之后，你会看到自己被别人观察，而你也成了观察者。你开始观察别人是怎么观察的，也会看到别人的弱点。"

他停顿了一会儿，因为想起了他的妹妹。

"人们觉得我妹妹与众不同。好吧，她是不同，因为她永远不能走路。但是，除此之外人们看不到别的东西。你看他们有多么盲目。这会让你思考：如果他们对我和她如此地不理解，那我不理解他们的又是什么呢？"

年轻的得克萨斯男孩推着妹妹去上学，在仔细观察众多面孔的同时，努力想象着这些面孔背后的想法，这一幕给人留下了深刻的印象：他在透过自己的眼睛、他妹妹的眼睛和那些看着他的眼睛进行着观察。可以说，他就这些不同的视角与自己展开的对话就是一种思想活动。

罗伊的描述与移情作用类似，但是远不止于此。他不是透过有权势者的眼睛看世界，而是用易受伤害者的视角看世界。这是一种典型的卡珊德拉和举报者的观察角度。

"在布里斯托尔市时，我们的女儿娜塔莎（Natasha）大概五六岁，有一段日子非常难过。"斯蒂芬·伯尔辛回忆说。那时候，他一直在追问布里斯托尔儿童心脏外科手术的失败率，因而遇到了很大的阻力。

"有一天晚上，玛吉和我正在讨论这些事，该为布里斯托尔做些什么呢？这时候娜塔莎穿着睡衣抱着泰迪熊从楼上下来，她问我们在争论什么。"

"玛吉说：'很多小孩子要死了，你爸爸不知道该做些什么。'她就那么看着我说：'你必须阻止他们杀小孩。'很明显，就连一个五岁的小孩都知道这是一种绝对应该受到谴责的行为。这也太明显了！拿小孩子做实验是被道德所不容的。你应该看到这个体系本该服务的人，而不应把整个事情仅仅看成一场权力的游戏。"

权力游戏的本质在于：它让玩弄权术的人无视没有权力的人。但是当观察的角度改变之后，游戏也就完全变样了。

"我嫁给了一名军人，"辛西娅·托马斯说道，"但是，为了在军队中生存下去，你要封闭自己的感情。他们都选择把头埋进沙子里，因为这样做更简单。你不能扯后腿，这种意识通过反复教导已经深深地印在了你的脑海中。而且你相信若发生什么事的话，军队会关照的。所以你钻进了一个泡泡中，在里面你真的看不到正在发生的事情。"

托马斯说，有好几年的时间她都生活在那个泡泡里。她理所当然地认为军队会照顾她的丈夫和他们的家庭，认为不会出什么差错，认为他们会过得很好。在她的周围，其他妻子和家庭成员在做着完全一样的事情。但在此后，随着伊拉克战争的推进，她开始从一个完全不同的角度来看待这些事件，很自然，这是一个无权者的角度。

"蒂姆（Tim）在2005年受伤，返回时还用着生命维持设备。2007年，虽然他不应该被调防，但还是被调动到了别处。他的脑袋受过伤，骨盆曾经骨折过。他的医生说，如果再中弹，那他就熬不过去了。但是他们不管，总之还是把他调走了。后来我的继子打来电话，说他正在加入海军陆战队。泡泡破裂了。在这些事情发生之后，我想，我的天啊，这些战争将会无休无止，我们的孩子也要为之战斗。那时我想，如果我不做点什么，或者尝试做些什么，这种情况就会永远继续下去。我心烦意乱，但最终我还是做了一些事，我要向人们吐露真情。"

在一个多数大众媒体只会跟踪记录有权势之人的发展的世界里，透过一个脆弱的年轻男性的眼睛观察人生，这让托马斯看到了一个她曾经视而不见的悲惨世界。托马斯现在的口头禅是"战争中没有不受伤的战士"，所以她开了一家咖啡屋，打算向所有的伤兵开放，不管你有什么样的政见。正是因为对他们的开放，她才看到了胡德堡的士兵的生活变得有多么危险。她说，士兵们得不到他们需要的治疗，一旦他们被确诊为创伤后应激障碍，他们就不应该被调遣。

"就算没有确诊这种病，在这里的压力也真的很大。有的士兵要服用15种药物，他们得了适应障碍和心境障碍。除了创伤后应激障碍外，你说他们得了什么病都行，因为他们得了创伤后应激障碍就可以因病退伍，政府就要为他们的残疾做补偿，那可是一大笔钱呢。军队就是一个企业，如果你的雇员无法胜任工作了，你就会摆脱他。所以你只能让这种紧张关系逐步生成，男孩子们需要治疗，而每个人都对他们需要治疗这件事拒不理睬。"

最初，托马斯想找个地方建咖啡屋都很难，仅仅是这一实体的出现就足以让小镇上多数人宁愿假装不见的问题凸显出来。离胡德堡很近的基林是一个有多个营区交织错落其间的城市，很多人害怕与司令部产生冲突，每个人都希望麻烦与他们擦身而过。但是，托马斯看到了别人没有看到的问题，因为她是从最脆弱者的视角来观察的。

"只要环顾一下营区，就能看到战争的代价，每天都很艰难。在营房四处走走，看到的脸庞真的很年轻，18岁，19岁，他们还是孩子！哦，天啊，他们还没有领会战争的严酷。没人明白。你无法描述。我们有些小伙子返回时非常年轻，他们的人生却毁了。没有人知道战争的开支。他们不想考虑这个问题。他们不得不看着镜子里的自己说：这就是我们做的事。"

看到却不一定能改变

　　卡珊德拉们都相信，如果你能克服有意视而不见，推动人们去看正在发生的事，仅此一点便会带来改变。他们为冲突的发生做好了准备，因为他们视此为走向改变的必要一步。但是，在某些情况下，他们承认仅仅有事实还不够有力。你需要舆论的影响。

　　"说实话，我是那种心里藏不住事，想说就说的人。"玛格丽特·海伍德（Margaret Haywood）说。对她来说，这是"她对改变无能为力"这一事实的陈述。"我并非有意伤害别人，但我的确是一个坦率的人。保护易受伤害的成年人对我来说非常重要，任何事情都不做从来都不是我的选择。我必须做些什么，把事情纠正过来。"

　　海伍德是一位合格的护士，最初她为英国广播公司的《广角镜》（Panorama）节目工作，负责为一位没有取得资格的私人看护师提供后备支持。这个看护师是做卧底的，目的是调查"找到一份工作有多么容易"。这一经历让她感觉到此类节目有巨大的影响力，当《广角镜》节目组要求她亲自做卧底时，她二话不说就答应了。

　　"我们正在根据第一期节目播出后收到的意见采取行动。我们知道有问题，而且知道唯一的解决办法就是去那里看看。我用自己的资格证书申请了工作，这些都是光明正大的，而且前6家医院都还不错。后来，一走进病房，我就知道这里有问题。"

在布赖顿市的皇家萨塞克斯郡医院，海伍德发现病人没有护理计划，病历都是空白的，他们在一天的大部分时间里躺在床上，既没有尊严，也没有人关照。一个老妇人要等两个多小时才会有便桶，其他人则害怕地待在那里，无人理睬，也没有人为他们采取缓解疼痛的措施。她说，那里的护理没有连续性，病人们疼得尖声叫喊，排泄物也没有人清理，病人们都在孤零零地等死。

"没有坚持记录体液平衡表，所以你没办法知道病人吃过什么或喝过什么。这实在是太可怕了。我去找病房经理，而她给我的回复是：这更多是出于限制开支的考虑。我晓得是钱的事，但是我们正在谈论人的基本需求：填写表格、给病人用药！这不费钱，只要护士或者陪护的人安排好时间就行。这正是激励我的地方。而病房里的护士更关心经费问题，这种现状更让我担心。"

她偷偷地拍了很多自己看到的惨状的镜头。她觉得做这些事是因为她对自己的病人及其亲属负有义务，他们中的很多人都向院方提交过医疗申诉，但徒劳无益，她想让全世界看看医院里到底发生了什么。

"有时候好事就是多磨，"海伍德对我解释说，"我知道我做的事存有争议，但是我把我的担忧写进了报告，并且试着通过所有的正式渠道进行提交，但是它们全都没有被采纳。事情拖了很长时间，那些病人仍然有进一步受伤害的危险。跟那些可怜的病人身上发生的事比起来，发生在我身上的事简直微不足道。"

她对病人的同情让她付出了很大的代价。经过长达4年的审查之后，护士和助产士委员会医师适任小组注销了她的护士资格。他们称这可能是他们采取的最难以决定的处罚，因为她侵犯了病人的隐私权。公众立即表示抗议，舆论哗然，这不仅是因为英国广播公司在节目播出前竭尽全力获得了每个病人亲属的同意，也因为很多病人家属和海伍德一样热切期盼着将医院的虐待行为曝光。超过40 000人签署了请愿书支持她，5个月之后，高等法院根据上诉推翻了护士和助产士委员会先前对她的鉴定意见。

"嗯，我当然开心，不仅为得到这个判决而高兴，还为所有支持我的护士而高兴。现在，当我讲课或者开会讨论有关举报的内容时，我会说：你必须承受自己的决定带来的后果。如果你什么也不做，你就可能是在让一个容易受伤害的人承担进一步受伤害的风险。你必须让自己在晚上能够安心入睡。假如把病人想象成自己的爷爷奶奶，你会喜欢有人对他们做这样的事吗？不管有多么艰难，你都不能对你周围的人失去同情。你必须学会用他们的眼睛看世界。如果你对他们视而不见，你又能做些什么呢？对我来说，他们就是我工作的全部内容。"

卡特里娜飓风之后，当玛丽亚·加尔齐诺（Maria Garzino）在电视上看到新奥尔良的人时，她也感到了同样的义务。"他们的表情告诉人们那是毫无希望的事情。"加尔齐诺回忆道。她是陆军工程兵团的士兵，最近刚从伊拉克回国，她在电视上看到的景象令她感到极为熟悉。

"你看着人们的脸，他们知道自己极有可能很快死去。他们正在恳求苦等不到的救援。你明白了：救援不是即将来临，而是没有来。这种不作为已经远不是应对不当所能解释的了。这是对信任的破坏。当有人没有全力以赴时，你对他的信任也就荡然无存了。你怎么才能重建信任呢？我自愿下放到新奥尔良，不管以什么身份都行，因为我想让人们明白工程兵团在深切地关注此次灾害。我能保证的就是我会尽最大努力。这是你重塑信任的唯一方法。" 加尔齐诺在应急工作方面有经验，她喜欢干这个活。在派往新奥尔良的恳请被默许之后，她被任命为泵组安装负责人，分派的任务是安装新的水泵，这些水泵应该能在以后的50年里起到保护这座城市的作用。

"很快我就发现有些事不对头。和承包商一起开展应急工作，节奏是非常快的，所以你需要建立一种信任关系。这些话要先说在前面：这个工程需要每天24小时、每周7天不间断地工作，我们要相互帮助，就这么说定了。我们不接受失败。直言相告是必须的，你一定要直截了当和诚实。但是，我注意到承包商什么也不想说，他们在遮遮掩掩，我很难得到信息。"

加尔齐诺不停地催问她需要的信息，并且希望得到最需要的信息。但是她不明白流水泵业公司是怎么得到这份水泵合同的，这些泵好像并不适用于他们的任务。

"我的问题在于：这里面似乎有一个'好老弟'关系网，我们告诉你我们需要知道的事。这不是选择'年度最佳合作伙伴'的方式。完工日期太短。我们只有几个月的时间把水泵安置到位。美国国家海洋大气局预测说在那一年当地会有3到4次风暴来袭，所以我们必须要完工。而工期却一拖再拖，这是不能接受的。"

在接着给我讲述故事细节时，加尔齐诺极力保持内心的平静。公司好像并不关心完工日期或施工质量，也不关心其事关生死的工作性质，这让她很失望，直到今天还困扰着她。

"我们开始测试，每次启动泵水系统，它们就会崩溃。如何掩饰该问题成了他们关心的重点。启动这些水泵就是对他们的致命一击，只是方式极为不同罢了。包工头会绕过我给新奥尔良打电话，得到的答复往往是降低技术要求。所以他们就想法子降低规格。好吧，那为什么还要这么麻烦地测试呢？这太可笑了，他们从没让它们通过测试。最终的测试更可笑，他们取消了泵机组的测试，嘴上还说：'希望它们能维持足够长的时间。'"

当听到新奥尔良的人得到承诺，说是这些水泵能保证他们的安全时，加尔齐诺终于崩溃了。她知道这样的保证是靠不住的。从2006年开始，她小心谨慎地遵守着行政管理的套路，催促启动复审程序。在没有获得满意的结果后，2007年她转而求助于美国特别检察官办公室（属于美国司法部，负责调查联邦雇员中举报者的申诉）。特别检察官办公室则坚持由国防部总检察长调查她所关心的问题。尽管调查报告证实了她的多次申诉，他们依然断定那里没有严重的违规行为。但是，加尔齐诺没有踌躇不前，她又提交了更加详细的反驳材料。她的举动有些感情用事，但是她知道基本工程设计的详细说明会证明她的观点。

"凌晨2点，我还在回复电子邮件。我的桌子上摞着12英尺高的文件。如果你掏钱雇我，让我做这些工作，"加尔齐诺悲伤地回忆道，"我或许立马就不干了。每天晚上，每个周末。如果你认识到自己不能放弃，那么你必须尽力把工作做好，取得最好的结果。"

总检察长按照要求重新调查，但是结论仍是水泵安全。于是，美国特别检察官办公室做出了一个前所未有的举动，他们决定委派一名独立的工程专家分析所有的有效信息。他的报告完全证明了加尔齐诺多年的付出是正确的，报告指出：在新奥尔良安装的水泵不能胜任保护这座城市的重任，而且如果购买通过验证的设备，陆军工程兵团可以节省设备更新费用4.3亿美元。

"我说的一切都得到了证实，这是4年来在这件事上我感觉最满意的一天。之前我受的苦绝对值了。"

以一己之力与工程兵团对抗，与一家有势力的承包商对抗，这使得这场斗争既漫长又可怕。我一直惊讶她为什么就没有放弃呢？部分原因在于她对工程技术的热爱（再加上对劣质工程的憎恨）。决心完成她已经开始做的事情和兑现她对公众信任的承诺也是答案的一部分。但是，让加尔齐诺下定决心的关键在于，她觉得必须有人站出来保护新奥尔良市民的权益，而之前他们曾失望至极。

"有一天，我们开车去安装水泵的地方。我记得有很多碎片残骸散落在那里，他们正在改修道路，以便让重型建筑车辆可以通过。他们挖出了一具8岁女孩的尸体。没人愿意多看一眼。没人想承认刚刚发生的事情。但是这本该是你头脑中的头等大事！我们来谈谈这事！但是他们甚至不敢直视。人们不愿意看到真正糟糕的事情。允许这种事情发生的一个原因就是人们不愿看到，也不愿承认。那天有很多人在场，但是没人谈论这事。"

加尔齐诺非常积极地采取行动，因为人为错误导致的代价犹如切肤之痛，她不可能不了解。能够看到更广泛的、人类为视而不见付出的代价，这一能力是激励举报者的巨大动力，它在几乎所有举报人的证词中都有所体现。同情不是智力上的或抽象的，而是个人的。有时候，为他人而战比纯粹为自己而战要容易得多。从这个角度看，没有什么比"#MeToo"运动的爆发更能说明这种动机了。

阿什利·贾德（Ashley Judd）是第一个公开谈论哈维·温斯坦性骚扰的电影明星，当制片人试图说服她给他按摩时，她只有29岁。她肯定有所怀疑，于是她决定点麦片当早餐，因为麦片很快就能送到，她就可以借机离开。温斯坦问如果他可以给她按摩，揉揉肩膀，她是否会看他淋浴。

　　贾德女士说："我说不行，用过很多方式，说了很多次，而他总是提出一些新的要求来回应我。这一切都是讨价还价，带有胁迫性的讨价还价。"

　　为了走出房间，她告诉温斯坦，如果他想触摸她，她必须在他的一部电影中赢得奥斯卡奖。但她接下来做什么才是最重要的，她把发生的事情告诉了自己的父亲，然后是母亲，然后是她的朋友们。她了解到温斯坦的行为是公开的秘密。而且，当《纽约时报》要求她将与温斯坦会面时她讲的话公开讲出来时，她同意了。她和其他人的证词揭示了一种骚扰和虐待的模式。这些故事的力量就在于这种模式：它们太相似了，不可能是个人捏造。在好莱坞这样一个随意的行业，权力等级确实非常森严，但无论多么森严，事实证明，网络力量仍然强大。随着越来越多的女性开口说话，很多人说她们的动机是关心她们的孩子，关心生活中那些没有权力的人，以及那些因没有存在感或名气而无法获得支持和保护的人。

只要出现一个真相，幻想就会破灭

网络不仅是分享信息的高效途径，也是保护信息的重要方式。"＃MeToo"运动的女性靠众多声援、指控的人彼此保护，但这也是有历史先例的。当时，美国各地的报纸都选择刊载《纽约时报》曝光的"五角大楼文件"。那时的挑战跟现在的挑战是一样的：你要指控我们所有人吗？在全球合作中，我们在支持"巴拿马文件"和"天堂文件"的报纸中发现了同样的力量。

那些卡珊德拉和举报者向我们展示了克服有意视而不见的力量。做出检举之事，这本身便让人感觉很英勇，但是在现实生活中，它们很少被人看作英雄行为。像斯蒂芬·伯尔辛和乔·达比这样的男人，像玛格丽特·海伍德、阿什利·贾德和盖拉·贝尼菲尔德这样的女人，他们透过非权力者的眼睛看问题，他们所看到的改变了他们的某些认识，包括"他们是谁"和"他们的哪些感觉是正确的"。但是这种改变要做出很大的牺牲，因为他们的全视角观察打破了现状。

因为卡珊德拉们和世界上其他人之间的对抗具有非常深远的意义，故她们的抗争就以故事的形式如实地向我们反映出来。从《俄狄浦斯王》（*Oedipus*）开始，追求真相的热情和对幻觉的渴望之间的冲突就构成了戏剧的主流叙事方式。不管是《送冰的人来了》（*The Iceman Cometh*）中打破支撑哈利·霍普酒吧里酒鬼们的神话的希基（Hickey），还是《野鸭》（*The Wild Duck*）中决定细查家族秘密的格瑞格斯·韦勒（Gregers Werle），或是向奥赛罗（Othello）点破他的嫉妒是多么愚蠢的埃米莉亚（Emilia），这些知道真相的人必定受到惩罚。**所有这些揭示真相的戏剧都是悲剧，有时几乎让人无法看下去，因为只要出现一个真相就会让很多幻想破灭。**卡珊德拉们可能看到了真相，但是他们会激起愤怒，因为这些真相必须要被隐瞒，而且要非常积极地被隐瞒，还因为这些真相的揭露会招致变革。但是，在剧院那种舒服的地方，我们可以和那些揭露真相的人站在同一条战线上，因为我们不必承担后果。

在现实生活中，做一个卡珊德拉要付出的代价比较模糊。一项针对举报者的研究发现，举报者中有30%的人会被带枪的安保人员撵出办公室，他们被视为危险分子。多数人对自己丢掉工作并不感到吃惊，却对他们以后很难找到工作感到失望。斯蒂芬·伯尔辛的朋友向他提出了忠告，因为他已经成为"嫌疑分子"，而且在英国国民医疗服务体系内再也不可能找到工作，之后他迁移到了澳大利亚。玛丽亚·加尔齐诺经常发现自己坐在桌子旁无所事事。多年以来，盖拉·贝尼菲尔德必须要忍受邻居们的公开敌意，而对弗兰克·帕特诺伊和辛西娅·托马斯来说，也许最难的是解释他们为什么会退出既定的角色。保罗·穆尔被解雇，后来被苏格兰哈利法克斯银行的内部调查给予严厉批评，直到银行崩溃最终证明他是正确的。哈里·马科波洛斯被麦道夫身边有势力的投资者打来的电话吓坏了，以至于他开始走到哪里都随身携带一支史密斯威森产的M642手枪。在成功驳回了可能意味着115年监禁的指控后，丹尼尔·埃尔斯伯格花了42年时间努力让他写的关于美国核战争计划的书出版。这些卡珊德拉拥有敏锐的目光，但无一例外，他们的清醒认识不是无拘无束的。

在揭露了阿布格莱布监狱的真相后，乔·达比一直保持低调，希望回到家乡生活。他所在的军队在这方面支持他。但一旦唐纳德·拉姆斯菲尔德（Donald Rumsfeld）在电视上提到他的名字，他就不得不搬家，并伪造一个新身份。他的老朋友并不因他把美国推到了一个更高的标准而自豪，对唐纳德而言，看到他们没有看到或者视而不见的事情只不过是一种背叛。

"他是个卑鄙小人，是叛徒。……根本就不是什么好东西，"海外战争退伍军人协会在达比家乡的分会指挥官科林·恩格尔巴赫（Colin Engelbach）说道，"他的所作所为一点好处也没有，他是首鼠两端的叛徒。"

不过并非所有的卡珊德拉都受到了惩罚。领导"＃MeToo"运动的女性发现她们因为它变成了一场运动而受到赞誉；苏珊·福勒因其坦诚揭露硅谷性骚扰事件而被英国《金融时报》评为年度人物。最终，斯蒂芬·伯尔辛因其在布里斯托尔的立场而获得了英国皇家麻醉学院的奖励，而玛格丽特·海伍德也被高等法院证明是正确的。在华盛顿，事实证明马科波洛斯有关证券交易委员会的证词是一次成功的陈述，因为他不无骄傲地证明了聪明的小团队比华盛顿庞大的官僚机构更能取得成就。

作为普通公民和业内专家，在履行义务、阻止我们所知美国历史上最复杂、最阴险的诈骗方面，我们4个人尽了自己最大的努力。让我们深感苦恼的是，几百位知识渊博的男男女女也知道伯纳德·麦道夫是个骗子，却默默地转身离开，什么也没说，什么都不做。他们不愿意投入时间、精力和金钱揭露他们也觉得确信无疑的那种诈骗。如果不能保证其他人不会逃避公民责任的话，我们又如何能够向前进呢？

虽然很多人不得不等待自己的预言被证实，并且因深谋远虑、勇气和不屈不挠赢得尊重，但他们都发现知道真相比不知道真相让他们更有力量。看到其家庭中有虐待儿童现象的母亲发现自己是一个更坚强、更有能力的母亲，比她自己认为的还要强。敢于在会议中打败沉默力量的总经理回头看问题时，他会发现问题被解决了，而不是被隐藏了起来。那些不消极的旁观者，那些不服从命令的士兵，因为知道自己做了能做的事情，没有选择把脸扭向别处，他们心中获得了一种安慰，而他们全都把这种安慰当成对他们的奖赏。这些人获得的是知识，无论发生什么事，他们都能追随自己的内心，不断进行精神上的对话，这个对话既不会让人产生负罪感，也不会使人昏昏欲睡，而是让人充满活力，生气勃勃。

对卡珊德拉和举报者来说，最让人震惊的是他们修正了自己的世界观。最初他们是遵从者和忠诚者，但随着经验的增加，他们开始对权威保持警觉，并质疑自己的许多所见、所读和所闻。看到真相，然后针对性地采取行动，这让他们改变了对生活的愿景。这种思想上的独立会慢慢浇灌出一种影响深远的与世隔绝感。但是把他们从自我安慰的虚幻中释放出来也会使新的盟友和灵魂伴侣得以显现，还会激发出一种充满生气的果断的个性。

"对此我一点都不后悔，"乔·达比说，"在交出照片之前，我做出决定时心平气和。我知道如果人们发现是我，我会让人不待见。我只有一次曾经后悔过，当时我在伊拉克，而我的家人却要承受很多事。除此之外，我从没怀疑过这是一件正确的事。它迫使我的生活发生了很大的改变，但是这种改变有好也有坏。我喜欢我那平静的小镇，但是现在我到了新的地方，找了新的工作，也有了新的机遇。"

富国银行的拉希达·卡马尔（Rasheeda Kamar）曾写信给首席执行官，抗议在客户没有提出要求的情况下为其提供付款银行账户，她最终被解雇。但对卡马尔来说，这既不是激进的抗议，也不是一种颠覆性的行为。她是在为她认为的企业基石而发声。

"我很高兴我这么做了。我的心情很好。每个人都有自己必须要走的路。我们选择的反应方式表明了我们是什么人。它最终归结为一个事实：没有它，你无法建立任何东西，一段关系或一家公司。最基本的就是真相。"

在胡德堡，辛西娅·托马斯记得，在她还是个小孩子时，人们总是问她长大后想做什么，她从不知道如何回答。

"但现在我知道了，"她告诉我，"我在这项事业中找到了自己，我不再是原来的我了。"

这样的荣耀时刻少之又少。但是，尽管有时要承受惩罚和痛苦，那些努力想要看清真相的人拥有一个共同的核心信念，那就是看清真相意义重大，并使改变成为可能。卡珊德拉们最为显著的特质就是她们相信自己能够产生影响，但除非真相大白，否则一切都不会改变。在与我交谈过的人中，有关这一点没有人比谢伦·沃特金斯在谈及与科琳·罗利（Coleen Rowley）和辛西娅·库珀（Cynthia Cooper）会面时表达得更清楚了。科琳·罗利揭露了美国联邦调查局在9月11日之前未能对警告做出反应，而辛西娅·库珀则告发了美国世通公司的会计欺诈。她们的行动很艰难，经常遭到抵制，但她们的毅力给人们上了一课，并且让人们受益匪浅。

"因为获选年度风云人物而登上《时代》杂志的封面，我得以和世通公司的辛西娅·库珀、美国联邦调查局的科琳·罗利相聚。我们讨论让我们挺身而出的原因，以及是不是我们有什么重要的共同点。的确如此，我们全是女人，都在家中排行老大，也都是有信仰的女人。我们还是养家糊口的人。但是，我认为最显著的一点就是我们都在不足10 000人的小镇上长大。生活在那种小镇上会有一种这样的意识：哦，天啊，那棵树倒了，砸歪了那个小棚屋，让我们给市里打电话吧，或者在那个空地上有垃圾，最好捡起来。这是一种'你的行动非常重要'的意识。你所做的事关系重大。"

第十二章

做一个掌握真相的"少数派"

每个人都有责任睁大眼睛，告诉别人我们看到了什么。

解决问题需要的是行动

我见到了简（Jane）。这位天性活泼的执行副总裁似乎是在蹦跳，而不是走路。她精力充沛，热情洋溢，比较内向的同事觉得她有点古怪，但佩服她的专业知识和经验。作为一位来自工程师家庭的工程师，她的职业让她走遍了世界各地，比如拉丁美洲、美国和中东，现在则在伦敦。她选择加入一家大型英国公司的高级领导团队，只是因为她喜欢这里的人。不论是接待员，还是私人助理，看起来人都很好。她认为在一家满是友好面孔的公司里工作感觉很好。

本质上，简是个幸福的女人。但她现在不是了。一年多来，她的一位高管同事一直在炫耀其与女下属发生的一系列风流韵事。若赶上公司搞活动，每个人都和配偶一起参加时，场面会很尴尬，让人感觉这一切是错误的、不专业的和低俗的。简不知道女性在这些关系中有多少选择，但她很明智地知道，当她们被甩时，公司里的每个人都会注意到。大家对这种行为表面上的容忍使简感到困扰。她不想和这件事扯上关系，但其他人似乎都不介意。突然间，她要与别人不一样的感觉变得强烈起来，这就不再有趣了。她确定除了离开，她别无选择。

当她跟我讨论她的决定时，我认为她希望别人对她的道德立场表示祝贺。但我关心的是她会如何离开，一旦离开，我想确保她不会后悔。所以我问了她一个问题：她有没有想尽办法改变现状？她一时语塞，问道：那要做什么呢？我不知道，但这是她离开之前需要考虑的。

当我下次见到简时，她的快乐又回来了。发生了什么事情呢？原来她坐下来考虑了自己可以以及应该做的一切，列出清单后，她看到了一些选择，并选择了其中一个。几天之内，一切都变了：她的同事被替换，简被提升为首席运营官。她周围的人看到问题并不难解决，而是可以面对的。让简成为领导者的不是她的新头衔，而是她的行动。

简拥有权力，只是不知道如何使用。跟她的同事们一样，她也受到了有意视而不见的诱惑：别人什么都不做，她也就不必做什么了。正是在这种想法的诱惑下，她成了随大流的从众者。在这一点上，她绝非特例。尽管领导力已经成为一个成长型的能力，但对领导者而言，最大的冲击或许是他们感到自己的思想、选择和行动受到了很大的约束。跟简一样，他们也有权力，却忘记了如何使用。

每个人都应该说出自己的想法

有意视而不见所固有的最大风险是它很容易做到，而最容易被忽视的是它的代价。在我写本书时，世界各地的政党都在试图解决它们几十年来一直忽视的问题：社会分化、严重的不平等、医疗和教育领域不合时宜的官僚作风、权力过大的公司，以及技能不足、工资过低、生产力不高的劳动力，而这些又都面临着气候变化的无情威胁。为什么我们无法在这些问题上取得进展？因为它们总是非常容易被人忽视，过去如此，现在仍然如此。

我们不确定从何处开始。但是，当我们开始认识到我们居住的这个世界不是线性变化的，而是一个微小的变化就会产生巨大影响的复杂系统时，从何处开始并不是问题，最重要的是开始。无论是简认识到自己的影响力不限于自己的权力范围，还是辛西娅·托马斯抓住机会抗击创伤后应激障碍，还是斯蒂芬·伯尔辛拯救儿童的生命，有意视而不见给我们带来的积极教训是有识者无处不在：每个人都知道某事什么时候出了问题，人们总是知道。当有一个人敢于站出来发声时，他们永远不会孤单，于是，改变开始了。从哪里开始？就从你所在的地方开始。

让每个人都能，也愿意畅所欲言，提出警告和绝妙的主意，说出自己敏锐的观察，指出尖锐的问题，建立一个这样的组织正是世界各地的机构努力消除等级制度和官僚主义的目的所在。想要转型的企业认识到，它们的生存取决于能否解放受等级制度和官僚机构压制的知识、洞察力和想象力。创造力尤其不分地位的高低：一个好主意可能来自新员工，也可能来自资深专家。出色的想法和见解是无法预测的，也不能在岗位说明书或关键绩效指标里预先设定或强制执行。在一个几乎无法预见、计划可能成为陷阱的世界里，最重要的是建立一个网络，其中的人对微小的信号保持警惕，能敏感地感觉到变化。无论你是家庭成员，还是跨国公司员工，你的健康和复原力依赖于保持警觉、相互联系和了解情况。领导者不可能也不会了解得足够多，看到得足够多。没有人能做到。我们需要每一个人参与其中。

早在几十年前，航空业就认识到了这一点。1972年，英国欧洲航空公司的一架飞机在起飞3分钟后坠毁，机上118人全部遇难。随后的调查表明此次坠机事故源于典型的有意视而不见，空难是由很多人都知道的一系列小故障和问题造成的。事实证明，缄默不语，不提出棘手的问题，或不分享担忧是致命的。但接下来发生的事情很是新颖：英国民用航空管理局没有寻找替罪羊，公开羞辱并解雇他，而是开创了一种新方法。如果有这么多人能够防止坠机，那我们就需要一种环境，**在这个环境中，不是少数人，而是每个人都觉得说出自己的想法是安全的，也是必要的。**

1976年，英国民用航空管理局开始制定规则和程序，以使畅所欲言、提出问题、发出警报变得容易。公开取代了保密。该局要求在错误发生之处进行检查，并作为一种学习形式加以分享，同时采用一种新的检验标准：如果任何人都可能犯同样的错误，那么，无论谁犯了这种错误都不会受到责备或惩罚。通过这种方式，错误和差点出事不再成为相互指责的机会，而是为设计和流程的持续改进提供了机会。

航空业是世界上竞争最激烈、最复杂的行业之一，其拥有数百家第三方合作伙伴，但利润微薄。然而，业内人士意识到，他们无法竞争的一个领域是安全；当一架飞机坠毁时，所有人都会遭殃。因此，每个人都必须参与到解决方案的制定当中，航空公司同意分享他们收集到的与安全有关的所有信息。他们称这种新的工作方式为"正义文化"，它将一种最不直观的交通方式变成了最安全的交通方式。

英国民用航空管理局的本·奥尔科特（Ben Alcott）告诉我："如果你没有正义文化这种理念，那么，如果有人觉得自己可能会受到不公平对待，他为什么还要公开向你报告自己犯了错误或发现了问题呢？"

1980年，大约3000个问题被提出；到2015年，这一数字达到了1.4万。这传递的信息是：如果有什么不对劲，你有责任说出你的疑虑。在某种程度上，这是日本人的一种做法，即鼓励装配线上的任何工人在发现故障时立即停止生产线的运行。这两个系统都承认，森严的等级制度鼓励责任下放，而真正的安全需要每个人都能说出他们的所见所闻。正义文化如今已被欧盟立法，它不是针对专家的；从根本上说，这是一种集体行为，从清洁工一直到董事会成员，所有人都要报告自己的担忧，不管是什么样的担忧。这里面隐含着一种认识，即我们**每个人都有责任睁大眼睛，告诉别人我们看到了什么**。

正义文化已经开始对全球医疗保健业产生重大影响，在这个行业，医疗失误跟疟疾一样是一个大问题。在美国，"否认和辩护"长期以来一直是对任何错误的标准回应，但很多医疗体系已经开始尝试增大公开性和透明度。病人安全运动的新领导者之一是戴维·林，也就是那位直言不讳地说过金钱会导致人们有意视而不见的医生。他第一次引起公众的注意是在马萨诸塞州总医院，当时他给一位病人的手指做手术，却出现了错误。他说他在做记录时意识到了这个错误，顿时感觉脚下的地板似乎消失了。但就在那一刻，他决定既不辩护，也不否认，不隐瞒自己的错误，而是揭露它。经过细心的研究，他发现了导致他犯下重大错误的所有小纰漏。比如，病人在最后一刻被转移到另一间手术室；由于运营落后于计划，团队感到压力很大；因为这位病人是加勒比人，不会说英语，林用西班牙语和她说话，这让一名护士理解为当时是休息时间，也就没有对手术部位进行正式检查。所有的小过失都没有恶意。因为想要弄明白自己怎么会犯这么大的错误，林对这些过失都进行了研究。但随后他更进一步，甘冒损害自己声誉的风险，在《新英格兰医学杂志》（*New England Journal of Medicine*）上发表了自己的研究成果。为什么？他不希望医生或病人经历他和他的病人遭受的痛苦。防止犯错的方法是谈论错误。今天，马萨诸塞州总医院和约翰·霍普金斯医院甚至在一起比较各自所犯的错误，因为他们认为分享式的学习会加速学习。

这种想法中的一些开始在英国扎根，但英国媒体中存在尖锐的指责文化，加上医生有很深的防御心理，这使得国民医疗服务体系仍然很难像大多数从医者希望的那样，开放地从错误中吸取教训。罗伯特·弗朗西斯创建的国民医疗服务体系监护人制度处于初创阶段，仍然问题多多，但已经在当地取得了一些成功。

"我认为这个角色很有效，因为它是一个相对具体的人，可以走出去与员工面对面交谈，了解问题所在，然后向董事会汇报。"海伦妮·唐纳利（Helene Donnelly）告诉我，"问题不会在转化的过程中消失，我们已经将其提升为一线和所有级别的附加声音，以便在事情变得更糟之前听到这些担忧，并将其视为一种早期的预警系统。"

作为中斯塔福德郡医院的一位护士，唐纳利曾尝试表达自己的忧虑，但被彻底无视，并受到欺负和恐吓。绝望之下，她离开了那家医院，搬到了北斯塔福德郡，现在她在那里的职位允许她有什么问题可以直接向首席执行官汇报。虽然国民医疗服务体系中没有人会说他们已经解决了所有问题，但唐纳利确实认为，她的经历已经表明发现问题就是解决问题的方法。

"有位护士赶上了一次特殊的通宵夜班，她要面对的病人大致分几种情况，有几个正实施临终关怀的病人，还有几个需要注射胰岛素或静脉注射抗生素的常规病人。在这种情况下，你如何为每个病人提供高质量的护理呢？这是一大难题，不只有多位病人需要护理，还有很多病人的家人需要照料，护士真的感觉要崩溃了，因为她无法提供她想提供的优质护理。她非常沮丧，以至于在凌晨2点给我和首席执行官发邮件吐苦水。到周六早上6点，首席执行官已经做出回应，跟我和其他人进行了交谈，我们可以确保类似的夜班有更多的工作人员值班，然后将其推广，以确保其可持续。这个问题的解决相对简单，但这是员工通过常规途径已经提出一段时间的问题，他们觉得没有人听。但我一直在宣传其实首席执行官想听这一事实，你可以直接给他发电子邮件。这才让她觉得可以在凌晨2点做这件事。"

唐纳利的工作不仅仅是解决那些浮出水面的问题，她还必须讲述这些问题是如何得到解决的。如果人们看不到该系统的安全性和有效性，就不会有人使用它。

失败堪称一位好老师。唐纳利仍然清晰地记得她在中斯塔福德郡目睹的那些可怕的事，她受激情所驱使，为的是证明这些事可以永远不会重演。在英国的行政部门,由于认识到导致伊拉克战争的决策存在严重缺陷,从而产生了所谓的齐尔考特核查清单(Chilcot Checklist),它是以调查该冲突的主席的名字命名的。

"这个想法是为了让提出具有挑战性的问题更加容易,"有位公务员告诉我,"接受人们提出大量的问题。我们的资源是否与我们的抱负相匹配?你有退出策略吗?我们需要为最坏的情况做一些准备,即使认为它们不可能发生,我们不得不考虑这一点。我认为这也有助于我们超越赢家通吃的思维定式,转而从实际出发而非从意识形态上解决具体问题。

"从非理性繁荣到过度补偿几乎是一个自然循环。齐尔考特核查清单确实很有用,因为人们看到它会想起它是因何产生的。我们在让人们用现实的态度看待事物和利用该清单方面遇到了挑战,但我不知道它的遗产是否意味着我们只是用它来反对干预,还是除此之外,探索所有可能的阻止干预的方法。每次使用它时,我们仍在对其加以完善。"

医疗领域的核查清单也被开发出来,其具体目标是打破等级制度,使最基层的人也能很容易甚至被迫提出难题。它在董事会和政府办公室中的效果应该或者说可以像在手术室和医院中一样有力。

"我们需要打破先前存在的等级制度,特别是与提出问题有关的权力结构,"唐纳利坚持说,"因为这是每个人的责任,只有当每个人都看到人人对此持开放态度,并在人们的反应和随之发生的事方面看到了平等,改变才会发生。如果你只是家庭用人、搬运工、学生或初级员工,就不会有人听你讲什么,因为你只是这个人或那个人。如果我们把开放融入文化中,让其成为平常事,人们就不应该退缩。他们应该得到鼓励和支持。这正是我们需要的回应,但需要时间。"

丑闻接连不断地发生，不仅在英国国民医疗服务体系的医院，在政府和大大小小的公司中也时不时地发生，一连串的丑闻正在逐渐改变一些管理层对他们曾经鄙视的举报者的看法。乐购的高管和英国军队的领导告诉我，他们对说真话的人有了新的认识，他们意识到那些表达关切的人是在冒险，这更多地说明了他们是忠诚的，而不是在制造麻烦。这种改变早该发生了，但即便是在上述组织中也远未普及。不过，认识到集体智慧胜过英勇的唱独角戏的领导可能标志着一场巨变的开始。

创造一个人人都能并且愿意提出重要问题的环境需要时间，也需要培训。在这方面，我遇到的最好的课程是表达价值观，旨在教人们如何考虑他们需要分享的问题或信息。它由阿斯彭研究所的玛丽·金泰尔（Mary Gentile）开发，其出发点是认识到道德或思想体系的教育虽然令人愉快，但对行为没有明显的影响。金泰尔认为我们需要的不是分析，而是行动。说出自己的想法并做出改变的最佳方式是什么？

从本质上讲，表达价值观课程提供了一个处理价值观冲突的框架。它通过一系列步骤，引导参与者回忆自己曾经成功阐明自己价值观的实例，鼓励他们分析自己是如何做到的，并思考他们如何可能再次这样做。该课程的核心是预先编写脚本和排练：计划如何处理和定义问题，并（与同伴或朋友）排练如何对话。如果你保持沉默，故事会如何结束？如果你不保持沉默，结局会怎样？有关的关键人物需要知道什么，以及如何才能最大程度地引起他们的注意？金泰尔希望有人使用这个课程，于是，她将整个课程放到了网上，并花时间在世界各地教授她的课程，主要针对的是在道德与合规相关领域工作的中层管理者。毫不奇怪，对一个如此坚定地致力于让人睁大眼睛的人来说，她学到的跟她教授的一样多。

"他们要求我与联合利华在尼日利亚开展一些研究。和往常一样，我将跟中层管理者一起工作,他们是变革的斗士。我们打算培训培训师,然后由他们向组织的其他成员提供培训。但后来他们提出了不同的建议:为什么不让高级管理者一起参与呢?

"因此,我们让所有中层管理者坐在桌子前,想想如何提出问题。我们也让所有高级管理者坐在桌子前,但问了他们一个不同的问题:如果有人想向你提出问题,但要使你可以适当地做出回应,他应该采取什么方式?我们最终达成了'表达价值观协议',它是一项共同承诺:你必须以一种准备充分和深思熟虑的方式提出问题,而领导者必须以一种开放和深思熟虑的方式加以倾听。只是说出来是不够的。"

领导者有很强的动机尽早地、经常地倾听,却往往对可能听到的东西感到害怕。仅仅被称为领导者就会让人生畏,跟我合作的很多人觉得领导者意味着无所不知,因此,他们害怕提出问题、征求意见和寻求帮助。这是对这个角色深刻的有时是致命的误解,因为很多最具破坏性和代价高昂的失败都是由一些小问题发展而来的,如果及早发现,声誉和成本上的损失是可以避免的。据一家化工企业的法务总监估计,70%的诉讼和损害赔偿费用都来自最初只是小问题的问题。这类费用已经高达数百万美元,而且还没有考虑声誉损失和机会成本。

这说明金泰尔是在群组中开展工作的。当你觉得有些事情不对劲时,向他人伸出援手是必要的。你有可能是误解了,有可能得到的是不完整的信息。仅仅因为你看到的不是别人看到的,这并不能保证你是正确的,因此,拥有值得信赖的同事至关重要。新技术能力强大,使人更容易建立这些信任网络,若是个人没有安全、可靠的方式进行沟通,相互交换意见和确认男人的性骚扰模式,"#MeToo"运动绝不会在各行各业获得如此大的发展势头。若不是那些自愿分享工资细节的男人和女人，英国广播公司争取同工同酬的斗争就不会取得如此大的进展。即使担忧谷歌向美国国防部提供监视技术将带来的道德影响，任何一位员工都不可能独立改变公司的政策。甚至有些员工利用辞职也未能达此目的。只有整个公司和行业的员工组织起来时，他们才能发声，拥有权力。网络能够跨越孤岛，从而打破等级制度和陈规陋习。它们不能保证盟友的存在，但它们让我们更易找到盟友，积聚集体智慧，从而改变权力结构。人处在孤立状态时，有意视而不见根深蒂固，但当你不再孤单时，它就会开始消失。

要敢于质疑

管理者常把"不要给我问题，给我解决方案"挂在嘴上，这只能让大多数人将话咽回去，与这种老套路相比，新的做法会产生更多的对话。但这种随之而来的对话未必很容易，因为解决方案很少是明显的或简单的。寻找答案总会涉及争论、辩论和探索。我们回避这些是因为大多数人害怕冲突，并尽力避免。为想法而争论是容易的，甚至是正常的，很少有人在这样的家庭氛围中长大；我们中很少有人在成长过程中学习过如何处理争论，也很少有赢得争论的经验。而且在大多数家庭和社会中，人们将争论理解为具有攻击性和破坏性，也是粗鲁的表现。然而，争论是必不可少的，因为不论是个人，还是组织，冲突背后是我们的思考方式。正是通过争论，薄弱的想法得以彰显，盲点得以揭示。我们迫切需要跟我们不同的人，他们会提出问题并寻找我们的纰漏。在这一点上，没有比爱丽丝·斯图尔特和统计学家乔治·尼尔（George Kneale）之间的合作更完美的模式了。

"没有乔治我什么都做不了，"爱丽丝·斯图尔特告诉她的传记记者盖尔·格林，"我觉得他就像我们这艘船的发动机，而我只是偶尔轻轻转动一下舵轮。"

科学家同事评述说尼尔做工作时非常出色、优雅而且精致，但是最有趣的是尼尔自己怎么看待自己的工作。

"证明斯图尔特博士的理论是错的就是我的工作。实际上，我试图反驳她。因此，这加强了我们之间的长期合作。"

尼尔跟斯图尔特完全不同。斯图尔特性格外向，善于交际；每个认识她的人都说她是非常好的伙伴。相比之下，尼尔不太喜欢外出，似乎更喜欢数字，而不是人。但他们合作的价值恰恰就蕴藏于这种多样性中。在尼尔寻求反证的过程中，斯图尔特知道尼尔在防止她出现思考上的盲区，但她很自信，足以懂得这种质疑的价值所在。他们是思考上的搭档，而不是彼此的回音室。两人都明白，他们视而不见的风险要大于理论失败的风险，若套用伏尔泰（Voltaire）的一句话，略加改动，即"虽则怀疑令人非常不快，但是确信无疑实在荒唐"。他们俩充分理解这句话的真谛，但格林斯潘和罗瑟勒姆议员不能理解。我们中有多少人拥有或敢于拥有如此有说服力的合作者呢？

"我希望有人质疑我，" 在回忆自己管理英国石油公司的那段轻松的职业生涯时，约翰·布朗如此写道，"我希望当时有人质疑我，而且勇敢地说'我们有必要问更多让人不愉快的问题'。"布朗可以寻找到更为真诚的质疑，他也应该这么做。但他并没有付诸实施，这件事本身对他和托尼·海沃德接手后的公司产生了很大的影响。

"一旦你身居领导岗位，就不会再有你需要的什么内部圈子接纳你了，" 沙伊-妮科尔·约尼（Saj-nicole Joni）说，"你必须参与交际活动才行。"约尼是专门提供"第三方意见"的专家，是一个思想伙伴，与领导人合作，其独特之处在于她没有日程表。

"当你置身于一个组织的顶层，你就会发现每个人都有日程表，"她说，"他们要么推进日程表来取悦你，要么推进日程表以强化自己的重要性。因此，你需要第三方的观点，它来自某个只把你的最大利益和公司的最大利益放在心上的人。这个人就是一个思考伙伴。"

约尼正在描述的是与自我进行的对话，汉娜·阿伦特称这种对话为"思考"，只是约尼建议这种对话不必单独完成。她说，承认自己需要这种对话，而且摸索着找到自己可以与之对话的人，做到这些的人就是最好的领导。

"每一个重大决定正确与否从来都不是确定无疑的，多数身居要职的领导就生活在这样一个世界里。他们意识到，在他们可以施加影响的层级上，**如果他们听不到对抗性的声音，就他们个人而言，就会有不尽职尽责的风险。**"

为什么约尼会成为一个提供第三方意见的人，在和她交谈之后你就清楚了。她勤于思考。她说，小时候她的家人给她讲的事情不能完全解释她所看到的事情。这驱使她始终都在探求疑问的来龙去脉。为了不受蒙蔽，约尼认为有两件事情是至关重要的，即无所隐瞒的真相和自由的探索，二者缺一不可。第三方意见所提供和监视的是认识上的分歧。第三方意见并不指望平息异议，相反，他们期望确保在关键问题上存在适当的异议。

"它是指正确的抗争。异议有其存在的价值，但它必须实用才行。领导人必须要问：什么问题如此重要，以至于我们要围绕着它们培养有组织的异议呢？若你用'信念的河床'来类比的话，异议和第三方意见提供的是一条支流，把你带到另外的地方，给你一个不同的视角。它阻止你陷进一种无法自拔的境地，即身在其中却看不到周围正在发生的事。"

在人们的期待中，所谓的领导者是无所不知的，但这往往成为领导者的负担，只有他们自己才能摆脱这种期望带来的压力。他们看不见的东西可能在其他人看来是显而易见的，但前提是那些人必须跟他们不一样才成，也就是说拥有不同的偏好、经验和思维模式。这也是多样性如此重要的原因，正如人们仍然普遍认为的那样，多样性不是为了政治正确，而是为了进行激烈的辩论和培养发散性思维。若是你周围的人看起来像你，听起来像你，并且总是和你意见一致，那么，不管他们有多出色，你的团队都是虚弱无力的，将会错失所有你不想看到的东西。当围着你桌子转的人来自不同的地方，不论是精神上、社交上还是智识上都不相同时，他们更有可能问一些问题，而这些问题会让一些你以前看不见的东西呈现在你面前。

决策者也要承担过失

鉴于有如此多的机构垮台，我们很容易会坚持认为各机构只需想方设法以高标准录用在道德、伦理和诚信方面都很强的员工就能解决问题了。这是戴维·贝姆（David Beim）在调查纽约联邦储备银行的失职时得出的结论，也是英国王室御用大律师黛娜·罗斯（Dinah Rose）根据吉米·萨维尔丑闻审查英国广播公司时提出的建议。但是，这些道德高尚的人的观点从何而来呢？诸如此类的建议是天真的，并且故意对心理和生理压力视而不见，这些压力通常会让善良、聪明的人对周围的错误视而不见。

更激烈的辩论来自像约尼这样有思想的合作伙伴，或来自反向指导：这种关系明确允许初级员工告诉老板他们的组织正在发生什么，如何接受决策或政策，如何看待领导。

劳动事务律师告诉我这几乎是他们见过的唯一一种反性骚扰的方法。我在一些组织中看到过这种做法，它通常旨在消除种族和民族偏见以及权力带来的孤立。导师和受训者在年龄、资历、性别、种族和背景方面是不同的，这一点很有价值。但这需要很有说服力的演讲和认真的倾听才能发挥作用。正式的合作协议要求各方都要承诺：保持开放，并不断提出尖锐的问题，承诺之后便不能退缩，这有点像金泰尔的"表达价值观协议"。不同的观点始终是存在的。良好的问题可以解决分歧。替代方案在哪里？你都试过了吗？还有谁和你有同样的担忧？

　　这种建设性的冲突改变了我们的看法以及我们的回应方式。正常情况下，挑战的负担不应落在少数几个人身上，而应由整个组织共同承担。然而，传统上，揭露问题的工作一直是外包给审计员，从而希望外部人士能看到内部人士所忽视的东西。但审计存在一个特殊的问题，那就是审计员问题，这毫不奇怪。从希腊政府到卡瑞林，失败的组织都接受过审计，并获得了运营状况良好的证书。众所周知，审计员面临两个问题：因与客户的关系过于密切而无法保持客观性；其所在公司的其他财务收入取决于让客户满意，从而购买其他更有利可图的服务。随着时间的推移，这种密切的依赖关系会加强，这就是为什么现在的英国公司必须在20年后轮换其他会计师事务所。看起来这条新规则起不了多大作用。我与全球四大会计师事务所都有过合作，但没有一家承认自己未能解决这一问题。他们认为轮换是一种麻烦，而不是改变，当然也不是一种保障。事实上，经常有人告诉我他们的品牌赢得了公众广泛的信任，这种自信流露出一种有意的视而不见，他们荒谬地认为公众没有注意到每个犯罪现场都有这些公司的指纹。

　　按照目前的做法继续进行审计，这种行为本身就是一种有意视而不见的形式。由于审计本质上是一项公共职能，旨在为股东、客户、合作伙伴、员工和整个社会提供信心，因此，若是只由非营利组织提供审计服务，并与咨询和其他业务分离开来，可能会更安全。其他人则认为应由监管机构而不是需要审计的客户选择审计机构。这些温和的建议都反映出一个迫切的需要，即组织应值得信任和合法，并接受一定程度的审查和批判性思考，而目前的审计机构在这方面不断地失职。

为了解决审计问题，人们建议用保险当撒手锏：如果审计员必须为其失职的代价投保，那他们要么会更加警惕，要么即使造成什么后果也不至于非常严重。在本质上，该建议实属无奈，它等于是承认在某种情况下审计总是失败的。但保险可能是突出有意视而不见行为的一出怪招。2017年，一群保险公司负责人被导致格伦费尔塔公寓楼悲剧的鲁莽且愚蠢的行为激怒，建议拒绝为喷淋装置和消防安全系统不足的建筑物提供保险。他们之所以这样做，乃是因为对那些不愿意以更高的标准要求自己的机构感到绝望。人们认为，什么地方被拒绝投保，什么地方就存在被损害的可能。

但保险无法挽救所有形式的损害。公司治理需要从总体上进行深刻的重新评价，组织的治理委员会现在需要承认它们在常规管理上存在结构性缺陷。很多公司的董事会或受托人未能很好地履行职责，比如乐购、BHS百货集团、大众汽车、通用汽车、镜报集团、肯辛顿和切尔西市政厅、罗瑟勒姆镇议会、英国广播公司、脸书、维珍铁路公司、南约克郡警察局、优步、温斯坦影业公司、劳埃德银行集团和卡瑞林。多数人认为，无论情况如何，他们都必须支持自己的首席执行官。无论董事会的成员数量多么庞大，被任命的人员多么精英，拥有的知识多么专业，最终没有一个人能保护利益相关者免受灾难。私营企业和公共机构的董事会满是思想观念一致的人，他们之所以被选中，往往是因为他们能够相互认同，这解释了过去20年里我们为什么能看到诸多机构的失败。这些机构需要找出困难和棘手的问题，并承担起集体的、个人的和财务的责任，而不是选择那些优异的、突出的和可以预见能令人愉快的人。他们还需要在组织真正的辩论方面进行培训和实践，在这样的辩论中，问题尖锐与否是衡量辩论质量高低的标准，而不只是有人发表了不同的意见。那些多年不发表任何评论的董事会成员不应该再领取薪水。威严的董事长们会道歉，并表示要"承担过失"，但却毫发无损，这与此类失职的董事会造成的社会伤害完全不相称。培养能够并且确实在发现和讨论问题的多元化群体是治理主体要做的事。如果决策者不征求更多利益相关者的意见，那企业的合法性就岌岌可危了。

同样的问题也是政府的核心问题。英国文化协会、英格兰高等教育拨款委员会或英国艺术委员会等半官方机构不受政府控制，独立运作，这是过去的常规做法。但过去10年来，其管理人员在很大程度上悄然转变为政府任命的人。尽管这些机构存在的前提是它们应该确保独立性、多元化和允许辩论，但若是执政党认为不友好的人被提名任命，英国政府现在通常会拒绝批准。

虽然准备好提出尖锐问题并不能保证有启发作用，但沉默总是能保护现状。法国社会学家塞尔日·莫斯科维奇（Serge Moscovici）发现，仅仅是少数意见的存在就会对讨论的方向产生巨大影响。后来的研究人员发现，仅仅知道有不同的声音就足以引发不同的认知过程，从而做出更好的判断。我们每个人都需要培养勇气和能力，看清情况的本质，在它们还很容易停止的时候进行干预。问题常常是对探索和辩论的温和挑衅。我们怎样才能使这个产品更安全？我们当中最弱的人是如何考虑这个决定的？我遇到过的最好的问题之一是：如果我们的假设是错误的，我们期待看到什么？

20世纪80年代初，当赫布·迈耶（Herb Meyer）凭直觉开始意识到苏联的解体时，他问自己的正是这个问题。不论是过去还是现在，迈耶都是一个有争议的人物。他看似十分低调，自称是在华盛顿州经营一家小型独立出版公司。但他没有告诉你的是，在里根时期，他曾担任中央情报局局长的特别助理和中央情报局国家情报委员会的副主席。在这个职位上，他管理着美国国家情报的评估，这就意味着他可以利用其职权验证自己的假设，即苏联正处于崩溃的边缘，而不必理会政界和情报界的嘲笑。

"每个人都告诉我们苏联情况良好。我们的间谍带回来的情报说他们有多少炸弹，多少坦克。他们发给我们的所有数据向来如此。所以我们的思考也总是老样子。向同样的人问同样的问题，你当然得到同样的答案了。"

"所以我决定做些不同的事情。如果我的假设是正确的，我会发现什么呢，为此，我把一切可能看到的迹象列了一个清单。如果苏联经济崩溃，你会看到什么？如果它没有崩溃，你会看到什么？然后，最为关键的是，我要确保这些问题引出的所有信息都指向一个人。就一个人。然后，如果什么信息也没有收到，你就有答案了。它不会被那些嘈杂纷扰的信息淹没。"

迈耶正在做乔治·尼尔所做的事情：寻找反证。迈耶告诉我，在收到的所有信息中，有一条信息称一列每周发车一次的运肉火车被劫持，肉全被偷光了。军队出动，但之后政治局告诉军队后撤，而且不能对任何人讲。让那些人得到肉吧。

"好吧，这可不是经济一切正常时会发生的事，对吧？重要的是，如果没有假设，那条信息永远都不会被人注意到。我们没有寻找那些我们看不到的东西，这就是9·11事件中发生的事。"

迈耶正在将微弱的信号积累起来，看能否通过观察它们看出某种有意义的趋势。跟我们所有人一样，他有一种预感：他可能错了。但是，他没有过于相信，也没有过于不相信，而是对它进行了测试。所有的决定都是假设，可以被检验。这就是好问题的作用。在希尔斯堡球场[1]，人们也应该采用同

1.英国的希尔斯堡球场（Hillsborough）曾发生过惨剧。1989年4月15日，该足球场发生了球迷踩踏事故，造成96名利物浦球迷死亡。——译者注

样的提问方式，若没有不确定的数据，就应该敲响警钟。对大众汽车公司也可以这样问：这家汽车公司到底是如何实现如此惊人的低排放量的？有人本可以问，也应该问。

在撰写有关群体思维的文章时，欧文·贾尼斯建议将表达异议制度化。他以梵蒂冈为例，在正式为某人封圣的过程中，梵蒂冈往往会任命一位故意唱反调的人，就拟封之人的言行品德提出一些尖锐的问题。在贾尼斯写这篇文章时，有证据表明这个角色已经沦为一种形式，但至少它还存在着。今天，令人遗憾的是该职位已被废除，但这或许正好说明了问题。作为保护异议和鼓励争论的一种方法，我们最好在自己的组织内重新启动它。我们应任命一个人故意唱反调，以使组织者在批判性思维方面获得难忘的体验，并允许他们提出令人尴尬和棘手的问题，甚至给予奖励。当然，该角色必须由人轮流担任，否则，他发出的声音也不会有人理睬。大的战略问题可以通过准备充分的正式探讨来解决：哪些信息会实质性地改变我们的决定？不这样做的理由是什么？谁受益最大，谁会受到伤害？跟政府一样，企业的董事会可以列出一些清单，以激发员工进行认真的思考。

然而，大多数组织只有在遇到麻烦时才会采用这种机制。但正义文化关乎诚实见解和信息的日常传播。为此，工作中的人们需要有安全感，但大多数情况下他们没有。我曾经告诉我公司的人我永远不会射杀信使，但无论我多么努力地讲，也很少有人相信，这至少是因为他们在其他地方没有经历过这种事情。现在，教育系统将那些知道正确答案的学生定义为优秀生；学校更多的是培养讨好者，而不是异议者。好几代人就是在这样的教育系统中成长起来的。而经济条件又加重了这一趋势：任何背负巨额抵押贷款或学生贷款的人都不太可能冒险说出会引起麻烦的真相或令人尴尬的问题。零工时合同工没有足够的安全感，也不太会关心风险或问题。持续的经济不稳定和不平等带来的一个不太明显的代价可能是历史上最顺从和沉默的劳动力。当人们在恐惧中工作时，便永远不会有人告诉领导他们组织内部的真实情况。

提倡民主

从大量有意视而不见的例子中，我们知道有意视而不见源于分隔，比如组织中的孤立单元、等级制度和竞争，它们会将人们从内部或外部分割开来。创造安全的环境对释放想要释放的信息、想法和见解至关重要，这种安全不仅是心理上的安全，也是社会和经济上的安全。社会资本（social capital）体现为慷慨、互惠和信任的准则，而这些是富有弹性的社区的标志，有意识地培养社会资本是健康组织的基本组成部分。这意味着工作中的人们需要有时间共事，增进了解，将彼此视为人而不只是机器上的小部件。当我跟同事是竞争对手时，我不会信任他们。但如果我跟同事是邻居，我更有可能问：你看到我看到的了吗？它也让你担心了吗？你是怎么想的？正是这种洞察力和意识的聚合才使社交网络变得如此强大。

我们无法保证能达成一致。但是，正如玛丽·金泰尔发现的那样，我们需要培养自己的能力，以便既能表达自己的关切，又能倾听别人提出的关切。最近流行的观点坚持认为这是一种徒劳无益的做法，我们都太偏颇、太懒惰、太不理智，因而无法相互学习。这是一种自我实现论，因为付出的努力越少，我们得到的回报必然就越少。世界上最容易的事情是躲在自己的正义感背后，这种正义感被社交媒体放大，我们因此更加自信，自以为是地认为在脸书或推特上发帖就是一种对话。当然，事实并非如此。同样，只依赖一门学科、一种意识形态或一种参考框架，我们必然会错过很多重要的东西。这一点在脱欧公投过程中表现得非常清晰，公投被认为是一个简单的经济决定。但是，如果资产负债表不能很好地反映企业的现实情况，那用它描述社会状况就更不恰当了。所有政党都未能超越最原始的经济学，看不到辩论的核心关乎社会、文化和历史问题的复杂纠缠，选民们更是如堕五里雾中。

民主所依赖的那种真正对话需要更多东西：更多的技巧、更广泛的学科知识、更多的勇气、更丰富的视角和足够的耐心。如果我们想以一种别人会听到的方式说些什么，我们必须考虑他们及其价值观和参考框架，而不仅仅是考虑我们自己。这意味着我们需要了解不同于我们的人，戳破自己的泡泡，看看是什么让我们感到不舒服、迷失方向和不确定。这种困惑和迷惘的感觉恰恰表明你需要学习新的东西。发明家、企业家、预言家和举报者都经历过这样的事情：他们正在探索新的领域，可能需要时间来确定自己的方向。敢于提出异议和倾听，敢于不抱成见地探索，这正是个人、团体和组织的思维方式。就像所有出色的合作一样，它可能会令人生厌，且有争议。但民主的命运完全取决于我们做这项工作时的决心和技巧。

这就是多样性仍然至关重要的原因。它并非政治正确的问题，也不仅仅是社会公正的问题。做出合理的、有远见的决定需要从不同范围的人类经验中进行多视角的审视。我们知道，群体比个人更善于解决问题，但只有当个人带来不同的见解、学科知识、思维方式和第一手材料时，情况才会如此。当然，这加重了辩论的难度，但也让人们更难视而不见。对于现在正在制定的长期决策，包括那些决策者在去世或退休之前能够感受到其全部影响的决策来说，这一点似乎更显而易见，不过并不常见。但它的影响依旧很大。在反思爱尔兰公民大会的成功时，一位公民参与者最终赞美了与年轻人一起工作的价值：突然，他告诉我，他意识到要让民主发挥作用，他必须超越自己和当前这一代人，为居住在他投票支持的那个世界上的未来几代人考虑。

当我在世界各地谈论有意视而不见时，我去过的每个国家都认识到了这种现象，并认为他们的文化特别容易受到这种现象的影响。在亚洲，不丢面子被视为有意视而不见的主要促成因素。美国人明白他们两极化的从众心理使他们更有可能有意视而不见。英国人指责阶级制度和英国人的保守。在没有发现任何声称自己可以免疫的地方后，我得出结论：有意视而不见是普遍存在的，没有哪个社会警觉、自信到通过公开辩论来消除它。

我确实认为某些情况加重了视而不见。无论是市场、国有化还是削减成本，坚持简单的解决方案的意识和狭隘的思维模式抑制了好奇心、想象力和创造力。过度关注薪酬将产生反常的观点和行为。森严的等级制度、严重的不平等、装饰华丽的官僚机构都是滋生有意视而不见的肥沃土壤，显然，在这样的环境里，有意视而不见会大行其道。目标、关键绩效指标和整个管理工具包旨在像管理机器一样管理人，并成功地使他们像机器一样失去思考能力。然而，在任何行业的研讨会上，当我要求参与者描述他们认为自己或他们的组织可能存在有意视而不见的领域时，只需几分钟对话就会开始。每个人都知道。每个人始终都知道。消除阻碍这些对话的因素是必不可少的第一步。

与有意视而不见做斗争也需要让大脑得到充分休息，以保持警觉和精力集中，使大脑正常发挥作用。最近，人们开始关注由疲劳、多任务处理、长时间工作和压力引起的严重心理健康问题，这是令人鼓舞的，因为它使这个问题变得显而易见。然而，正念或瑜伽课程并不是解决这些问题的全部方法。如果我们想要非常健康的头脑来进行富有成效的辩论，个人和组织都必须为大脑的活力四射创造良好的身体条件，如此，你便会惊叹人类思维的能量之大。

尽管可能有帮助，但我不相信新技术会根除有意视而不见。大数据和数据分析可以提取出鼓励辩论的模式，却无法解释二者为什么总是存在相关性，其结果只可当作有意义的指示牌。但需要有人寻找这些模式，提出正确的问题，并准备以严谨的态度探索它们的含义。我更担心人工智能会放大和自动化我们的偏见，从而加重我们的视而不见。我们已经看到了这一点，在有些案例中，计算机算法拒绝了有任何精神病史的求职者，如果这是由人做的，那就是一种毫无疑义的非法歧视。在其他情况下，少数族裔可能会受到不同的评价，因为他们不符合某些程序员定义的标准。而由于数据集本身不充分、不完整和有偏见，在孩子出生前预测其是否会出现虐待行为这种狂妄自大的尝试以失败告终。正如加州大学洛杉矶分校法学教授加里·布拉西（Gary Blasi）总结的那样："算法本质上是愚蠢的。你无法建立任何算法去处理诸多变量以及种种细微差别和复杂性，如人类呈现的那般。"

但是，算法被当成商业机密而受到保护，它们的作者可能觉得他们不能或者不想解释其工作原理（正是由于这个原因，欧盟《通用数据保护条例》特别保护工人不受"完全依靠自动化处理"做出的决定的影响）。硅谷鼓励消费者不要问问题，相信他们不会解释的东西，这种傲慢的态度令人沮丧。任何持续拒绝挑战的新技术都会招致有意视而不见；不管什么行业，该行为应该是第一个警告信号。习得性无助指的是我们对易受他人控制的信念感到无力改变，而对这种无助感的安慰性幻想总是危险的。机器改变了我们的思维方式，有可能让我们变得更加视而不见。

更好的解决办法是记住并赞美所有的异议者、辩论者、挑战者、监护人、卡珊德拉和举报者，他们拒绝这种安慰，决心睁开自己的眼睛，也让我们睁开眼睛。我们经常称赞那些在战争中勇于舍生忘死的人为英雄；现在是时候为那些表现出道德勇气、提出尖锐问题和勇于倾听这些问题的人竖立纪念碑了。干预过越南美莱村大屠杀的休·汤普森（Hugh Thompson）的雕像在哪里？为乔·达比、丹尼尔·埃尔斯伯格或斯蒂芬·伯尔辛建的纪念碑在哪里？他们英勇地提出的异议为批判性思维设立了一个标准，而批判性思维要比怀疑论更激动人心，而且比怀疑更有意义。当一代又一代的律师阅读《杀死一只知更鸟》（To Kill a Mockingbird）的时候，他们的世界观受到了主人公阿迪克斯·芬奇（Atticus Finch）的影响；一代又一代的医生受到保罗·法默（Paul Farmer）作品的激励而从事医学，很多人受到《总统班底》（All the President's Men）的影响而立志成为记者，而全世界的政坛不断有新人涌现，这则是受到纳尔逊·曼德拉（Nelson Mandela）的鼓励。我们需要为达比、贝尼菲尔德、伯尔辛和埃尔斯伯格们喝彩，他们是自己不会视而不见也不让我们视而不见的普通人，他们应该知道而且的确知道该做什么。关于卡珊德拉和举报者，我们需要记住的最重要的事情是：他们都是普通人。他们向我们证明了我们有能力去看，并且可以根据所见所闻采取行动。

而且我们现在需要他们。随着不平等的、森严的社会等级制度进一步将有权力的人和没有权力的人分开，有意视而不见的威胁越来越大。气候变化、政治动荡、疲软的媒体市场、生活的复杂性都在鼓励人们认命、放弃，让他们沉浸于习得性无助带来的幻想中，变得难以集中注意力和疲惫。人们更容易做到的是不问衣服怎么会这么便宜，不考虑我们的选择对环境的影响，不去看当我们在并不真正了解的人、政党和政治面前退缩、沉默和屈服时，我们会失去多少东西。

当我们有意视而不见时，那些我们原本能知道而且应该知道的信息被忽略了，因为不知道让我们感觉比较好。神经科学向我们展示了其中的某些事情是如何发生的，让曾经十分抽象的体验变成了看得见摸得着的现实。但在写作本书的过程中，我开始思考科学在多大程度上鼓励我们将大脑视为独立的实体和出色的机器，而我们只是被动的行为者。我们已经看到杀人犯以"我的大脑让我这么做"为由进行无罪辩护。科学是否在鼓励我们相信我们的视而不见是根深蒂固、不可避免和逃脱不了的，根本不是有意为之?

从这一科学中得出的最为关键的学识是认知，我们不断地在改变着认知，一直到我们死去的那一刻。每一次经历和偶遇，每一个新的学问、新的关系或新的评价都会改变我们大脑的工作方式。而且没有两次经验是相同的。在论述人类基因组的著作中，诺贝尔奖获得者悉尼·布伦纳（Sydney Brenner）提醒我们，就算是同卵双胞胎也会在不同的环境下有不同的经历，而这会让他们从根本上成为不同的人。同卵双胞胎会发育出不同的免疫系统。只凭心智练习就能改变我们大脑的运作方式。让每个人变得出色而且迥然不同于他人的正是我们身心的可塑性和反应能力。

也就是说，不管脑科学看起来如何像是决定论，我们全都在以独一无二的方式处理着我们的经历。我们并不是为我们脑袋里的"主机"服务的机器人，而且我们永远不能低估我们适应改变的能力。从家庭虐待的阴影中走出来的父母和孩子充满了新的希望，因大学经历而招致异议的传统学生凭借那些他们所见和所能战胜的事情而更加感觉到了自己具有的能力。因为发现自身具有改变的力量，利比镇的人不再虚弱，而是更坚强了。当勇敢地面对异议而不是隐藏它的时候，科学家们更强大了，而当公司不再为过去辩护，并且能够设想出一个不同的未来时，它们才能重拾信心，重获价值。

当我们选择不去了解时，我们让自己变得无能为力。但是，当我们坚持观察的时候，我们就给自己带来了希望。有意视而不见是有意为之，有意视而不见是经历、知识、思考、神经细胞和神经官能症充分混合的产物，上述事实赋予了我们改变有意视而不见的能力。就像李尔王一样，我们可以学会看得更加清楚，这不仅仅是因为我们的大脑改变了，而且是因为我们改变了。正如所有明智之人做的那样，观察真相是从提出简单的问题开始的：什么是我能知道、应该知道，而我却不知道的？此时此刻，我遗漏了什么吗？

当格雷格（Greg）收到内部审计报告时，他发现了一系列问题：给客户提出的建议不当，产品的销售不对路。格雷格并不感到惊讶。经济的繁荣和萧条给金融机构留下了大量难以处理的事。他决定，与其将审计报告视为成绩单，不如将其视为待办事项清单。着手解决问题，然后它们就永远消失了。但没有料到的是，他遇到的阻力来自他的同事和希望他质疑这份报告的老板。

"我陷到了细节之中，我知道审计报告是准确的。我认为这种情况已经持续了至少7年，我们需要有所改变。但是我的老板一直在催我：不要再闹了，把它停下来！没有什么错。"

格雷格计算了他所在银行的客户必然要损失的收入。不仅每人会损失数千英镑，他们还会失业、在财务上捉襟见肘、离婚、出现精神疾病。但他的老板仍然坚持要重新定义这些问题，这样才能把它们从审计报告中删除。

"我是执行委员会的最新成员之一。我们的会议有点像心理欺凌，充斥着'为什么会发生这种戏剧性的事情'和'我们必须看看他是不是领导这个团队的合适人选'等话语。绝对没有支持。每周的周四会议都是一种折磨。"

格雷格一直在想他必须离开。让他没有走成的原因是他要为他的员工着想。他招募了他们，他们信任他。他说他们都是想做正确事情的出色的人。

"我想如果我离开，团队会失望。那里没人愿意接受这个挑战。我坚信人们会得到应有的惩罚，也坚信如果你继续做正确的事情，事情会变得更好。"

一个接一个的审计团队被召来，试图让这些问题消失，这也让格雷格相信这些违规并不重大。但问题是真实存在的。

"有人给监管机构写信，说事情已经解决了，但事情并没有解决！我接过一个电话，电话里的人想知道谁应该对此负责，他们被解雇了吗？他们的奖金被取消了吗？这一切不解决任何问题。没有人问我们是否解决了问题，或是得到了什么教训。这很冷酷！"

就在他讲述那段仍然让他痛苦的经历时，格雷格还是笑了。把这个故事讲给他可以信任的人听是一种解脱，因为这个人知道这样的故事不是他独有的，也不是银行业独有的，或英国独有的。

"我以为监管机构会支持我，但他们只关心我们把责任归咎于谁，以及是否能证明对他进行了经济处罚。但这于事无补，走的那个人根本不该受到责备！根本原因是招聘冻结，我们只是没有人来做这项工作。选择一个替罪羊，他们认为这就表明他们已经解决了问题。但我想深入了解问题的本质。"

他建立了一个人际网络，这些人明白他面对的是什么，以及他为什么要做正确的事。他说友谊非常重要，这样才不会感到孤独，不会感到疯狂。

"我在银行界有很多朋友，"他告诉我，"我在当地的国民医疗服务体系中也有一个好朋友。我们聊了起来，很多问题都是一样的。她不满意的事情，不正确的事情，以及她如何努力提出这些事情。这一切都太相似了！她说的例子是关于客户服务的，我的也是。你如何能够解决这些问题，而又不觉得整个世界都压在你的肩上，没有什么会好起来……？"

格雷格每天都上班，乐呵呵地决心要带来明显的改变，以便为他的客户提供更好的服务，也为他的团队带来一个更好的工作环境。

"我已经想出了一个新的口号：毫不意外。我们改变了一起工作的所有方式：减少会议，即使召开会议，也不会那么正式。我不希望人们不得不召开会议来提出一个问题；他们可以直接走到我或同事面前谈论某个问题。只需提出问题。在为时已晚之前，尽早把事情弄清楚。让自由讨论变得容易！很多问题都不是大事，与其担心，不如问一问。"

他观察得越仔细，发现的问题就越多。技术并没有发挥应有的作用。指标与现实不符。客户的电话与他面前的数据没有关系。他越是想要推动问题的解决，遇到的阻力就越大。美国那边的问题很大，但没人让他订机票亲自去看看。技术上有问题，但没有人愿意承认他们也不懂。在某种程度上，格雷格受到了前任老板的启发。他曾在军队服役，和其他人一样喜欢计量。但他也喜欢四处逛逛，坐在呼叫中心，感受一下正在发生的事情，判断指标和现实是否相互关联。他与现任首席执行官大相径庭，后者有一部私人电梯直达他的办公室。

"两个政党都希望问题消失，"格雷格说，"跟卡瑞林一样。在它倒闭前几个月，那里的一位同事告诉我，公司存在系统性问题，发票未按时支付。公司发不起钱！这些领不到钱的人中有一些可能是我们的客户，我们将如何帮助他们？如何帮助与卡瑞林合作的小公司？很多公司将会倒闭，而我们可以立即解决，并提供帮助……"

坐在伦敦的一家咖啡馆里，听着格雷格的故事，这很容易让人对他产生敬畏之情。反对他的力量宁愿速战速决，消除问题，也不愿意进行真正的修复，这些人数量众多，力量强大。很少有人能像他那样了解细节，大多数人都不愿意想象客户陷入困境这种具体的现实。将客户视为人，想象数字所象征的个人痛苦，格雷格的这种才能有时一定像是一种诅咒。他不能只把数字看成数字。但他知道，正如每个听他讲话的人都知道的那样，在他的行业中，把握人性是工作的意义所在。

"当我观察各个管理阶层时，我想知道人们是如何身居高位却丧失价值观的。我视他们为一个一个的人，他们不是坏人，那么发生了什么？为什么他们不做正确的事？是害怕丢掉工作的风险吗？但如果总是这样，事情是不会有什么改善的！知道我本可以做些什么时，我无法高兴地离开。以我们拥有的专业知识和脑力…… 我们现在就可以解决这些问题。"

致 谢

　　要不是英国广播公司的杰里米·豪（Jeremy Howe）、克莱尔·麦金（Clare McGinn）和萨拉·戴维斯（Sara Davies）有勇气委托我，我永远都不会发现自己沉浸在了肯尼思·莱审判案的文字记录中。偶然接触到有意视而不见的法律原则，这种感觉就像是在一堆铁锉屑上放了一块磁石。如果没有菲奥娜·威尔逊（Fiona Wilson），我就无法看到那份审讯记录的抄本，如果不跟乔尔·德尔布戈（Joelle Delbourgo）及时沟通，我随之产生的想法也许就烟消云散了。如果不是为了艾伦·韦伯（Alan Weber）和克莱尔·亚历山大（Claire Alexander），我可能根本不会写作。从那以后，苏珊·巴博诺（Suzanne Baboneau）和迈克·琼斯（Mike Jones）就成了我的研究的坚定支持者。我的经纪人娜塔莎·费尔韦瑟（Natasha Fairweather）对我的不耐烦非常宽容，并慷慨地牺牲了自己的时间，付出了她的善良，并分享了她的深刻见解。

　　美国的学术生活有一点值得夸耀，那就是公开和热情，学者们会慷慨地与好奇的研究者分享他们的研究和见解。我非常感谢出现在本书中的所有人，他们慷慨地奉献了自己的时间，并随时准备回答我的问题，以及应对我的挑战。如果他们的研究没有得到完美而清晰的阐述，责任在我，不是他们的错。我也想感谢贝丝·爱德华兹（Beth Edwards），因为她指导我准确地理解了有意视而不见在法律上的细微差别。在得克萨斯州，律师布伦特·库恩（Brent Coon）和埃里克·纽厄尔（Eric Newell）与我分享了他们多年来对英国石油公司的运营所做的深刻观察，他们富有创见而且慷慨大方。在接下来的很多年里，他们还将继续这项研究。

我还要感谢蒙大拿州利比镇的居民，他们直率、好客而且慷慨。他们生活在风景优美的环境中，但他们的性格却比景色给人留下了更加深刻的印象。

我特别感谢英国的大英图书馆和巴斯大学图书馆，如果没有它们的资料，我可能会真的找不到方向。我还要感谢唐霍尼曼（Don Honeyman）和杰出的已故作家、思想家吉塔·塞雷尼（Gitta Sereny），多年以后，他们还能跟我分享对阿尔贝特·施佩尔的记忆。我永远感激唐娜·班克斯（Donna Banks）和南希·科文尼（Nancy Coveney），她们对事实的执着核查让我成了一个更加严谨的作者。我还要感谢我在Merryck & Co.公司和Jericho Chambers公司的同事，他们让我与他们分享我的一些想法。

我要感谢詹尼·沃（Jenni Waugh）在研究方面给予的支持，感谢斯特凡妮·库珀-兰德（Stephanie Cooper-Lande）在其他承诺无法履行时提供的帮助。在追踪访问一帮奇怪的专家、诈骗犯和卡珊德拉的过程中，伊索贝尔·伊顿（Isobel Eaton）表现得无畏而且坚定，丝毫不受时区的影响。穿越美国有时让人感觉像是在进行一次探寻工业灾难的旅行，在此期间，保罗·马尔登（Paul Muldoon）、琼·汉夫·卡尔利兹（Jean Hanff Korelitz）、罗布（Rob）和菲奥娜·威尔逊夫妇、唐纳德·洛（Donald Low）、吉塔·舍克尔（Geeta Sheker）、塔蒂亚娜·比凯特（Tatiana Bicât）、辛迪·所罗门（Cindy Solomon）、朱丽叶·布莱克（Juliet Blake），以及贝丝和查克·芬克尔（Chuck Finkle）夫妇等人的好客、慷慨和善良让我深受鼓舞和激励。我还要感谢尼克·比凯特（Nick Bicât）和菲利普·里德利（Philip Ridley）写了《对我说谎》（*Lie to Me*）这首关于有意视而不见的主题歌。

至于修订本书，我的内心是矛盾的。每个作家都希望自己的论点是正确的，我发现自己很希望写的不那么糟糕。我对所有支持我的观点并使我加深理解的个人、公司和机构深表感激。很多人给我发来了有关有意视而不见的新例子，他们来自世界各地和各行各业。不是所有人都想被提及，但我要特别感谢英国国民医疗服务体系的布里妮·肯德尔（Bryony Kendall）和海伦妮·唐纳利（Helene Donnelly），以及英国民用航空管理局的本·奥尔科特。

有时，本书的撰写让我对我的两个孩子费利克斯·尼科尔森（Felix Nicholson）和莉奥诺拉·尼科尔森（Leonora Nicholson）的需求和愿望视而不见，但这反倒让我对他们的毅力和自立能力更加欣赏。我的丈夫林赛·尼科尔森（Lindsay Nicholson）再次证明了他对自己的观点、对我研究的支持以及为此在时间上的付出是坚定不移的。我在有意视而不见的世界旅行很久了，现在能回家，感觉真好。

这个新版本献给我在前进领导力机构的同事，这是他们唯一的教科书。他们对我的想法的接纳令人振奋，我很感谢他们认真对待并确立了一个前提，即争论、异议和辩论是让好想法和好人变得更好的方式。爱争论的同事总是最好的同事。乔纳森·戈斯林（Jonathan Gosling）、亚当·格罗德茨基（Adam Grodecki）、克利奥·希恩（Cleo Sheehan）和露丝·特纳（Ruth Turner）更是如此。我也非常感谢机构的研究员们与我分享他们的经验、见解、疑虑和勇气时表现出来的开放和诚实。这么多经验丰富的领导人发现他们自己及其机构中存在着有意视而不见的现象，并决心看得更清楚，这必定给我们所有人带来了希望。